元素の

凡例:
- 原子量a): 12.01
- 原子番号: 6
- 元素記号: C
- 元素名: 炭素
- 電子配置: [He]2s²2p²
- 第一イオン化エネルギー(eV): 11.26
- 電気陰性度（ポーリング）: 2.5

□ は典型元素　■ は遷移元素

周期＼族	1	2	3	4	5	6	7	8	9
1	1.008　1H　水素　1s¹　13.60　2.2								
2	6.941　3Li　リチウム　[He]2s¹　5.39　1.0	9.012　4Be　ベリリウム　[He]2s²　9.32　1.5							
3	22.99　11Na　ナトリウム　[Ne]3s¹　5.14　0.9	24.31　12Mg　マグネシウム　[Ne]3s²　7.65　1.2							
4	39.10　19K　カリウム　[Ar]4s¹　4.34　0.8	40.08　20Ca　カルシウム　[Ar]4s²　6.11　1.0	44.96　21Sc　スカンジウム　[Ar]3d¹4s²　6.54　1.3	47.87　22Ti　チタン　[Ar]3d²4s²　6.82　1.5	50.94　23V　バナジウム　[Ar]3d³4s²　6.74　1.6	52.00　24Cr　クロム　[Ar]3d⁵4s¹　6.77　1.6	54.94　25Mn　マンガン　[Ar]3d⁵4s²　7.44　1.5	55.85　26Fe　鉄　[Ar]3d⁶4s²　7.87　1.8	58.93　27Co　コバルト　[Ar]3d⁷4s²　7.86　1.8
5	85.47　37Rb　ルビジウム　[Kr]5s¹　4.18　0.8	87.62　38Sr　ストロンチウム　[Kr]5s²　5.70　1.0	88.91　39Y　イットリウム　[Kr]4d¹5s²　6.38　1.2	91.22　40Zr　ジルコニウム　[Kr]4d²5s²　6.84　1.4	92.91　41Nb　ニオブ　[Kr]4d⁴5s¹　6.88　1.6	95.95　42Mo　モリブデン　[Kr]4d⁵5s¹　7.10　1.8	(99)　43Tc　テクネチウム　[Kr]4d⁵5s²　7.28　1.9	101.1　44Ru　ルテニウム　[Kr]4d⁷5s¹　7.37　2.2	102.9　45Rh　ロジウム　[Kr]4d⁸5s¹　7.46　2.2
6	132.9　55Cs　セシウム　[Xe]6s¹　3.89　0.7	137.3　56Ba　バリウム　[Xe]6s²　5.21　0.9	57〜71 ランタノイド	178.5　72Hf　ハフニウム　[Xe]4f¹⁴5d²6s²　6.78　1.3	180.9　73Ta　タンタル　[Xe]4f¹⁴5d³6s²　7.40　1.5	183.8　74W　タングステン　[Xe]4f¹⁴5d⁴6s²　7.60　1.7	186.2　75Re　レニウム　[Xe]4f¹⁴5d⁵6s²　7.76　1.9	190.2　76Os　オスミウム　[Xe]4f¹⁴5d⁶6s²　8.28　2.2	192.2　77Ir　イリジウム　[Xe]4f¹⁴5d⁷6s²　9.02　2.2
7	(223)　87Fr　フランシウム　[Rn]7s¹　4.0　0.7	(226)　88Ra　ラジウム　[Rn]7s²　5.28　0.9	89〜103 アクチノイド	(267)　104Rf　ラザホージウム　[Rn]5f¹⁴6d²7s²	(268)　105Db　ドブニウム　[Rn]5f¹⁴6d³7s²	(271)　106Sg　シーボーギウム　[Rn]5f¹⁴6d⁴7s²	(272)　107Bh　ボーリウム　[Rn]5f¹⁴6d⁵7s²	(277)　108Hs　ハッシウム　[Rn]5f¹⁴6d⁶7s²	(276)　109Mt　マイトネリウム　[Rn]5f¹⁴6d⁷7s²

ランタノイド:

57	58	59	60	61	62
138.9　57La　ランタン　[Xe]5d¹6s²　5.58　1.1	140.1　58Ce　セリウム　[Xe]4f¹5d¹6s²　5.54　1.1	140.9　59Pr　プラセオジム　[Xe]4f³6s²　5.46　1.1	144.2　60Nd　ネオジム　[Xe]4f⁴6s²　5.53　1.1	(145)　61Pm　プロメチウム　[Xe]4f⁵6s²　5.58　1.1	150.4　62Sm　サマリウム　[Xe]4f⁶6s²　5.64　1.2

アクチノイド:

89	90	91	92	93	94
(227)　89Ac　アクチニウム　[Rn]6d¹7s²　5.17　1.1	232.0　90Th　トリウム　[Rn]6d²7s²　6.08　1.3	231.0　91Pa　プロトアクチニウム　[Rn]5f²6d¹7s²　5.89　1.5	238.0　92U　ウラン　[Rn]5f³6d¹7s²　6.19　1.7	(237)　93Np　ネプツニウム　[Rn]5f⁴6d¹7s²　6.27　1.3	(239)　94Pu　プルトニウム　[Rn]5f⁶7s²　5.8　1.3

a) ここに示した原子量は，各元素の詳しい原子量の値を有効数字4桁に四捨五入してつくったもので，IUPAC原子量委員会で承認されたものである．安定同位体がなく，同位体の天然存在比が一定しない元素は，その元素の代表的な同位体の質量数を（ ）の中に示してある．（2012年，日本化学会原子量委員会の「4桁の原子量表」による）

周期表

10	11	12	13	14	15	16	17	18	族/周期
								4.003 2 **He** ヘリウム $1s^2$ 24.59	1
			10.81 5 **B** ホウ素 $[He]2s^2p^1$ 8.30　2.0	12.01 6 **C** 炭素 $[He]2s^2p^2$ 11.26　2.5	14.01 7 **N** 窒素 $[He]2s^2p^3$ 14.53　3.0	16.00 8 **O** 酸素 $[He]2s^2p^4$ 13.62　3.5	19.00 9 **F** フッ素 $[He]2s^2p^5$ 17.42　4.0	20.18 10 **Ne** ネオン $[He]2s^2p^6$ 21.56	2
			26.98 13 **Al** アルミニウム $[Ne]3s^2p^1$ 5.99　1.5	28.09 14 **Si** ケイ素 $[Ne]3s^2p^2$ 8.15　1.8	30.97 15 **P** リン $[Ne]3s^2p^3$ 10.49　2.1	32.07 16 **S** 硫黄 $[Ne]3s^2p^4$ 10.36　2.5	35.45 17 **Cl** 塩素 $[Ne]3s^2p^5$ 12.97　3.0	39.95 18 **Ar** アルゴン $[Ne]3s^2p^6$ 15.76	3
58.69 28 **Ni** ニッケル $[Ar]3d^84s^2$ 7.64　1.8	63.55 29 **Cu** 銅 $[Ar]3d^{10}4s^1$ 7.73　1.9	65.38 30 **Zn** 亜鉛 $[Ar]3d^{10}4s^2$ 9.39　1.6	69.72 31 **Ga** ガリウム $[Ar]3d^{10}4s^2p^1$ 6.00　1.6	72.63 32 **Ge** ゲルマニウム $[Ar]3d^{10}4s^2p^2$ 7.90　1.8	74.92 33 **As** ヒ素 $[Ar]3d^{10}4s^2p^3$ 9.81　2.0	78.97 34 **Se** セレン $[Ar]3d^{10}4s^2p^4$ 9.75　2.4	79.90 35 **Br** 臭素 $[Ar]3d^{10}4s^2p^5$ 11.81　2.8	83.80 36 **Kr** クリプトン $[Ar]3d^{10}4s^2p^6$ 14.00　3.0	4
106.4 46 **Pd** パラジウム $[Kr]4d^{10}$ 8.34　2.2	107.9 47 **Ag** 銀 $[Kr]4d^{10}5s^1$ 7.58　1.9	112.4 48 **Cd** カドミウム $[Kr]4d^{10}5s^2$ 8.99　1.7	114.8 49 **In** インジウム $[Kr]4d^{10}5s^2p^1$ 5.79　1.7	118.7 50 **Sn** スズ $[Kr]4d^{10}5s^2p^2$ 7.34　1.8	121.8 51 **Sb** アンチモン $[Kr]4d^{10}5s^2p^3$ 8.64　1.9	127.6 52 **Te** テルル $[Kr]4d^{10}5s^2p^4$ 9.01　2.1	126.9 53 **I** ヨウ素 $[Kr]4d^{10}5s^2p^5$ 10.45　2.5	131.3 54 **Xe** キセノン $[Kr]4d^{10}5s^2p^6$ 12.13　2.7	5
195.1 78 **Pt** 白金 $[Xe]4f^{14}5d^96s^1$ 8.61　2.2	197.0 79 **Au** 金 $[Xe]4f^{14}5d^{10}6s^1$ 9.23　2.4	200.6 80 **Hg** 水銀 $[Xe]4f^{14}5d^{10}6s^2$ 10.44　1.9	204.4 81 **Tl** タリウム $[Xe]4f^{14}5d^{10}6s^2p^1$ 6.11　1.8	207.2 82 **Pb** 鉛 $[Xe]4f^{14}5d^{10}6s^2p^2$ 7.42　1.8	209.0 83 **Bi** ビスマス $[Xe]4f^{14}5d^{10}6s^2p^3$ 7.29　1.9	(210) 84 **Po** ポロニウム $[Xe]4f^{14}5d^{10}6s^2p^4$ 8.42　2.0	(210) 85 **At** アスタチン $[Xe]4f^{14}5d^{10}6s^2p^5$ 9.5　2.2	(222) 86 **Rn** ラドン $[Xe]4f^{14}5d^{10}6s^2p^6$ 10.75	6
(281) 110 **Ds** ダームスタチウム $[Rn]5f^{14}6d^97s^1$	(280) 111 **Rg** レントゲニウム $[Rn]5f^{14}6d^{10}7s^1$	(285) 112 **Cn** コペルニシウム $[Rn]5f^{14}6d^{10}7s^2$	(278) 113 **Nh** ニホニウム $[Rn]5f^{14}6d^{10}7s^2p^1$	(289) 114 **Fl** フレロビウム $[Rn]5f^{14}6d^{10}7s^2p^2$	(289) 115 **Mc** モスコビウム $[Rn]5f^{14}6d^{10}7s^2p^3$	(293) 116 **Lv** リバモリウム $[Rn]5f^{14}6d^{10}7s^2p^4$	(293) 117 **Ts** テネシン $[Rn]5f^{14}6d^{10}7s^2p^5$	(294) 118 **Og** オガネソン $[Rn]5f^{14}6d^{10}7s^2p^6$	7

| 152.0
63 **Eu**
ユウロピウム
$[Xe]4f^76s^2$
5.67　1.2 | 157.3
64 **Gd**
ガドリニウム
$[Xe]4f^75d^16s^2$
6.15　1.2 | 158.9
65 **Tb**
テルビウム
$[Xe]4f^96s^2$
5.86　1.2 | 162.5
66 **Dy**
ジスプロシウム
$[Xe]4f^{10}6s^2$
5.94　1.2 | 164.9
67 **Ho**
ホルミウム
$[Xe]4f^{11}6s^2$
6.02　1.2 | 167.3
68 **Er**
エルビウム
$[Xe]4f^{12}6s^2$
6.11　1.2 | 168.9
69 **Tm**
ツリウム
$[Xe]4f^{13}6s^2$
6.18　1.2 | 173.1
70 **Yb**
イッテルビウム
$[Xe]4f^{14}6s^2$
6.25　1.1 | 175.0
71 **Lu**
ルテチウム
$[Xe]4f^{14}5d^16s^2$
5.43　1.2 | ランタノイド |
| (243)
95 **Am**
アメリシウム
$[Rn]5f^77s^2$
6.0　1.3 | (247)
96 **Cm**
キュリウム
$[Rn]5f^76d^17s^2$
6.09　1.3 | (247)
97 **Bk**
バークリウム
$[Rn]5f^97s^2$
6.30　1.3 | (252)
98 **Cf**
カリホルニウム
$[Rn]5f^{10}7s^2$
6.30　1.3 | (252)
99 **Es**
アインスタイニウム
$[Rn]5f^{11}7s^2$
6.52　1.3 | (257)
100 **Fm**
フェルミウム
$[Rn]5f^{12}7s^2$
6.64　1.3 | (258)
101 **Md**
メンデレビウム
$[Rn]5f^{13}7s^2$
6.74　1.3 | (259)
102 **No**
ノーベリウム
$[Rn]5f^{14}7s^2$
6.84　1.3 | (262)
103 **Lr**
ローレンシウム
$[Rn]5f^{14}6d^17s^2$ | アクチノイド |

基礎無機化学

― 構造と結合を理論から学ぶ ―

山田康洋・秋津貴城 著

化学同人

まえがき

「無機化学」の有名な教科書の冒頭には，「無機化学はすべての元素を対象とした化学の本流である」や「無機化学は無機化学者が興味をもつ化学の分野である」など，すべてを悟りきった大御所による含蓄のある表現で学問内容が定義されていることがある．しかし，著者（秋津）自身も無機化学者になった現在から学生時代を振り返ってみると，少なくとも高等学校の化学のなかで，最もつまらない分野が実は無機化学であった．イオンや沈殿の色を暗記したり，イオン化傾向など実験事実としては正しいが理由もわからず覚える事柄が判断基準になることに面白さを感じることができなかった．物理，化学，生物，地学，数学（情報を含む）の全分野を履修することが義務づけられていた，ある意味で恵まれた高等学校に通っていたが，数学があまり得意ではなく，そのため物理もあまり熱心に勉強することはなかった．そこで進学する大学を決めるときは，二次試験で化学と生物を選択できて，入学当初から化学を専門的に学べるところをあえて選び，理学部化学科へ進んだ．大学に入ってからでさえも，無機化学というのは有機化学や物理化学に比べると特徴がはっきりしない印象をもっていた．学生実験も含めて，半分近くは分析化学（しかも物理化学と明確に区別できない題材が多い）であったり，周期表の元素に関する各論の講義では，あたかもローカル線の各駅停車の旅での観光案内を聞いているような感じであった．生化学や有機化学に興味をもって入学したはずの化学科ではあったが，大学入試の受験勉強とは異なりじっくりと時間をかけて学べる低学年のあいだに，だんだんと物理化学（化学熱力学，量子化学）の講義に傾倒していった．自分のなかでは，「原理・法則は物理化学，物質の合成・性質は有機化学，どちらかといえば，覚えることの少ない前者が自分には肌に合う」との考えが醸成されていったのである．

ところが，無機化学の一分野である「錯体化学」に出会って状況が一変する．量子力学や化学結合の基礎をはじめ，配位子場理論とその応用例がスマートに述べられた「とかげのマーク」の教科書〔"Inorganic Chemistry: Principles of Structure and Reactivity, 4th Edition," J. E. Huheey et al., Harper Collins College Publishers (1993)〕で，生物無機化学では金属活性中心の生理的機能までも無機化学の基礎原理で説明できることを知ったのである．合成と理論が必要で，さらに生化学にも挑戦できる分野として，研究室の配属では迷わず無機系を選んでしまった．ところが，錯体化学の研究室で大学院入試に合格

まえがき

したその日のうちに，指導教官から「物理学を初等力学から勉強しろ！」との指示があった．配位子場理論や遷移金属化合物の構造物性を研究するために，実験の合間を使ったりして，電磁気学，量子力学，固体物性，結晶学，群論…と必死に勉強した．気がつけば博士課程修了の頃には電子スピンがらみの相対論まで勉強していた．大学院では物理化学や物理学の勉強ばかりしていた記憶がよみがえってくる．お気に入りの「とかげのマーク」の無機化学や，階下に翻訳者の先生が居られたあの有名な物理化学の教科書〔"Atkins' Physical Chemistry, 8th revised edtion," P. Atkins, J. de Paul, Oxford University Press（2006）〕を読んでいるときでさえ，指導教官から「化学の講義をする立場ではないのだから，そんな暇があったら物理学の勉強をしろ！」と怒られてしまったほどである．ちなみに有機化学は，大学院入試の翌日以来，ポスドクでの金属タンパク質結晶学（生物無機化学に関連するX線結晶構造解析の計算）を経て，無機物性化学の助手になって配位子合成を再開するまで8年間，ほとんどお留守のままであった．

「無機化学の基礎」というと，このような理由で，結局は物理化学（量子化学や化学熱力学）あるいは関連する物理学（力学，電磁気学，量子力学，熱力学，固体物性…）に相当すると考えられる．しかし，現実問題として，周期表にあるすべての元素の化合物に関する各論も含めて，物質の多様性や個性といったものをふまえた無機化学である以上，そこまで立ち返る必要はまったくない．むしろ「化学的な意味」をとらえること，言い換えると物理学や物理化学の結果をうまく利用して，物質の多様性を扱うための武器にするような姿勢こそが大切だと思う．イメージをつかむことが無機化学を学ぶうえで重要である．

本書は，化学系の大学で低学年に半年間程度かけて学ぶ無機化学の基礎，具体的には原子の構造から化学結合の形成までを，コンパクトに解説した教科書である．近頃の大学初年次の教育では，高等学校の数学や物理の未履修分野が頭を悩ませる一因になっている．厳密な説明を重視するならば，物理化学（量子化学）の基礎を扱った本のほうがふさわしいし，数学などについてもさらに詳しい記述が期待される．ところが，本書はあくまでも「無機化学」の教科書であることから，物質の多様性あるいは個性として，具体的な物質を念頭に置いて読み進められるのが，理解を深めるために有効であると思う．そこで「水」と関連する水素や酸素などの分子，原子，プロトン，電子などのストーリーを常に意識して，本書を読み進めてもらいたい．生物無機化学（金属タンパク質）をもちだすまでもなく，自然界で最も重要な次の二つの反応でも，これらが大切な役割を果たしているのだから．

光合成：$2\,H_2O \longrightarrow 2\,H_2 + O_2$

呼　吸：$O_2 + 4\,H^+ + 4\,e^- \longrightarrow 2\,H_2O$

2013年3月

筆者を代表して
秋津貴城

目 次

1章 原子の構造 — 1

- 1.1 電子 …… 1
  - 1.1.1 力学　3
  - 1.1.2 電磁気学　4
- 1.2 比電荷の実験 …… 6
- 1.3 油滴の実験 …… 7
- 1.4 原子核 …… 9
- 章末問題　10

2章 原子核と同位体 — 11

- 2.1 原子核の構造 …… 11
- 2.2 同位体 …… 12
- 2.3 原子量 …… 13
- 2.4 質量欠損 …… 14
- 2.5 放射壊変 …… 16
- 2.6 放射性同位体と半減期 …… 17
- 章末問題　20

3章 原子スペクトル — 21

- 3.1 水素原子の線スペクトル …… 21
  - 3.1.1 光学　23
  - 3.1.2 波長と波数　23
  - 3.1.3 光の吸収と放出，および遷移　24
- 3.2 ラザフォード模型の限界 …… 25
  - 3.2.1 円運動　26

3.2.2 運動エネルギー　26
3.2.3 水素原子の模型　27
3.3 ボーア模型　28
章末問題　30

4章　電子の粒子性と波動性　31

4.1 光量子　31
 4.1.1 波　32
 4.1.2 波の干渉　33
 4.1.3 結晶による回折とブラッグの式　35
4.2 電子がとる円周上の波　36
4.3 時間に依存しない定常波が満たす式　38
 4.3.1 三角関数の複素表示　39
 4.3.2 偏微分　40
章末問題　41
コラム　マクローリン展開　42

5章　水素原子のシュレーディンガー方程式　43

5.1 極座標への変換　43
5.2 変数分離　45
5.3 ルジャンドル陪多項式で表す角度部分　46
5.4 求面調和関数で表す角度部分　48
5.5 ラゲール陪多項式で表す動径部分　50
章末問題　52
コラム　微分方程式の解であることの確認　52

6章　波動関数　53

6.1 シュレーディンガー方程式の解としての波動関数　53
6.2 固有値と固有関数　54
6.3 波動関数の物理的な意味　56
6.4 水素原子のボーア半径 a_0　57
6.5 動径分布関数　58
章末問題　61

7章　量子数と原子軌道　　　63

- 7.1　波動関数のパラメータとしての量子数 …………………… 63
- 7.2　主・方位・磁気量子数と原子軌道 …………………………… 63
- 7.3　s, p, d, f 軌道の空間的分布の図示 …………………………… 68
- 7.4　p 軌道の形状の導出（酸素原子 2p 軌道） ………………… 71
- 章末問題　73

8章　多電子原子の電子配置　　　75

- 8.1　構成原理と元素のブロック …………………………………… 75
- 8.2　パウリの排他原理 ……………………………………………… 76
- 8.3　フントの規則 …………………………………………………… 77
- 8.4　元素周期表と電子配置 ………………………………………… 79
- 8.5　遮蔽効果 ………………………………………………………… 81
- 章末問題　84
- コラム　スレーター行列式　84

9章　原子半径と化学結合　　　85

- 9.1　原子半径 ………………………………………………………… 85
- 9.2　イオン半径 ……………………………………………………… 86
- 9.3　原子の並び方 …………………………………………………… 87
- 9.4　金属結晶 ………………………………………………………… 88
- 9.5　イオン結晶 ……………………………………………………… 89
- 9.6　イオン化エネルギー …………………………………………… 91
- 9.7　電子親和力 ……………………………………………………… 94
- 章末問題　94

10章　共有結合　　　95

- 10.1　共鳴混成体 ……………………………………………………… 95
- 10.2　原子価結合法 …………………………………………………… 96
- 10.3　分子軌道法 ……………………………………………………… 98
- 章末問題　104

11章 分子軌道法の使い方　　105

- 11.1 p軌道の分子軌道 ………………………………………………………… 105
- 11.2 σ結合とπ結合 …………………………………………………………… 106
- 11.3 酸素分子の分子軌道 ……………………………………………………… 107
- 11.4 その他の等核二原子分子 ………………………………………………… 110
- 11.5 異核二原子分子 …………………………………………………………… 111
- 11.6 水の分子軌道 ……………………………………………………………… 112
- 章末問題　114

12章 結合の性格を決めるもの　　115

- 12.1 極性 ………………………………………………………………………… 115
- 12.2 電気陰性度 ………………………………………………………………… 117
- 12.3 イオン結合と共有結合 …………………………………………………… 119
- 12.4 ファヤンスの規則 ………………………………………………………… 120
- 12.5 水素結合 …………………………………………………………………… 121
- 章末問題　122

13章 混成軌道　　123

- 13.1 混成軌道の考え方 ………………………………………………………… 123
- 13.2 sp混成 ……………………………………………………………………… 123
- 13.3 sp^2混成 …………………………………………………………………… 126
- 13.4 sp^3混成 …………………………………………………………………… 127
- 13.5 VSEPR ……………………………………………………………………… 129
- 章末問題　130

14章 配位結合　　131

- 14.1 配位結合とは ……………………………………………………………… 131
- 14.2 金属錯体とおもな配位子の例 …………………………………………… 133
- 14.3 結晶場理論 ………………………………………………………………… 134
- 14.4 分光化学系列 ……………………………………………………………… 135
- 14.5 高スピンと低スピン ……………………………………………………… 137
- 14.6 d軌道を含む混成軌道 …………………………………………………… 138
- 14.7 ヘムと生物無機化学 ……………………………………………………… 140
- 章末問題　141

15章　多重結合と電子欠損　　　143

- 15.1　二重結合 …………………………………………………………… 143
- 15.2　多重結合と結合長 …………………………………………………… 145
- 15.3　非局在化 ……………………………………………………………… 145
- 15.4　分子軌道法による説明 ……………………………………………… 147
- 15.5　電子欠損分子 ………………………………………………………… 150
- 15.6　超原子価分子 ………………………………………………………… 151
- 章末問題　152

章末問題の略解 ……………………………………………………………… 153
索　引 ………………………………………………………………………… 159

1　原子の構造

1.1　電 子

　すでに高等学校で学んだ水素原子（^{2}H）の構造を思い浮かべてほしい。**陽子**（proton）と**中性子**（neutron）から構成される**原子核**（nucleus）が中心付近にあり，そのまわりを**電子**（electron）が円運動している（図1.1）。水素原子は全体として中性だが，陽子は正電荷をもち，電子は負電荷をもつ。無機化学に限らずあらゆる化学で扱う現象のほとんどは，実は「電子の振る舞い」に着目することで理解が深まることが多い。そこで，本書の最初に「電子」について述べる。子どもの頃からの生活体験にもとづく理解の深まり方と，科学の歴史上の発見とは似ていることもあるし異なることもある。しかし，おそらく多くの人にとって，中学校の理科や高等学校の物理と化学で電子を意識しはじめる題材としては，おもに次の三つの切り口が考えられる。

　まず，電子そのものが粒子やその流れとして振る舞い，電場や磁場と相互作用する電磁気学的な切り口である。どのようにして電子が得られたのかは別にして，**クーロン力**（Coulomb force；電荷と電荷のあいだに働く力）や**ローレンツ力**（Lorentz force；電子と磁場のあいだに働く力）のように単独の電

> **陽　子**
> 核子の一つで，中性子を含まない水素原子（^{1}H）の原子核（プロトン）に相当する。1電気素量の正電荷（$+1.6022 \times 10^{-19}$ C）をもち，質量 938.28 MeV，核スピン量子数 1/2（フェルミ粒子），核磁気モーメント 2.7928 B.M. である。

> **原子核**
> 原子の中心に存在して正電荷を帯びている。正電荷をもつ陽子と電荷をもたない中性子から構成される。陽子数（原子番号）で元素が，質量数（原子番号と中性子数の和）で同位体が決まり，原子番号，質量数，エネルギー状態で原子の核種が決まる。

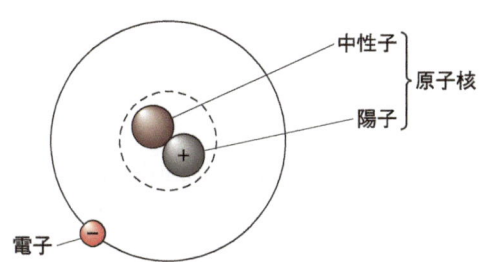

図 1.1　水素原子（^{2}H）の構造

子が関与する法則，さらに拡大解釈すると導線が必要となるビオ-サバールの法則（Biot-Savart law；導線に流れる電流，つまり伝導電子が周囲につくる磁場）などがこれに相当する．前者では負電荷の電子が原子から飛びだして真空中などでも単独で存在するが，後者では導線（金属材料）のなかから電子が飛びだしたりしない点で違いがある．これらは，静電気*1，電気伝導などの現象によって実際に見いだされ，法則としてまとめられてきた．

次に，原子や分子から負電荷の担い手である電子が失われたり他から与えられたりする，電気化学的な切り口である．水に溶けて酸性を示す電解質は，水素原子から電子が失われた陽イオンである水素イオン（H^+）と何らかの陰イオンが解離して生じる．この水素原子と水素イオンの関係のように，中性原子から負電荷（電子）の増減したイオンが生じる現象がこれに相当する．ちなみに水分子の解離の場合，

$$H_2O \rightarrow H^+ + OH^-$$

の反応式で示されるように，水酸化物イオン（OH^-）が**対イオン**（counter ion）となる．あとで述べるが，塩化ナトリウム（NaCl）のように陽イオン（カチオン）と陰イオン（アニオン）が静的にクーロン力で結合したイオン性結晶もある．

一方，電気分解や電池のように，外部から電流を流したり酸化還元反応が伴うなど，電極とイオン（原子），またはイオン（原子）とイオン（原子）のあいだで動的な電子移動が起こる場合には，やりとりする対象として電子を見ることができる．たとえば水の電気分解は次の反応式で表され，電極から＋1価の水素イオンに電子が与えられて0価（中性）の水素が発生する．

$$2H_2O \rightarrow 2H_2 + O_2$$

そして，中性原子間で価電子数が安定になるように電子が存在して生じる共有結合などが形成される場合や，炎色反応など原子固有の波長（可視光線の波長領域では「色」の違いとして認められる）の光を吸収あるいは放出する場合（電子遷移）などがある．このような分子や原子のなかで特定のエネルギー状態（詳しくは7章で述べる）に電子が収容されるとき，振る舞う実体としての電子を意識する切り口がありうる．

ところで，最初にあげた電磁気学的な切り口において，粒子として単独に飛びだした電子が発見された歴史的実験として，トムソン†の**陰極線**（cathode ray）の実験がある．これは次節で述べる**電子の比電荷**（specific charge）を決定した実験として知られている．ここでは基礎的な無機化学で使いこなす立場で，基本となる（高等学校で習う）物理・化学の法則とそれに関連する数学についての項目を列挙して簡単に復習しておく．いずれも物理量はスカラー量で表すこととして，ベクトル量であることは必要がない限り明記しない．

---

*1 正と正，負と負の電気が反発する．一方，正と負の電気は引きつけ合う．

† Sir Joseph John Thomson（1856〜1940）．イギリスの物理学者．1906年ノーベル物理学賞を受賞．

陰極線
フィラメントの加熱などの方法で発生させた自由電子に電圧をかけて，数千〜数万 eV のエネルギーにまで加速した電子の流れのこと．真空管中の放電で陰極から生じる負電荷を帯びた粒子が電場で偏向を示すことから，電子が発見された．

電子の比電荷
一般に比電荷（e/m_e）とは，荷電粒子の電気質量（e）と質量（m_e）の比のことである．電子の場合には，電気量として電気素量 $e = 1.6022 \times 10^{-19}$ C，質量 $m_e = 9.109 \times 10^{-31}$ kg を用いるので，比電荷 $e/m_e = 1.7588 \times 10^{11}$ C·kg^{-1} となる．

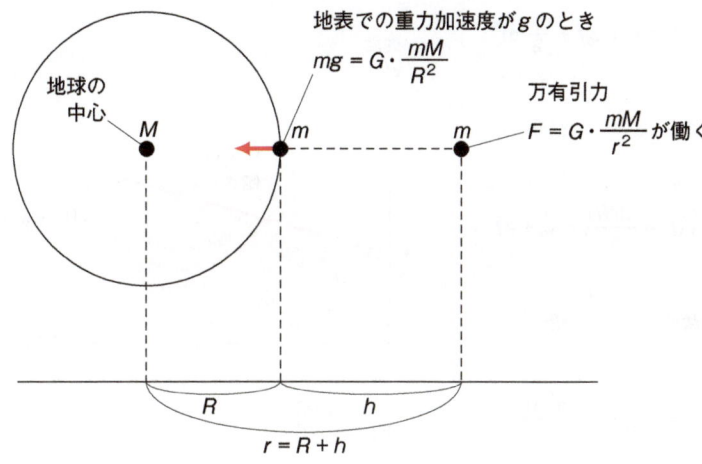

図 1.2 地球と物体に働く万有引力

1.1.1 力 学
1）万有引力

距離 r だけ離れた質量 m と M の物体のあいだには，質量の積に比例し距離の 2 乗に反比例する万有引力 F が働く（図 1.2）．ここで G は万有引力定数である．

$$F = G \cdot \frac{mM}{r^2} \tag{1.1}$$

2）運動方程式

質量 m の物体に力 F が働くとき，加速度 a は次の関係が成り立つ．

$$ma\left(= m \cdot \frac{\mathrm{d}^2 r}{\mathrm{d}t^2}\right) = F \tag{1.2}$$

3）距離と速度

時刻 $t = 0$ での位置と加速度が決まると，時刻 t のときに運動している物体の位置 r が決まる．そして，ある時刻 t における物体の位置 $r(t)$ の時間変化が速度である．

$$v = \frac{\mathrm{d}r}{\mathrm{d}t} \tag{1.3}$$

4）加速度

ある時刻 t における物体の速度 $v(t)$ の時間変化が加速度である．自由落下の場合には，重力加速度 g が働く．

$$a = \frac{\mathrm{d}^2 r}{\mathrm{d}t^2} = \frac{\mathrm{d}v}{\mathrm{d}t} \tag{1.4}$$

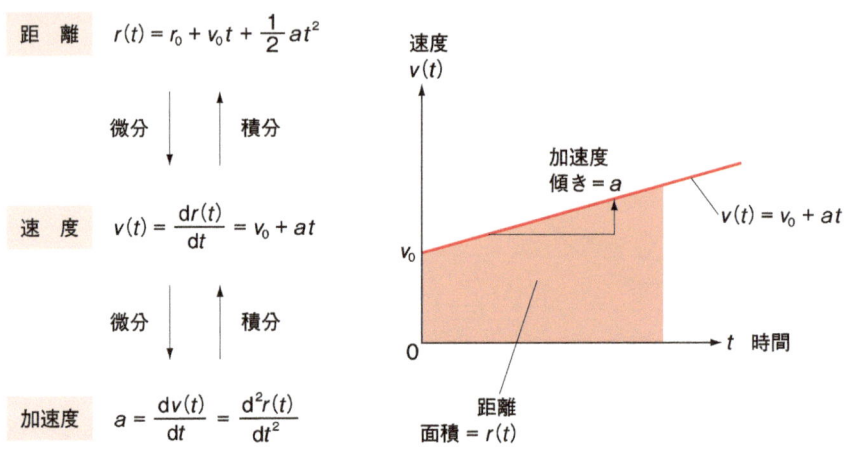

図 1.3 距離，速度および加速度

5）微分と積分

距離を時間で微分すると速度が求まり，速度を時間で微分すると加速度が求まる．逆に表現すると，加速度を時間で積分すると速度が求まり，速度を時間で積分すると距離が求まる（図1.3）．いずれも時間の範囲（積分区間）や $t=0$ における条件が必要となる．具体的な関数についての公式は，適宜紹介する．

1.1.2 電磁気学

1）クーロンの法則

距離 r だけ離れた点電荷 q_1 と q_2 の物体のあいだには，電荷の積に比例し距離の2乗に反比例するクーロン力 F が働く．このとき，q_1 と q_2 が異符号（正と負）の電荷ならば引力となり，同符号（正と正，負と負）の電荷ならば反発力（斥力）となる（図1.4a）．k はクーロン定数，ε_0 は真空中の誘電率である．

$$F = k \cdot \frac{q_1 q_2}{r^2} \quad \left(k = \frac{1}{4\pi\varepsilon_0}\right) \tag{1.5}$$

2）クーロン力のポテンシャルエネルギー（位置エネルギー）

点電荷を考えている点から基準点（無限遠）まで，クーロン力 F を働かせながら移動させたときに，外部に対して働くように蓄えられる仕事[*2]をポテンシャルエネルギー（位置エネルギー）V という（図1.4a）．基準点（無限遠）の位置エネルギーをゼロとし，安定になるほど小さな値を取るように位置エネルギーに符号をつけると次式のようになる．

$$V = -k \cdot \frac{q_1 q_2}{r} \tag{1.6}$$

＊2 移動距離を限りなく小さくしたとき，そのときどきのクーロン力 F と（微小）移動距離 r の積を足し合わせたエネルギーのこと．

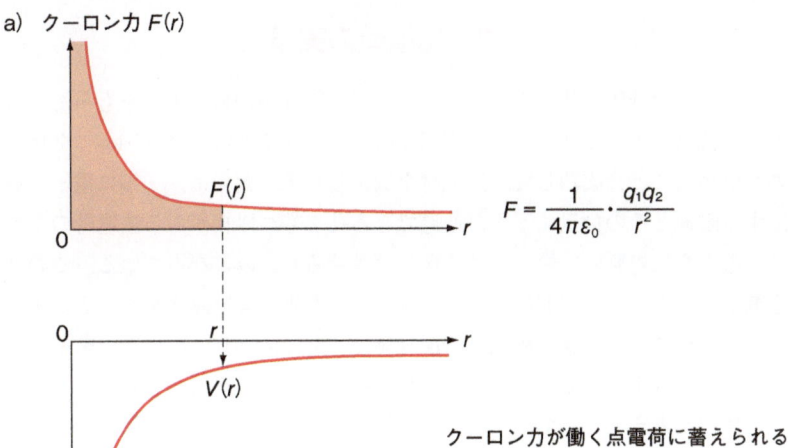

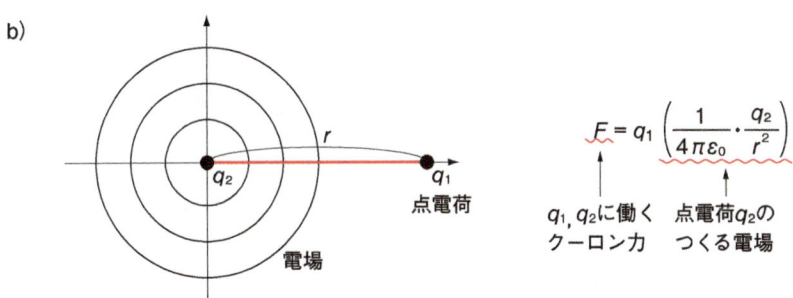

図1.4 クーロンの法則に関する力,エネルギー,電場
a) クーロン力とポテンシャルエネルギー,b) 電場.

3) 電場

クーロンの法則の見方を変えて,点電荷 q_2 のまわりに点電荷 q_1 に力を及ぼす電場 E ができると考える(図1.4b).

$$F = q_1 \left(\frac{kq_2}{r^2} \right) = q_1 E \tag{1.7}$$

4) 磁場とローレンツ力

磁場 B を考える.速度 v で移動する電荷 q が,電場 E,磁場 B 中で受ける力 F は次のフレミング(Fleming)の左手の法則(図1.5)で表される.ここで×はベクトルの外積を表す.$v = (v_x, v_y, v_z)$,$B = (B_x, B_y, B_z)$ のとき $v \times B = (v_y B_z - v_z B_y, v_z B_x - v_x B_z, v_y B_x - v_x B_y)$ となる.

$$F = qE + qv \times B \tag{1.8}$$

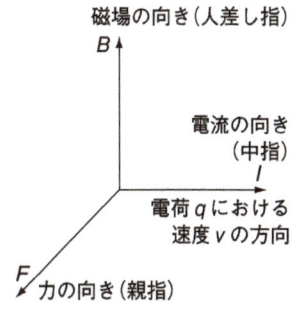

図1.5 フレミングの左手の法則

1.2 比電荷の実験

トムソンは低圧気体放電の実験によって,陰極線が負の電荷をもった「電子」の流れであることを示し,比電荷 $e/m_e = 1.7588 \times 10^{11}\,\mathrm{C \cdot kg^{-1}}$ を精度よく求めることに成功した.比電荷を測定したその装置は,一端に電子を放出する陰極とその付近に電子が通過できる孔をもつ陽極がある放電管のなかで,電子を反対側の一端に向けて飛びださせるしくみになっている.このとき電子が飛んでいく空間に,強さを調整して電場および磁場をかけることができるようにしておき,放電管の反対側の一端でスクリーンの壁に電子が当たる位置では蛍光を発するので,それを観測できるようにしておく.

全体的な考え方としては,図 1.6 と図 1.7 のように,一定の強さの電場 E,一定の強さの磁場 B のなかを陰極から飛びだした方向に速さ v で運動する質量 m,電荷 e の電子(一般には荷電粒子としてもよい)が受けるローレンツ力を考える.大きさだけ考えると電場からは eE,磁場からは $ev \times B$ の力を受けることになるので,この電子に関する運動方程式は,以下のようになる.

$$ma = F = eE + ev \times B$$
$$\therefore a = \frac{F}{m} = \left(\frac{e}{m}\right)E + \left(\frac{e}{m}\right)v \times B \tag{1.9}$$

これにより,電子の加速度は比電荷 e/m に比例することがわかる.

電場をかける極板の長さを l とすると,速さ v の電子の通過時間は $t = l/v$ である.電子が電場から受ける加速度は $(e/m)E$ であるため,曲げられる方向の速さ v は以下の式になる.

$$v = at = \left(\frac{e}{m}\right)E \times \left(\frac{l}{v}\right) = \frac{eEl}{mv} \tag{1.10}$$

したがって,長さ l の極板を通過するあいだに曲げられる角度を θ とすると,

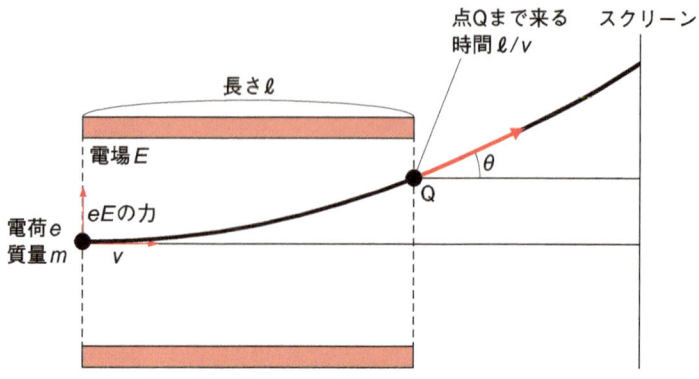

図 1.6 電場に関して説明するための比電荷の実験

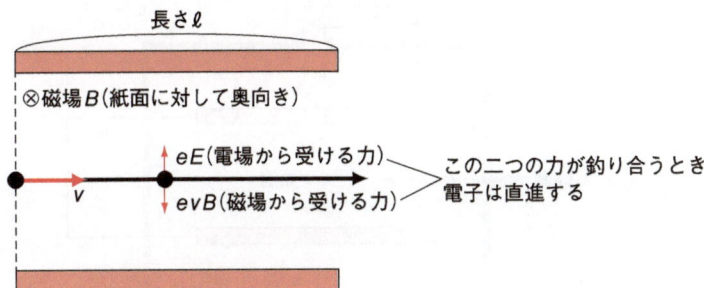

図 1.7 磁場に関して説明するための比電荷の実験

以下のようになる.

$$\tan\theta = \frac{\text{曲げられる方向の速さ}}{\text{陰極から飛びだした方向の速さ}}$$

$$= \frac{\frac{eEl}{mv}}{v} = \frac{eEl}{mv^2} \tag{1.11}$$

次に，電場で曲げられる電子を直進させて，放電管の反対の一端で壁に当たるように磁場をかけることにする．このとき，電子が電場から受ける力と磁場から受ける力が釣り合うので，以下のようになる．

電子が電場から受ける力 = 電子が磁場から受ける力
$$eE = evB$$
$$\therefore v = \frac{E}{B} \tag{1.12}$$

この v を先ほどの $\tan\theta$ の式 (1.11) に代入すると，

$$\tan\theta = \frac{eEl}{mv^2} = \frac{eB^2 l}{mE}$$
$$\therefore \frac{e}{m} = \frac{E\tan\theta}{lB^2} \tag{1.13}$$

となり，比電荷 e/m は，装置のパラメータ l と実験条件のパラメータ E, B および測定値 θ といった既知の量で求めることができる．

1.3 油滴の実験

一方，電子の**質量** (mass) は $m_e = e/(e/m_e) = 1.6022 \times 10^{-19}$ C$/1.7588 \times 10^{11}$ C·kg$^{-1} = 9.109 \times 10^{-31}$ kg であることが現在では知られている．トムソンの実験により比電荷が明らかになったので，-1 価の電荷に相当する電子のもつ電気素量がわかればよいことになる．ミリカン†は油滴の実験によって，電気素量を実験的に測定した（図 1.8）．

電子の質量
電子の質量は $m_e = 9.109 \times 10^{-31}$ kg であり，光速度 c を用いて表すと $m_e = 0.511$ MeV$/c^2$ である．なお陽子の質量（1.6726×10^{-27} kg）は電子の質量の 1836 倍となり，原子中の質量の分布は空間的にごく小さい原子核に集中している．

† Robert Andrews Millikan (1868〜1953)，アメリカの物理学者．1923 年ノーベル物理学賞を受賞．

ミリカンの油滴の実験
1909 年にミリカンが電子の電荷の大きさ（電気素量）を決定した実験．イオン化した油滴の重力による落下と空気の粘性による抵抗が釣り合う等速度運動を顕微鏡で観察し，電場の効果も利用する．イオンの電荷は電気素量の整数倍となる．

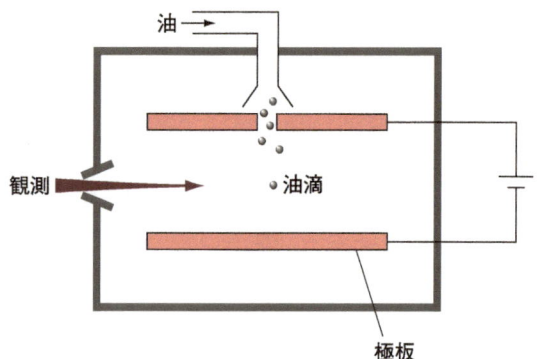

図 1.8 油滴の実験を行う装置の概略図

　基本的な考え方は次のようになる（図 1.9）．質量 m の油滴を（電極に電圧をかけずに）重力加速度 g で自由落下をさせる．このときに働く空気抵抗の力は，油滴の速さに比例する大きさ（比例定数を K とする）で，自由落下を妨げる上向きに働く．自由落下により時間が経過するにつれて速さは大きくなるが，空気抵抗により一定の終端速度（v_1）で頭打ちになる．自由落下と空気抵抗の力が釣り合うことから，次の式が成り立つ．

$$mg = Kv_1 \tag{1.14}$$

一方，電極に電圧をかけると電場 E のなかで負電荷をもつ電子を含む油滴に正電極とのあいだで静電引力 eE が働き，油滴は終端速度 v_2 までに加速されて上昇する．下向きの重力 mg と，上向きの静電引力 eE や空気抵抗 Kv_2（静電引力を妨げる下向きに働く点に注意）が釣り合うことから，

$$eE = mg + Kv_2 \tag{1.15}$$

が成り立つ．この式に電圧をかけない場合の mg を代入すると，以下のようになる．

$$eE = Kv_1 + Kv_2 = K(v_1 + v_2)$$
$$\therefore e = \frac{K(v_1 + v_2)}{E} \tag{1.16}$$

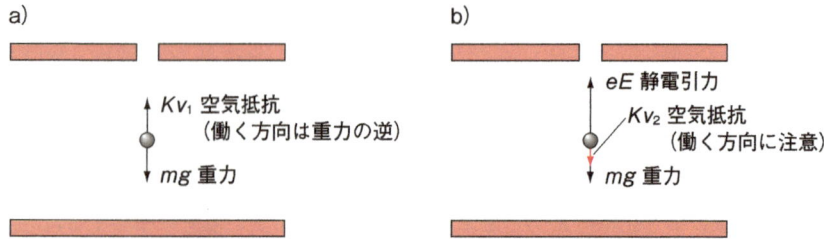

図 1.9 油滴の実験において電子に働く力
a）電極板に電圧をかけないとき．b）電極板に電圧をかけたとき．

これにより，実験条件のパラメータ E など既知の数値を用いて，電気素量 e を求めることができる．

1.4 原子核

原子は通常中性であるから，負電荷をもつ電子が存在するならば，陰極線が飛びだしたあとの原子の残りの部分は正に帯電した粒子であることが期待される．実際，放電の実験から**陽極線**（anode ray）なるものが発見された．水素原子では，標準水素電極（$E = 0\,\mathrm{V}$）の反応式

$$2\,\mathrm{H}^+(\mathrm{aq}) + 2\,\mathrm{e}^- \rightarrow \mathrm{H}_2(\mathrm{g})$$

を逆に見て，

$$\mathrm{H}_2 \rightarrow 2\,\mathrm{H}^+ + 2\,\mathrm{e}^-$$

となることからも明らかなように，中性子をもたない水素のカチオンは水素の原子核（$^1\mathrm{H}^+$）である陽子となる．陽子の質量は，$m_\mathrm{p} = 1.6726 \times 10^{-27}\,\mathrm{kg}$（$m_\mathrm{e}$ の約 1836 倍）であることが知られている．

このように，原子には正に帯電した原子核と負に帯電した電子がある．しかも電子の質量が圧倒的に小さいことがわかると，原子核と電子がどのように分布しているか，すなわち原子の構造の模型が考えだされるようになる．当初は**トムソンの原子模型**（図 1.10）に代表される，原子核の正電荷が一様に広がったなかに電子の負電荷が点在するタイプが考案された．しかし，**長岡†の原子模型**（図 1.11）のように，中心付近に原子核が存在し周辺に電子が存在するタイプがのちに提案されるようになった．実験的に決着がついたのは，ラザフォードによる α 粒子散乱の実験であった（図 1.12）．これは金

> **陽極線**
> 原子核や陽イオンなど正電荷をもつ粒子の流れのこと．真空管中で放電すると陽極から生じた正電荷を帯びた粒子線が陰極に向かって走ることから発見された．電場により加速される性質を示す．

† **長岡半太郎**（1865～1950），日本の物理学者．東京帝国大学教授をはじめ，1931 年には大阪帝国大学の初代総長を務めた．

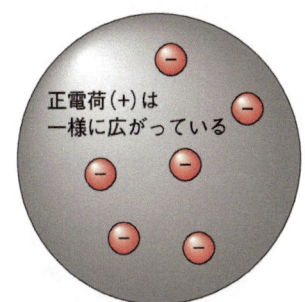

図 1.10 トムソンの原子模型
電気的に中性である原子は正電荷が広がった分布をしており，そのなかに負電荷をもつ電子が散在して運動しているとするもの．しばしば，フルーツの入りプリンや，ブドウ入りのパンに例えられる．

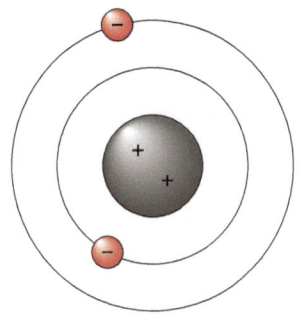

図 1.11 長岡の原子模型
原子の中心に（大きな）正電荷すなわち原子核が存在し，その周囲の円周を負電荷すなわち電子が回転運動しているとするもの．太陽系型（太陽と惑星）や，土星型（惑星中心と環）に例えられる．

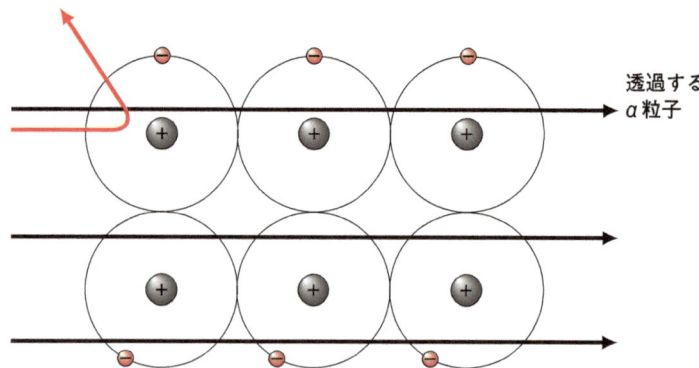

図 1.12　α粒子の散乱（ラザフォードの原子模型）
α線の金箔によるラザフォード散乱の結果にもとづき，原子の中心に（ごく小さな）正電荷の原子核が存在し，かなり離れた周囲を負電荷の電子が周回運動しているとするもの．太陽系型に近いイメージ．

金属箔に α 粒子を打ち込んだ際，ほとんど透過していく α 粒子のなかに混じって，ごく少数の α 粒子が大きな角度をつけて散乱されることから，原子の中心の小さな原子核に正電荷が集中している**ラザフォード**[†]の原子模型が支持されるに至った．

[†] Ernest Rutherford（1871〜1937），イギリスの化学者．1908年ノーベル化学賞を受賞．

● 章末問題 ●

1.1 最近になって発見，命名された元素を調べよ．

1.2 次の関数を x で微分せよ（e は自然対数の底，a は定数）．
（1）x^n　（2）$\sin ax$　（3）$\cos ax$
（4）e^{ax}　（5）$\ln x$（$\log_e x$）

1.3 次の関数の x についての不定積分を求めよ（積分定数を C とする）．
（1）x^n　（2）$\dfrac{1}{x}$

1.4 次の物理公式の文字が意味する物理量を答えよ．
（1）運動方程式 $ma\left(= m \cdot \dfrac{d^2 r}{dt^2}\right) = F$
（2）万有引力 $F = G \cdot \dfrac{mM}{r^2}$
（3）クーロンの法則 $F = k \cdot \dfrac{q_1 q_2}{r^2}$　$\left(k = \dfrac{1}{4\pi\varepsilon_0}\right)$
（4）クーロン力の位置エネルギー $V = -k \cdot \dfrac{q_1 q_2}{r}$
（5）フレミングの左手の法則ほか $F = qE + qv \times B$
（6）電磁波 $F(x, t) = A \sin 2\pi\left(\dfrac{t}{T} - \dfrac{x}{\lambda}\right)$
（7）ブラッグの関係式 $2d\sin\theta = n\lambda$

1.5 トムソンが電子の比電荷（e/m_e）を求めた実験を説明したい．その際に電子に働くすべての力を示せ．

2 原子核と同位体

2.1 原子核の構造

　原子 (atom) は原子核と電子で構成されている．原子核の大きさは原子の大きさの数万分の1から十万分の1程度でしかないが，原子の質量のほとんどは原子核が担っている．化学においては，電子を介した原子間の相互作用を議論することが多いが，原子核は物質を構成する重要な要素であり，物質を理解するためには原子核の性質についても理解しておく必要がある．原子核に関する知識は，宇宙の起源の解明に役立つばかりでなく，とくに近年，原子核の性質を利用した分析法が広く用いられており，私たちが生活していくうえで無視することができない．

　原子核は陽子と中性子から構成されており，これらの数とエネルギー状態によって原子核の種類を区別することが可能で，これを**核種** (nuclide) と呼ぶ．一般に，**元素** (element) は複数の核種によって構成される．化学を扱う場合には元素に着目して**周期表** (periodic table) が用いられるが，原子核の種類を表すためには**核図表** (table of nuclides) を用いるのが便利である．核図表とは，原子核を陽子数と中性子数に着目して並べたものである．3000以上の核種が知られており，そのうちで安定な核種は約280個存在する．図2.1にはおもな核種を示した．小さい核種では陽子数Zと中性子数Nはほぼ同じで$Z = N$の線に近いものが多いが，大きな核種では中性子数が過剰となる．これは原子核のなかでの正電荷の反発を弱めるように中性子数が増えていくためである．原子は正電荷をもった原子核と負電荷をもった電子の静電的な力で説明することができる．しかし，原子核の場合には正の電荷をもつ陽子と，中性の中性子が小さな空間に結びつけられており，静電的な力では説明できない．これら陽子と中性子を結びつけているのは**中間子**

核 種
原子核を種類ごとに区別したもの．陽子数と中性子数だけでなく，エネルギー状態によっても区別される．

元 素
同じ性質をもった原子の集団を表す．原子番号が同じ核種の集合．もともとは物質を構成する最小単位を示すものを元素としていたが，同位体の概念の導入によって意味が変化している．

中 間 子
陽子と中性子を結びつけている素粒子．π中間子がこれに相当するが，π中間子から生まれるミュオンもμ中間子という場合がある．

† **湯川秀樹**（1907～1981），1949年に日本人として最初のノーベル物理学賞を受賞．

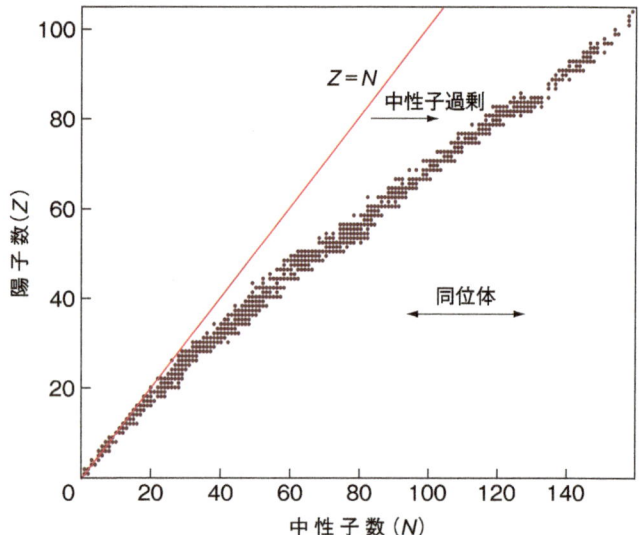

図 2.1　おもな核種の核図表
同位体は図中に示すように陽子数が同じ核種である.

(meson) と呼ばれる粒子であり, 1935 年に湯川秀樹†によって理論的に予想されたものである.

2.2　同　位　体

　水素元素は, **原子番号** (atomic number) $Z=1$ の三つの核種を含んだ総称である. この三つの核種とは軽水素 ^1H, 重水素 ^2H, 三重水素 ^3H である. これらの原子核には陽子が一つという点では共通しているが, 中性子の数が異なるため, **質量数** (mass number) が異なる. このように, 陽子数が同じで同一の元素に属するが, 質量が異なる核種の一団を**同位体** (isotope) という (表 2.1). 中性子が発見されるまでは, 同位体という概念はなく, 元素には 1 種類の原子 (核種) しかないと考えられていた. その後, α線と軽い原子核の衝突によって生じるエネルギーの高い粒子が見いだされ, 1932 年にチャドウィック†によってこれが中性子であることが示されて, 現在のような同位体の概念が定まった.

　同位体の化学的性質はほとんど同じだが, 厳密には化学的性質が質量にも依存しており, これを**同位体効果** (isotope effect) という. 同位体効果が最も大きい元素は水素であり, 質量の変化率が最も大きいことからも理解できる. たとえば水素分子では, 質量が大きくなるにつれてその沸点と融点は高くなる. また化学反応速度も質量が大きくなるにつれて遅くなる.

　すべての元素が複数の**安定同位体** (stable isotope) をもつとは限らず, Be, F, Na, Al, P, Sc, Mn, Co, As など安定核種を 1 種類しかもたない元素もある. また, Pb より軽い元素であっても, Tc や Pm のように安定核種をまったくもたない元素もある. これらの元素の**半減期** (half life) は短いため, 地球上からはすでに消えてしまっているが, 人工的につくりだすことができる.

† Sir James Chadwick (1891～1974), イギリスの物理学者. 1935 年ノーベル物理学賞を受賞.

同位体効果
同位体の質量の差によって現れる物理的, 化学的な性質の差. ほとんどの場合には同位体効果はわずかだが, 地球科学的な物質の移動や生物のなかでの物質の移動などのようすを知る手がかりとなる.

安定同位体
原子核の性質が安定であるため, 同位体のなかで放射壊変をしないもの. stable isotope を略してSI という記号を使う場合がある.

テクネチウム
原子番号 43, 元素記号 Tc の元素. 安定同位体をもたないが, 最も長い半減期をもつ放射性同位体は ^{99}Tc で, 2.11×10^5 年である. 人工的に合成できて, ^{99m}Tc (半減期 6.015 時間) は医療で用いられている.

表 2.1 水素，炭素，酸素の同位体

元素	安定同位体			放射性同位体		
	核種	原子質量	存在度	核種	半減期	壊変様式
水素	^{1}H	1.007825	99.9885%	^{3}H	12.32 年	β^-
	^{2}H	2.014102	0.0115%			
炭素	^{12}C	12	98.93%	^{11}C	20.39 分	β^+, EC
	^{13}C	13.003354	1.07%	^{14}C	5.70×10^3 年	β^-
酸素	^{16}O	15.994914	99.757%	^{15}O	122.24 秒	β^+, EC
	^{17}O	16.999131	0.038%			
	^{18}O	17.999160	0.205%			

壊変様式については 2.5 節を参照すること．

2.3 原子量

　同位体の概念が生まれる以前に，化学者が新しい元素を見いだしてもまず求められる正確な物理的性質は質量であった．したがって，「元素の質量を**原子量**（atomic weight）とする」ことが原子量の考え方の基本となる．メンデレーエフ[†]の周期律は化学的性質と原子量の関係を示したものであった．原子量は元素の質量を表すが，ただ単純に 1 原子の質量（グラム数）を基準にして求めるわけではない．そもそも**アボガドロ数**（Avogadro's number）が確定しないと 1 原子あたりの質量を求めることはできない．そこで原子の質量を定める別の基準が必要となる．^{12}C 原子 1 mol の質量は 12 g で，^{12}C の 1 原子の質量の 12 分の 1 を 1 **原子質量単位**（atomic mass unit）として定められている．

　もともとは元素の質量を定めたものが原子量であったが，その定義は考え方や測定技術の発達に伴って歴史的に変わってきている．元素にはさまざまな同位体を含むものがあるため，その平均の質量を原子量と考えればよさそうである．古くは地球上の物質の同位体組成は均一であると見なし，精度よく測定すればある一定の値に収斂すると考えられていた．しかし，測定技術が進展して精度よく測定できるようになると，元素の産地によって同位体組成が異なったり，化学処理の過程によって同位体組成が変動したりするため，原子量が一定の値に収斂するとは限らないことが明らかとなってきた．

　1961 年以前には，化学者のあいだでは酸素元素の原子量を 16 と定め，物理学者のあいだでは ^{16}O の原子量を 16 と定めるというように，わずかではあるが食い違いがあった．現在の ^{12}C の質量を 12 u とする定義で考えると，酸素の原子質量は 15.9994 u だが，^{16}O の原子質量は 15.9949 u であり，化学者のほうが 0.028% 程度小さい原子量の値を使っていたことになる．これらが統一されて現在の基準になったのは 1961 年のことで，「原子量」という最も基本的な値の定義にも人間の理解の深さによって変遷が見られる．

[†] Dmitrij Ivanovich Mendeleev (1834～1907)，ロシアの化学者．

原子質量単位
静止して基底状態の ^{12}C 原子を 12 としたときの質量．単位は統一原子質量単位（unified atomic mass unit）の u と，原子質量単位（atomic mass unit）の amu の二つがある．本書では u を用いる．

2.4 質量欠損

原子核を構成する陽子と中性子は中間子によって結びつけられていることを 2.1 節で述べた．この結びつける力は核種によって異なり，陽子と中性子がそれぞれ一定の力をもっているわけではない．化学反応にも発熱反応や吸熱反応があるように，原子核が変化する**核反応**（nuclear reaction）によってもエネルギーの出し入れが伴う．

アインシュタイン[†]の特殊相対性理論から質量とエネルギーは同一に扱うことが可能で，以下のように表せる．

$$E = Mc^2 \qquad (2.1)$$

質量保存の法則は大まかには成立するが，厳密には成立していないことになる．なぜこうなるかは物理を勉強しなくてはならないが，エネルギー E は $[\mathrm{kg \cdot m^2 \cdot s^{-2}}]$，質量 M は $[\mathrm{kg}]$，光の速度 c は $[\mathrm{m \cdot s^{-1}}]$ であり，少なくともこの式の次元が合っていることは容易にわかる．陽子数と中性子数の和が核種の質量数であるが，これはおおよその原子質量を表しているものの，質量数が原子核の質量と一致するわけではない．たとえば $^{16}\mathrm{O}$ の原子質量は 15.9949 u であって 16 u ではない．質量数と原子質量が一致するのは $^{12}\mathrm{C}$ だけで，それはそのように定義したからである．もし，陽子と中性子の質量が一致し，原子核を構成しても**質量欠損**（mass defect）がないならば，質量数と原子質量は一致するはずである．陽子と中性子の質量はそれぞれ 1.0072765 u と 1.008665 u であるので，8 個の陽子と 8 個の中性子で構成される $^{16}\mathrm{O}$ の場合には，陽子と中性子の質量の合計が，

$$1.0072765 \times 8 + 1.008665 \times 8 = 16.127532 \,\mathrm{u}$$

であるのに対し，原子核を構成するとわずかに質量が小さくなり，その差は，

$$16.1275 - 15.9949 = 0.1326 \,\mathrm{u}$$

である（図 2.2）．質量 1 u はエネルギーに換算すると 931 MeV に相当する．

[†] **Albert Einstein**（1879〜1955），ドイツの物理学者．1921 年ノーベル物理学賞を受賞．

図 2.2　$^{16}\mathrm{O}$ の質量欠損
p は陽子，n は中性子を表す．

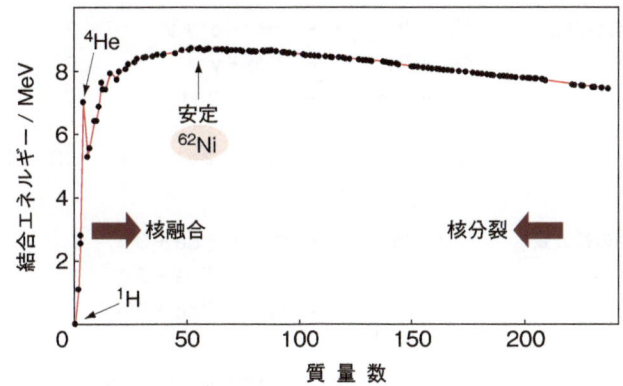

図 2.3　核子 1 個あたりの原子核の結合エネルギー

1 u が 931 MeV に相当することを計算してみよう．12 u の ^{12}C がアボガドロ数（6.0221×10^{23} 個）で 12 g であることから，光の速度 $c = 2.9979 \times 10^8$ [m·s^{-1}] として式（2.1）より

$$\frac{12 \times 10^{-3}}{12 \times 6.0221 \times 10^{23}} \times (2.9979 \times 10^8)^2 = 1.4924 \times 10^{-10} \text{ J}$$

となる．エネルギーの単位 J は SI 単位であるが，eV（$1 \text{ eV} = 1.6022 \times 10^{-19}$ J）に直すと 931 MeV となる．eV は「電子ボルト」あるいは「エレクトロンボルト」と呼び，1 V の電位差中を電子 1 個が移動するときのエネルギーと定義され，化学の世界を表すのに都合がよいため広く用いられている．

どのような原子核であっても質量はそれを構成する陽子と中性子の質量よりも小さくなっており，それが原子核として結びつけているエネルギーと考えられる．この**結合エネルギー**（bond energy）は核種ごとに異なる．図 2.3 に**核子**（nucleon）1 個あたりの原子核の結合エネルギーを示す．横軸は質量数で，水素に比べてヘリウムが非常に安定であることがわかる．また質量数 56〜60 付近で極大となり，それ以上の質量数では結合エネルギーが減少している．つまり，原子核にも結合エネルギーの大小があり，ニッケル ^{62}Ni で原子核は安定となり，それより小さくても大きくても結合エネルギーは小さいことになる．

太陽では**核融合**（nuclear fusion）によって水素からヘリウムに変化することによりエネルギーが放出されて光り輝いている．また，原子炉で起きている**核分裂**（nuclear fission）は重いウランを軽い原子核に分裂させ，この差を利用してエネルギーを取りだしている（図 2.4）．元素はそのまま長時間放置しておけばいつかはすべてが安定な原子核である鉄やニッケルになってしまうと考えがちだが，実際には核反応の**活性化エネルギー**（activation energy）は非常に高いので，そう簡単ではない．ビッグバンによって宇宙が

核　子
原子核を構成する素粒子で，陽子と中性子を指す．素粒子とは物質を構成する最小単位の粒子であり，中性子，陽子以外に，中間子，ミュー粒子，電子，ニュートリノなどがある．

核融合
複数の原子核が融合し，別の大きな原子核となること．水素などの軽い原子が核融合して重い原子となると質量欠損が起こり，エネルギーを放出する．

核分裂
重い原子核が分裂して軽い複数の原子核に分裂すること．

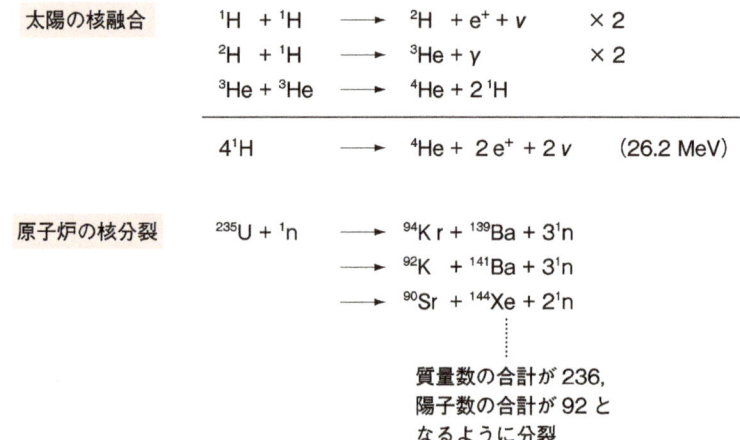

図 2.4　核融合と核分裂

誕生したときには軽い元素から生成され，超新星爆発によって重いウランなどの元素ができたと考えられている．核子1個あたりの結合エネルギーと類似の考え方に**質量偏差**（mass deviation）があり，これは原子質量と質量数の差で表されるものである．

2.5　放射壊変

　原子核は一般的に安定なものと考えられているが，原子核にも不安定なものがある．そのままでは変化することがない安定同位体に対して，より安定なものへと変化する核種を**放射性同位体**（radio isotope）という．同位体については 2.2 節で説明したが，放射性同位体がより安定な原子核へ変化するときに放出されるのが**放射線**（radiation）である．原子核の変化は，**壊変**（decay；崩壊ともいう）と呼ばれている．放射線をだす能力が**放射能**（radioactivity）であり，放射能をもつ物質を**放射性物質**（radioactive substance）と呼ぶ．放射線をある物質に照射しても放射線自体が物質内に残ることはないが，放射能をもった物質によって汚染された場合には，そこから放射線をだしつづけることになる．放射線と放射能は混同されることが多いので注意が必要である．

　原子核壊変によって生じる放射線には α 線，β 線，γ 線がある．このほかに中性子線も含まれる場合がある．α 線は ^{4}He の原子核であり，α 壊変によって原子核は質量数が四つ減少し，原子番号は二つ減少する．おもに大きな原子核の壊変によって α 線が放出される．^{4}He は 2.4 節で述べたように，特異的に安定な核種である．

　β 壊変は質量数の変化がない 3 種類の壊変，β^+，β^- および EC（electron capture）を含んだ総称である．通常の電子 e^- をだす壊変は β^- 壊変であり，β^+ 壊変は**陽電子**（positron）e^+ をだす．EC 壊変は軌道電子捕獲とも呼ばれ

陽電子

電子の反物質．電子 e^- と質量は同じだが，正の電荷をもっており e^+ と書かれる．電子と陽電子が出会うと消滅し，反対方向の γ 線を 2 本放出する．この性質を用いて効率よく陽電子の位置を検出することができ，PET（positron emission tomography）診断などに用いられる．

内殻電子を原子核が取り込んで原子番号が一つ減る反応である．β 壊変に伴って**ニュートリノ**（neutrino）ν が放出される．

β^- 壊変：n $\rightarrow$ p + e$^-$ + ν
β^+ 壊変：p $\rightarrow$ n + e$^+$ + ν
EC 壊変：p + e$^-$ $\rightarrow$ n + ν

γ 線は**電磁波**（electromagnetic wave）であり，原子核を構成する陽子数と中性子数には変化がなく，単に原子核のエネルギー状態が変化するのみである．一般には X 線よりも γ 線のほうがエネルギーは高いが，エネルギーの大きさから定義するのは間違いである．X 線は電子の励起準位の差によって放出され，γ 線は原子核の励起準位の差によって放出される電磁波である．

いくつかの元素について具体的な例をあげてみよう．表 2.1 に示したように，水素元素には 3 種類の同位体があり，このうち安定同位体は質量数 1 の ^{1}H と質量数 2 の ^{2}H の二つである．放射性同位体は ^{3}H のみであり，これは β^- 壊変して原子番号が一つ大きい ^{3}He となる．また，炭素元素の安定同位体は ^{12}C と ^{13}C があり，放射性同位体には ^{11}C と ^{14}C がある．^{14}C は β^- 壊変して原子番号が一つ大きな ^{14}N となり，^{11}C は β^+ 壊変または EC 壊変して原子番号が一つ小さい ^{11}B になる．^{11}C は β^+ 壊変に伴って陽電子 e$^+$ を放出するため，**放射性医薬品**（radiopharmaceutical）として用いられている．

> **ニュートリノ**
> 中性微子ともいい，電荷をもたず，質量もほとんどない素粒子．小柴昌俊（1926～）は自然に発生したニュートリノを観測し，2002 年にノーベル物理学賞を受賞した．

2.6 放射性同位体と半減期

原子核が単位時間あたりに壊変する確率は核種ごとに一定であるものの，一つの原子核に着目すると，それがいつ壊変するかは確率的にしか示すことができない．しかし，多数の原子全体として見ると，壊変する数は原子数に比例するように見える．原子数を X とすると壊変定数 λ として，一定時間に壊変する数はもとの原子数 X の減少量であるから，次のようになる．

$$-\frac{dX}{dt} = \lambda X \tag{2.2}$$

単位時間 t あたりに減少する（壊変する）原子の数は，もとの原子の数 X に比例して多くなることを表している．この微分方程式を解くためには，$e^x = de^x/dx$ の式を使えばよい．これを変形すると，$t = 0$ での原子数が X_0 として，次のようになる．

$$X = X_0 e^{-\lambda t} \tag{2.3}$$

もとの原子数が半分になるまでの時間を半減期 $T_{1/2}$ と呼び，壊変定数 λ とは次のような関係がある．

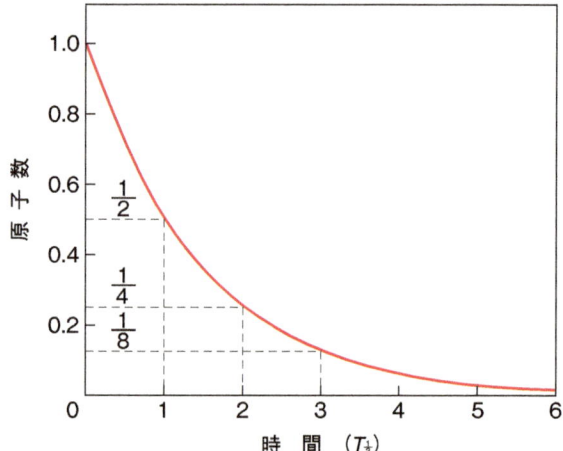

図 2.5 放射壊変に伴う原子数の変化

$$\frac{1}{2} = e^{-\lambda T_{1/2}} \tag{2.4}$$

したがって，$T_{1/2} = (\ln 2)/\lambda$ となる．半減期 $T_{1/2}$ が長い核種は壊変定数 λ が小さくなる（図 2.5）．

　天然の地殻に存在する元素のなかで最も原子番号が大きいものはウラン（U）であるが，ウランは安定同位体をもたない．安定同位体をもつ最も大きな元素は鉛（Pb）である．以前はビスマス（Bi）が安定同位体をもつ最も大きな元素と考えられていたが，^{209}Bi も α 壊変し，半減期は 1.9×10^{19} 年であることが 2003 年に測定によって確認された．宇宙が誕生したのは 150 億年ほど前であることと比べても半減期がそれより 10^9 倍も長いため，壊変がほとんど観測されないことも理解できる．通常 Bi は放射性物質として扱われることがなく，広く用いられている元素であり非放射性と見なされるが，厳密には放射性物質である．

　天然には多くの放射性核種が存在し，大きく3種類に分類できる．

① 地球が誕生したときから存在し，寿命が非常に長いためにまだ消滅しきらずに残っており，その核種を親として系列をなす**放射壊変系列**（radioactive decay series）．
② 系列に属さない長半減期の核種．
③ 宇宙線によって常につくられつづけている核種．

放射壊変系列としては，ウラン系列，アクチニウム系列，トリウム系列がある．たとえばウラン系列では，半減期 4.468×10^9 年の ^{238}U を親核種として次つぎに α 壊変と β 壊変を繰り返して行く一連の系列である．

$$^{238}\text{U} \rightarrow {}^{234}\text{Th} \rightarrow {}^{234}\text{Pa} \rightarrow {}^{234}\text{U} \rightarrow {}^{230}\text{Th} \rightarrow \rightarrow \rightarrow \rightarrow \rightarrow \rightarrow {}^{206}\text{Pb}$$

途中の核種の半減期は ^{238}U に比べると非常に短いので，すべて平衡に達し，

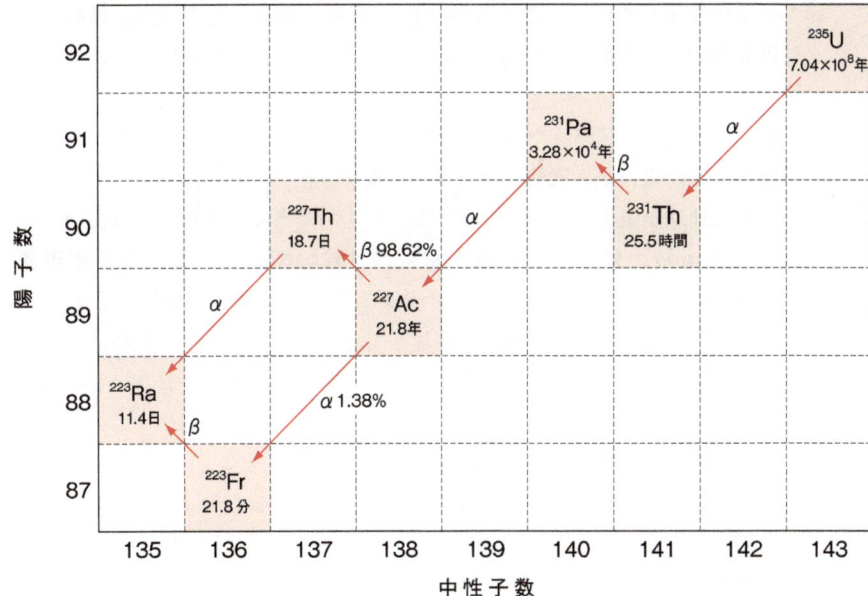

図 2.6 核図表上のアクチニウム系列

存在度は一定である．また，壊変による質量数の減少は常に 4（α 壊変）または 0（β 壊変）であるため，この系列に属する核種の質量数は n を整数として $4n + 2$ である．最後に達する ^{206}Pb は安定核種であり，これ以上は壊変しない．

同様にトリウム系列は ^{232}Th（半減期 1.405×10^{10} 年）を親核種として $4n$ の系列をなして ^{208}Pb に達する系列であり，アクチニウム系列は ^{235}U（半減期 7.038×10^{8} 年）を親核種として $4n + 3$ の系列をなして ^{207}Pb に達する．アクチニウム系列の一部を図 2.6 の核図表上で示すと，α 壊変と β 壊変によって陽子数と中性子数がどのように変化するかが理解できる．α 壊変のみを繰り返していくと中性子が過剰になってしまうので，β 壊変によって中性子を陽子に変換しながら壊変を繰り返している．

これらの系列の途中には放射性核種としてよく知られているラジウム（Ra）やラドン（Rn）が含まれており，どの系列も最終的には安定な鉛（Pb）に到達する．Rn は希ガスであるので，気体として大気中に放出されている．天然にはこの三つの系列しか存在していないが，質量数 $4n + 1$ の系列もあってもよさそうである．これはネプツニウム系列と呼ばれる ^{237}Np（半減期 2.14×10^{6} 年）を親核種とする系列であるが，半減期が地球の年齢に比べて圧倒的に短いため，現在ではすでに消滅してしまったと考えられる．

系列に属さない核種でも，地球の年齢に比べて非常に長い半減期をもつ核種が多く知られている．たとえば ^{40}K は半減期 1.277×10^{9} 年であり，存在度 0.0117% で広く分布している放射性核種である．K は必須元素であるため人体にも含まれており，体重 60 kg の人では 4000 Bq（ベクレル）程度を ^{40}K

ベクレルとシーベルト

ベクレルは放射能あるいは放射性物質の量を示す単位で，1 秒あたりの壊変数を指す．単位は Bq．シーベルトは放射線の人体への影響を示す量であり，人体の各部位に吸収された放射線の量に，生物学的な効果の係数を乗じて求めた値である．単位は Sv．

から常に放出している．このほかにも，Rn や宇宙線などの自然放射線により世界平均で一人あたり年間 2.4 mSv（ミリシーベルト）程度の被ばくをしている．

^{3}H（半減期 12.33 年）や ^{14}C（半減期 5730 年）は地球の年齢に比べると半減期が極端に短いが，天然にはほぼ一定量が存在している．これらの元素は明らかに地球が誕生したあとでつくられたものである．宇宙からは高いエネルギーをもった粒子や放射線が常に降り注いでおり，これらを**宇宙線**（cosmic ray）と呼んでいる．さいわい地球には大気と地磁気が存在しているので，宇宙線がそのまま地表に到達してしまうことはなく，生物は保護されている．地球の上層大気では常に大気と宇宙線が衝突しており，これによって核反応が起きて放射性核種がつくられている．

たとえば窒素 ^{14}N は中性子と核反応して ^{3}H や ^{14}C をつくっている．^{14}N が中性子と反応すると全部で陽子数 7 ＋中性子数 8 となるが，直後に ^{3}H と ^{12}C を放出する場合と，陽子（水素）と ^{14}C を放出する場合の 2 種類がある．これを核反応の式では，「^{14}N(n, ^{3}H)^{12}C」と「^{14}N(n, p)^{14}C」とそれぞれ書く．太陽活動が一定で地表に降り注ぐ宇宙線の量が年代によらず一定であると仮定すれば，^{3}H と ^{14}C の量は増加と減少の釣り合いが取れて一定と考えられ，年代測定に用いることができる．

●章末問題●

2.1 周期表で原子量の順に並んでいないところを探せ．

2.2 水分子の同位体組成を計算せよ．

2.3 自分の体内の ^{40}K の壊変量を計算せよ．

2.4 水が蒸発するときには ^{16}O/^{18}O の同位体効果が見られ，水蒸気中に ^{16}O が濃縮する．太古に降った雪がそのまま積み重なってできた南極の氷床を調べると，年代によって酸素の同位体比 ^{16}O/^{18}O が変動することが知られている．この変動の原因として考えられることは何か．

3 原子スペクトル

3.1 水素原子の線スペクトル

前章までに，原子を構成する粒子とそれらの質量，電荷，そして大まかな分布が明らかになった．そこで3章では，原子中の電子が取りうるエネルギーに関する情報として，水素原子の**線スペクトル**（line spectrum）について述べる．放電管に水素を満たして放電すると光が発生する．この光をプリズムによって波長ごとに分光すると，可視部から紫外部にかけての線スペクトルが見られる（図3.1）．

線スペクトル
光を波長（エネルギー）ごとに分けてそれぞれの強度を表したものがスペクトルである．太陽光はさまざまな波長の光が連続的な分布をもっている白色光であり，連続スペクトルである．しかし，水素原子のだす光は連続的な分布をもっておらず，飛び飛びの波長（エネルギー）の光だけが放出されている．スペクトルの形は線状になるので，線スペクトルと呼ばれる．

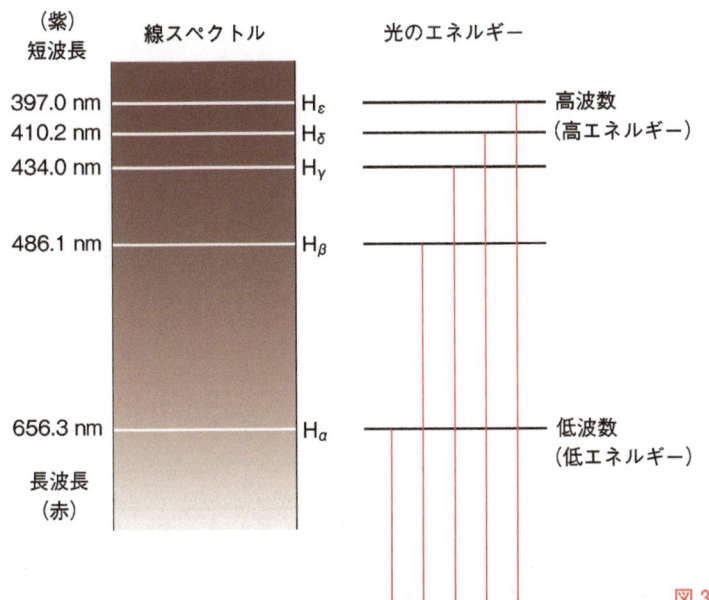

図 3.1　水素原子の線スペクトル

† Johann Jakob Balmer (1825～1898). スイスの物理学者.

バルマー系列
水素原子のスペクトル系列のうち, 主量子数 2 で終わるもので, 可視光領域にある波長は式 (3.1) で表される. ライマン系列 (主量子数 1 で終わる) やパッシェン系列 (主量子数 3 で終わる) よりも前に発見された.

† Johannes Robert Rydberg (1854～1919), スウェーデンの物理学者.

リュードベリ定数
原子スペクトルの波数を表す式 (3.3) に現れる普遍定数 R を指す. 真空の透磁率 μ_0, プランク定数 h, 電子の質量 m_e, 電気素量 e, 真空の光速度 c とすると, SI 単位系では $R = \mu_0^2 m_e e^4 c^3 / 8h^3 = 1.09677 \times 10^7 \, \text{m}^{-1}$ となる.

この波長は飛び飛びの値をとり, 水素原子の場合, H_α : 656.3 nm, H_β : 486.1 nm, H_γ : 434.0 nm, H_δ : 410.2 nm, H_ε : 397.0 nm にそれぞれ観測される. 水素以外の原子についても同様の線スペクトルが観測され, その波長は元素特有でそれぞれ異なるものの, やはり一定の規則性をもった波長の線スペクトルが見られる.

バルマー† は, 水素原子の線スペクトルの波長について規則性を検討して, 比例定数を $h = 3645.6$ Å (1 Å $= 10^{-10}$ m) とすると, $9h/5, 16h/12, 25h/21, 36h/32$ であることを見いだして, 波長 λ が a を比例定数とする次の実験式を満たすことに気づいた (図 3.2). これをバルマー系列という.

$$\lambda = \frac{n^2 a}{n^2 - 4} \quad (n = 3, 4, 5, 6) \tag{3.1}$$

これをリュードベリ† は波数 $\tilde{\nu}$ を用いた次の式で表した.

$$\tilde{\nu} = \frac{1}{\lambda} = R\left(\frac{1}{2^2} - \frac{1}{n^2}\right) \tag{3.2}$$

ここで定数 $R = 1.09677 \times 10^7 \, \text{m}^{-1}$ は, 現在 **リュードベリ定数** (Rydberg constant) と呼ばれており, 水素原子だけでなくほかの原子についても適用できる普遍定数であることが知られている. ここでは, 線スペクトルの波長 (波数) に規則性があり, 原子の内部構造を解明する手がかりになることに留意しておこう.

バルマーの扱った水素原子の線スペクトルは可視部の波長であり, 実験的に発見されるのが比較的容易であった. さらに研究が進むと可視部以外に紫外部でも観測が報告され, 一般に, 以下の関係が成り立つ線スペクトル系列が見いだされた.

実験式	$\lambda = \dfrac{n^2 a}{n^2 - 4}$	→	$a = \dfrac{n^2 - 4}{n^2} \cdot \lambda$	

n	λ の実測値	a	$\dfrac{1}{\lambda}$
3	656.3	364.6	1.524×10^{-3}
4	486.1	364.6	2.057×10^{-3}
5	434.0	364.6	2.304×10^{-3}
6	410.2	364.6	2.438×10^{-3}
7	397.2	364.8	2.518×10^{-3}

↑ ほぼ一定値となる

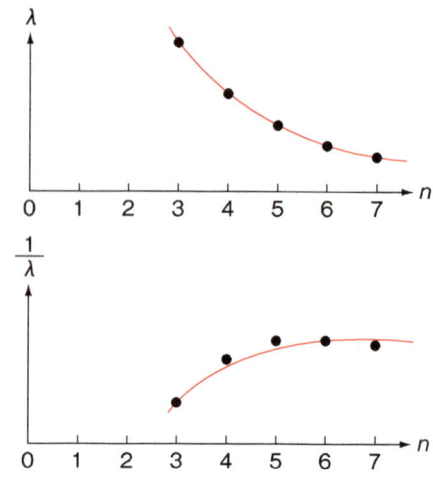

図 3.2 水素原子の線スペクトル波長と実験式

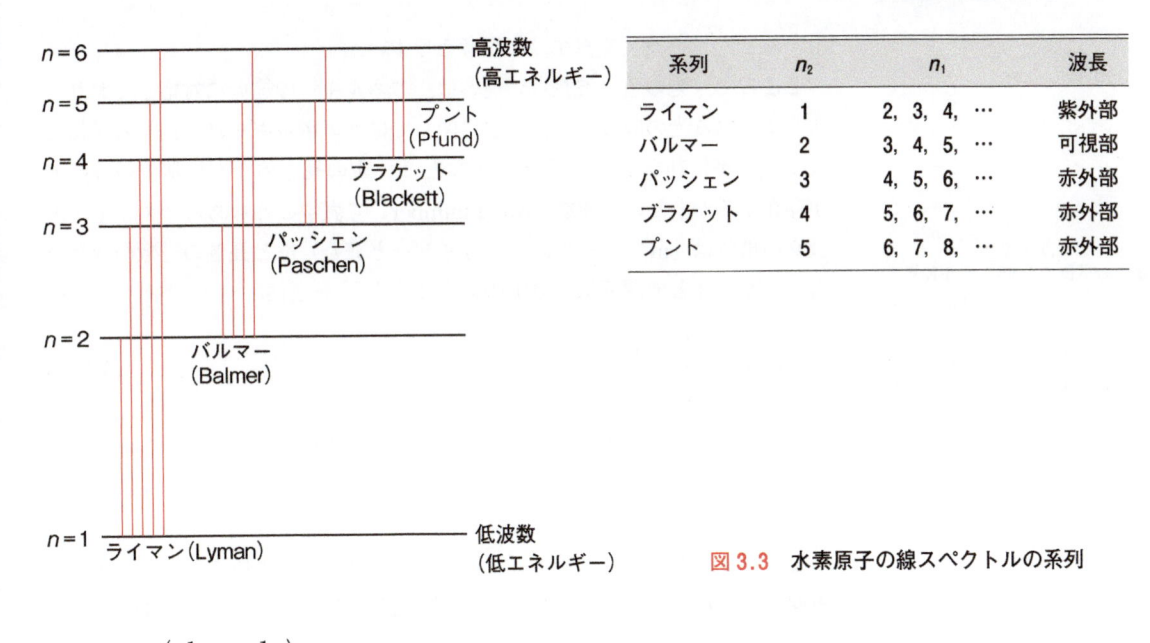

3.1 水素原子の線スペクトル

系列	n_2	n_1	波長
ライマン	1	2, 3, 4, …	紫外部
バルマー	2	3, 4, 5, …	可視部
パッシェン	3	4, 5, 6, …	赤外部
ブラケット	4	5, 6, 7, …	赤外部
プント	5	6, 7, 8, …	赤外部

図 3.3 水素原子の線スペクトルの系列

$$\tilde{\nu} = R\left(\frac{1}{n_2{}^2} - \frac{1}{n_1{}^2}\right) \quad (n_1 > n_2) \tag{3.3}$$

発見者の名前にちなみ，現在では図 3.3 に示すような系列で呼ばれている．ライマン系列のように n_2 が小さいものほど波長が短く（波数が高いとエネルギーが高い），光をだす前と後で電子のもつエネルギー差が大きいことが示唆される．

ここでエネルギーの大小関係の見通しをつけるために，必要となる光の波長に関する基本事項をまとめておく．

3.1.1 光　学

光は電磁波であり，人間の目に見える可視光線の波長は 360 (～400) nm から (760～) 830 nm のあいだである．目に見える色は，波長の短いほうから　紫 (380～450 nm)，青 (450～495 nm)，緑 (495～570 nm)，黄 (570～590 nm)，橙 (590～620 nm)，赤 (620～750 nm) となっている．可視光線より波長の短い光は**紫外線** (ultraviolet radiation)，波長の長い光は**赤外線** (infrared radiation) と呼ばれ，いずれも人間の目には見えない．一様な材質でできたプリズムを用いると，光の波長によって屈折率が異なるので，プリズムに入れた光は屈折角の差として分光される．

3.1.2 波長と波数

光も電磁波であるため一定の**波長** (wavelength) と**振幅** (amplitude) をもち，空間と時間による変動がある．「正弦曲線（サインカーブ）で 1 周期分 $(0 \sim 2\pi)$ の進行方向の間隔」が波長になる．単位は [m] や [nm]〔n（ナノ）は 10^{-9} を表す〕などで長さの次元をもつ．プリズムによる分光などを利

用すると，光を波長で表すことは考えやすい．

ところで，光の色（波長）の違いは，エネルギーの違いに対応しており，あとで述べる光の吸収や放出などに関しては，エネルギーに比例する単位で表すほうが便利なことが多い．そこで，「一定の長さのなかに何波長分の波が存在するか」という**波数**（wave number）で表すこともある（図3.4）．波数 $\tilde{\nu}$ の単位は $[\mathrm{m}^{-1}]$ や $[\mathrm{cm}^{-1}]$（カイザーと読む）など長さの逆数の次元をもち，波長 λ との関係は，以下のようになる．

$$\tilde{\nu}\,[\mathrm{m}^{-1}] = \frac{1}{\lambda\,[\mathrm{m}]} \tag{3.4}$$

> **カイザー**
> 波数の単位で $1\,\mathrm{cm}^{-1} = 1\,\mathrm{K}$ とされていたが，温度の単位のケルビン K と混同されるので，現在は使われていない．$1\,\mathrm{cm}^{-1}$ も cgs 単位系であるため，正式には用いられないが，分光学の分野では慣用的に使われている．

波数はエネルギーに直線的に比例するが，その逆数の波長では，エネルギーが高い領域で波長の数値がだんだん詰まっていくことになる点に注意が必要である．

また，電磁波の正弦曲線で「1周期分（0〜2π）の変動にかかる時間」を**周期**（period）$T\,[\mathrm{s}]$ と呼び，その逆数を**振動数**（frequency）$\nu\,[\mathrm{Hz} = \mathrm{s}^{-1}]$ で表す．光速 $c = 2.99792458 \times 10^8\,\mathrm{m \cdot s^{-1}}$ を用いて表すと，以下の関係がある．

$$\nu\,[\mathrm{s}^{-1}] = \frac{c\,[\mathrm{m \cdot s^{-1}}]}{\lambda\,[\mathrm{m}]} \tag{3.5}$$

3.1.3 光の吸収と放出，および遷移

一般に原子や分子のなかで電子が取りうるエネルギーは決まった値となる．最も低いエネルギー状態にあるときを**基底状態**（ground state）と呼び，それ以上のエネルギー状態を**励起状態**（excited state）という．水素原子のライマン系列（図3.3）を例にすると，$n_2 = 1$ の状態が「基底状態」で，$n_2 = 2$ などの状態が「励起状態」となる．基底状態（エネルギーの低い状態）か

> **基底状態と励起状態**
> ボーアの原子理論では，原子中の電子がとりうる量子的で離散的なエネルギー状態のうち，最低の量子数（$n = 1$）が規定するエネルギーの最低の定常状態を基底状態，それ（$n = 2$）以上のエネルギーの各状態を励起状態と呼ぶ．

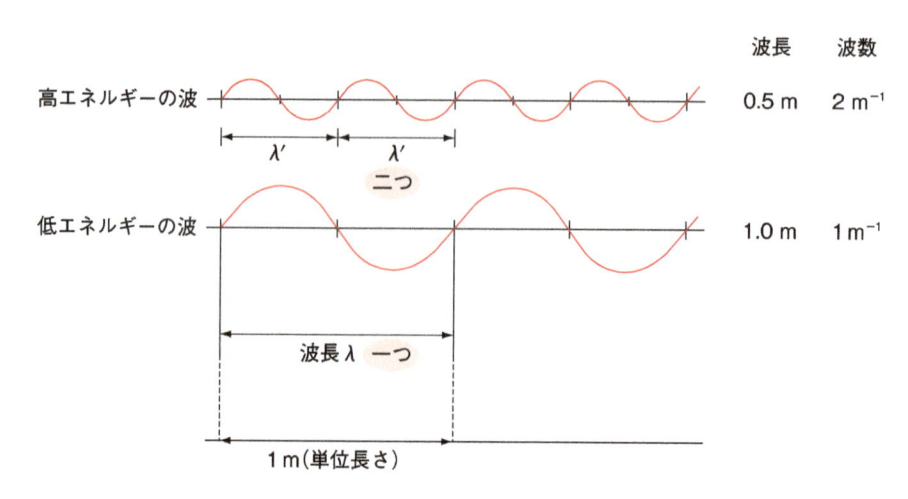

図 3.4 波長と波数

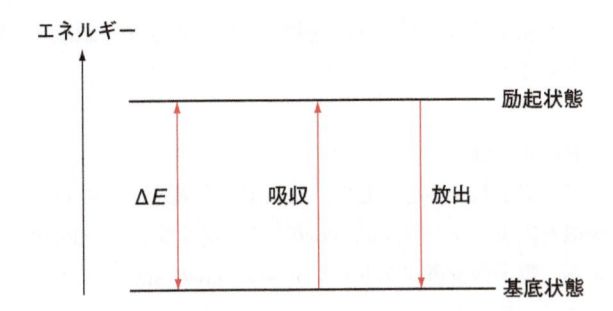

図 3.5 光の遷移
$\Delta E = h\nu$ に相当するエネルギーの光が吸収あるいは放出される.

ら励起状態（エネルギーの高い状態）へ電子が変化するときは，エネルギーが必要となり光が吸収される．逆にエネルギーの高い励起状態から低い基底状態に電子が変化するときは，余分なエネルギーが失われ，光が放出される（線スペクトルはこれを観測している）．電子が変化することを**遷移**（transition）と呼び，遷移エネルギー（前後の電子の状態のエネルギー差）ΔE と吸収あるいは放出される光の振動数 ν には，次の関係がある（図 3.5）．

$$\Delta E = h\nu \tag{3.6}$$

ここで，**プランク定数**（Planck constant）h は $6.6260755 \times 10^{-34}$ J·s であり，原子と分子の世界で飛び飛びの決まった値のエネルギーがやりとりされる「かたまり」としての性格が見られる．

3.2　ラザフォード模型の限界

　さて，水素原子の線スペクトルによって，原子のなかで電子が取りうるエネルギーに関する情報が得られた．リッツ[†]は「**原子スペクトル**（atomic spectrum）の振動数は，いつもそれぞれ整数を含んだ二つのスペクトルと項の組合せ（すなわち差）で表される」とする組合せ法則として，これをまとめた．ところが，この当時までの物理学の常識では，原子から放出される光は原子内部で電子が周回運動して周囲に電磁波を生じさせると考えられていた．そうすると基本となる振動数の光に加えてさまざまな振動数の光を含むはずになるから，シャープな線スペクトルが観測された実験事実を正しく説明することができなかった．

　一方それ以前に，原子のなかで電子と原子核が分布する構造に関する知見にもとづき，ラザフォード（10ページを参照）が原子模型（ラザフォード模型）を提案した．しかし電磁気学によると，電子と原子核のあいだのクーロン引力に釣り合う加速度をもつ円運動は，しだいに電磁波（連続スペクトル）を放出してエネルギーを失っていき，やがて周回半径が小さくなって，ついには電子が原子核にめりこむという結論が導かれる．このように，原子の線スペクトルの説明はエネルギー面でも矛盾があり，ラザフォード模型でも限界があることがはっきりした．

† **Walther Ritz**（1878～1909），スイスの理論物理学者．

原子スペクトル
自由な状態の原子が吸収あるいは放射（発光）する光のスペクトル．原子に含まれる電子がとるエネルギー状態の変化（エネルギー差）に対応した，特定の波長だけの光の線スペクトルとして写真法などにより観測された．

ここで電子が原子核のまわりを円運動しているようすを議論するための基本事項をまとめておく.

3.2.1 円運動

正電荷 +e の原子核を中心として,質量 m,負電荷 $-e$ の電子が半径 r の円周上を接線方向 $\boldsymbol{k} = r(-\sin\theta,\ \cos\theta)$ に一定速度 $v\ (=\mathrm{d}\theta/\mathrm{d}t)$ で運動しているとする.電子の位置ベクトルを $\boldsymbol{r} = r(\cos\theta,\ \sin\theta)$ で表すと,電子の速度は位置の時間微分だから,以下のようになる.

$$\frac{\mathrm{d}\boldsymbol{r}}{\mathrm{d}t} = r\left[-\sin\theta\left(\frac{\mathrm{d}\theta}{\mathrm{d}t}\right),\ \cos\theta\left(\frac{\mathrm{d}\theta}{\mathrm{d}t}\right)\right] = v\boldsymbol{k} \tag{3.7}$$

∵ $\frac{\mathrm{d}\sin\theta}{\mathrm{d}\theta} = \cos\theta,\ \frac{\mathrm{d}\cos\theta}{\mathrm{d}\theta} = -\sin\theta$,

$\frac{\mathrm{d}\sin\theta(t)}{\mathrm{d}t} = \frac{\mathrm{d}\sin\theta(t)}{\mathrm{d}\theta} \cdot \frac{\mathrm{d}\theta}{\mathrm{d}t}$

$= \cos\theta\frac{\mathrm{d}\theta}{\mathrm{d}t}$ などから導くことができる.

電子の加速度は,速度の時間微分だから,以下のようになる.

$$\frac{\mathrm{d}^2\boldsymbol{r}}{\mathrm{d}t^2} = \frac{\mathrm{d}(v\boldsymbol{k})}{\mathrm{d}t} = \frac{\boldsymbol{k}\mathrm{d}v}{\mathrm{d}t} + \frac{v\mathrm{d}\boldsymbol{k}}{\mathrm{d}t} = 0 + \frac{v\mathrm{d}\boldsymbol{k}}{\mathrm{d}t} \tag{3.8}$$

ここで第1項は,接線方向は一定速度であるため加速度が0となる.第2項は,中心に向かう方向 $(-\cos\theta,\ -\sin\theta)$ に働く加速度であるから,

$$\begin{aligned}\frac{\mathrm{d}\boldsymbol{k}}{\mathrm{d}t} &= \frac{\mathrm{d}(-\sin\theta,\ \cos\theta)}{\mathrm{d}t} = \left\{-\cos\theta\left(\frac{\mathrm{d}\theta}{\mathrm{d}t}\right),\ -\sin\theta\left(\frac{\mathrm{d}\theta}{\mathrm{d}t}\right)\right\} \\ &= -v(\cos\theta,\ \sin\theta)\end{aligned} \tag{3.9}$$

となり,したがって加速度は,以下のようになる.

$$\frac{\mathrm{d}^2\boldsymbol{r}}{\mathrm{d}t^2} = -v(\cos\theta,\ \sin\theta) \tag{3.10}$$

このようにして,電子の円運動の遠心力の大きさは質量 m と加速度 v^2/r をかけて,$m(v^2/r)$ となる(図3.6).

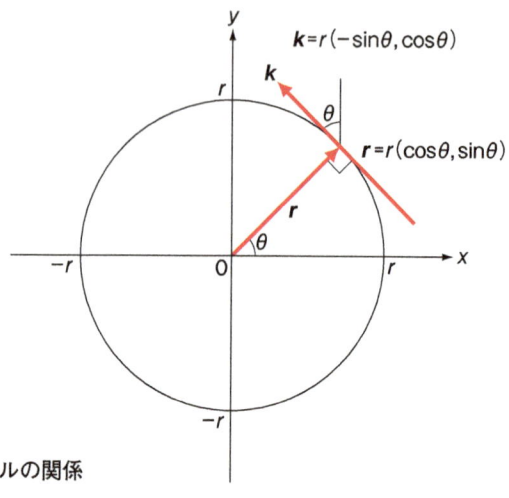

図 3.6 円運動のベクトルの関係

図3.7 運動エネルギー

3.2.2 運動エネルギー

速度が位置の時間微分 $v = dx/dt$ であるとき、運動方程式

$$m \cdot \frac{dv}{dt} = F \tag{3.11}$$

の両辺を空間、すなわち位置（x）で積分する。右辺はそのとき働く力 F に微小な位置変化をかけたものを始めから終わりの位置で積分することになるから、力 F がした仕事（4ページ、クーロン力のポテンシャルエネルギーを参照）となる。一方、左辺を置換積分 $dx = (dx/dt)dt = vdt$ すると、

$$\int m \cdot \frac{dv}{dt} \cdot \frac{dx}{dt} \cdot dt = \int mv \cdot \frac{dv}{dt} \cdot dt = \int mv\, dv \tag{3.12}$$

となるから、$mv^2/2$ に始めと終わりの位置にあるそれぞれの時間における速度を代入した量が得られる。この $mv^2/2$ を**運動エネルギー**（kinetic energy）と呼び、次元は $[\text{kg}][\text{m·s}^{-1}][\text{m/s}] = [\text{kg}][\text{m·s}^{-2}][\text{m}]$ となるから、力に長さをかけた仕事と同じ次元となる。このように、物体に仕事がなされた前後では、運動エネルギーが変化することになる（図3.7）。

3.2.3 水素原子の模型

図3.8のように電子の円運動の遠心力と、電子と原子核のあいだに働くクーロン引力が動径方向で釣り合っていることから、以下のようになる。

（遠心力）＝（クーロン力）

$$m \cdot \frac{v^2}{r} = \frac{e^2}{4\pi\varepsilon_0 r^2}$$

$$r = \frac{e^2}{4\pi\varepsilon_0 mv^2} \tag{3.13}$$

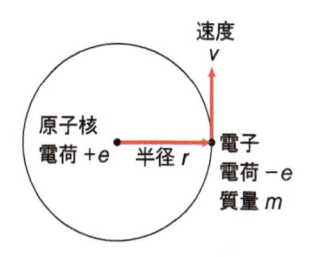

図3.8 電子が円運動する水素原子の模型

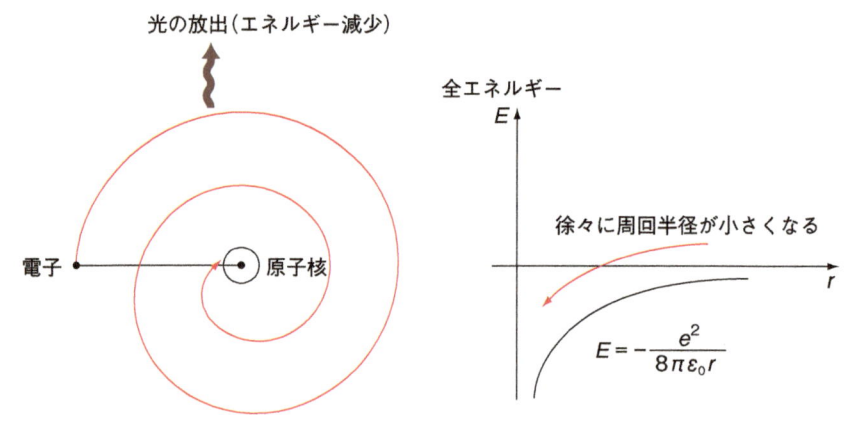

図 3.9 ラザフォードの原子模型の限界

運動エネルギーと位置エネルギーの和が電子のもつ全エネルギーとなることから，以下のようになる．

$$
\begin{aligned}
(\text{全エネルギー}) &= (\text{円運動の運動エネルギー}) + (\text{クーロン力の位置エネルギー}) \\
&= \frac{mv^2}{2} - \frac{e^2}{4\pi\varepsilon_0 r} \\
&= -\frac{e^2}{8\pi\varepsilon_0 r}
\end{aligned}
\tag{3.14}
$$

これにより，連続波長の光を放出しながら電子の周回運動の半径が次第に小さくなる，ラザフォード模型の限界が示される（図 3.9）．

3.3 ボーア模型

[†] Niels Henrik David Bohr (1885～1962)，デンマークの理論物理学者．1922年ノーベル物理学賞を受賞．

ボーア半径
ボーアの原子理論で，水素原子で最も内側の電子が周回する半径 a_0．真空の透磁率 μ_0，プランク定数 h，電子の質量 m_e，電気素量 e，真空の光速度 c とすると，SI単位系では $a_0 = h^2/(\pi\mu_0 m_e e^2 c^2)$ $= 5.2917006 \times 10^{-11}$ m となる．ほぼ原子半径となる．

そこでボーア[†]は，線スペクトルを説明する新たな原子模型を提案する際に，二つの画期的な仮定を導入した．

量子条件 線スペクトルであることを再現するために，エネルギーが一定（光を吸収したり放出したりしない）の**定常状態**（stationary state, 図 3.10）にある原子内の電子は，一定の半径 r の周回運動の角運動量（mvr）がプランク定数 h を用いた単位となる量 $h/2\pi$ の整数倍 $nh/2\pi$ だけを取りうる（図 3.11）とした．ここで用いた整数 n は**量子数**（quantum number）と呼ばれる．すると，$n = 1$ のときは基底状態（周回半径はボーア半径），n が 2 より大きい整数のときは励起状態の定常状態に対応する．このようにすると，定常状態のエネルギー準位（電子が取りうる飛び飛びのエネルギー）は，式 (3.15) のように表すことができる．式 (3.13) の v に上述の $mvr = nh/2\pi$（n は整数）を代入して n を含む式で表して（$n = 1$ がボーア半径），さらに式 (3.14) にこの r を代入すると式 (3.15) が導かれる．

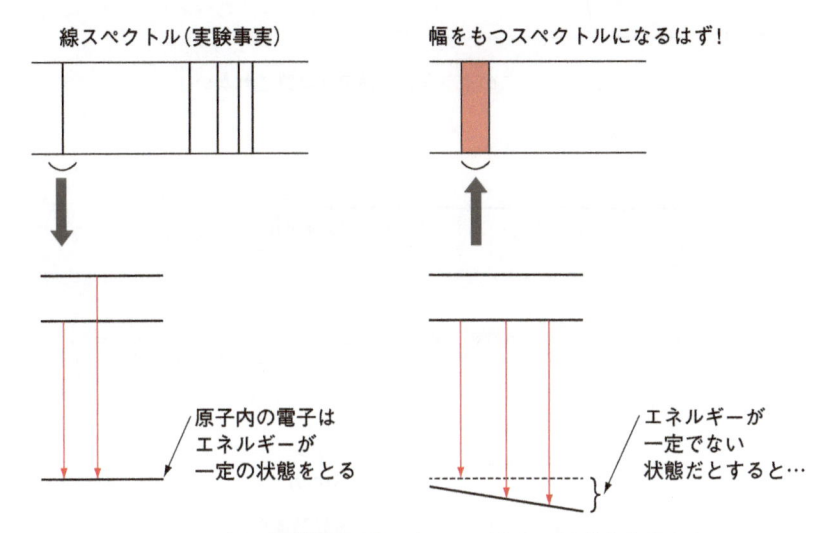

図 3.10　もし定常状態でないと，スペクトルはどうなるか？

$$E = -\frac{me^4}{8n^2\varepsilon_0^2 h^2} \tag{3.15}$$

振動数条件　先述した一般の分子などの場合と同様に，原子内の電子が一つの定常状態（E_{n1}）から他の定常状態（E_{n2}）に移るとき，エネルギー差に相当する振動数をもつ光が吸収または放出される（図 3.11 と図 3.12）．ここで R はリュードベリ定数である．

$$h\nu = E_{n1} - E_{n2} = \frac{me^4}{8\varepsilon_0^2 h^2}\left(\frac{1}{n_2^2} - \frac{1}{n_1^2}\right) = hcR\left(\frac{1}{n_2^2} - \frac{1}{n_1^2}\right) \tag{3.16}$$

量子数
ボーアの原子理論で，定常状態の原子において，エネルギーが飛び飛びの固有値をとるとき，エネルギーの値を指定する数 n のこと．細かい状態を区別するためには，主量子数・方位量子数・磁気量子数・スピン量子数を導入する．

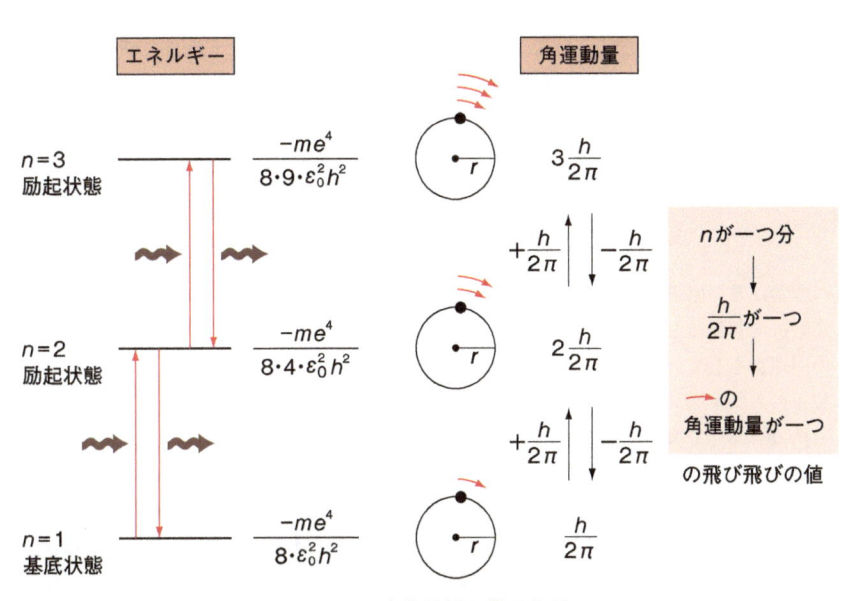

図 3.11　定常状態の量子条件

n が一つ分
↓
$\frac{h}{2\pi}$ が一つ
↓
→ の角運動量が一つの飛び飛びの値

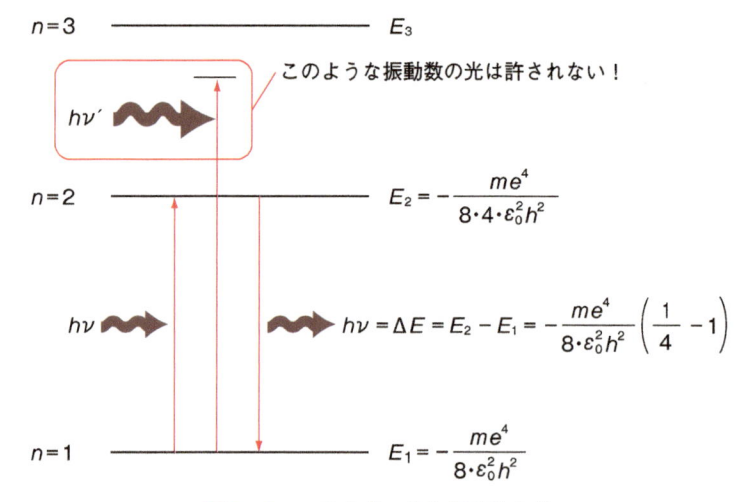

図 3.12 エネルギー差と振動数条件

$$n=3 \quad \underline{\qquad\qquad} \quad E_3$$

このような振動数の光は許されない！

$hν'$

$$n=2 \quad \underline{\qquad\qquad} \quad E_2 = -\frac{me^4}{8\cdot 4\cdot \varepsilon_0^2 h^2}$$

$hν$

$hν = \Delta E = E_2 - E_1 = -\dfrac{me^4}{8\cdot \varepsilon_0^2 h^2}\left(\dfrac{1}{4} - 1\right)$

$$n=1 \quad \underline{\qquad\qquad} \quad E_1 = -\frac{me^4}{8\cdot \varepsilon_0^2 h^2}$$

† Arnold Johannes Sommerfeld (1868～1951)，ドイツの理論物理学者．

ゾンマーフェルトの楕円軌道
ゾンマーフェルトは，ボーアの原子模型における電子の円軌道を修正して，楕円軌道であるとした．この仮定により，方位量子数や磁気量子数を導入することで，原子スペクトルの微細構造を説明することができた．

さらにゾンマーフェルト†は，楕円軌道を導入した原子模型を提案して，実験的に観測された原子スペクトルの微細構造を再現するように，さらなる量子数を組み込むことを提案した．水素原子の線スペクトルを説明するには，古典物理学にはない前提が必要となる．ラザフォード模型に加えて量子条件と振動数条件を考えに入れたボーア模型を用いると，規則的に表れる水素原子の線スペクトルをうまく説明できるようになり，式（3.16）が実験で得られた式（3.3）と形が一致する．ラザフォード模型は古典力学で説明できるので理解しやすいが，ボーア模型の量子条件が成立する理由は簡単には理解できない．量子条件が成立する理由を古典力学で説明することはできないが，量子条件を仮定すると実験事実をうまく説明できるようになるので，もともと自然現象として成立していた物理法則の一つとして量子条件があると考えるのが適切である．

● 章 末 問 題 ●

3.1 水素原子では，正電荷をもつ非常に重い原子核（一つの陽子）を中心として，質量 m で負電荷をもつ一つの電子が速度 v で半径 r の円運動をしている．真空の誘電率を ε_0 とすると，電子のもつ運動エネルギーと位置エネルギーの和が $-e^2/(8\pi\varepsilon_0 r)$ で表されることを示せ．

3.2 等速円運動の角度 θ の時間変化率すなわち角速度を $\omega(=d\theta/dt)$ とするとき，加速度ベクトル $a(=v^2/r)$ の大きさを ω を用いて表せ．

3.3 等速円運動の周期 T を角速度 ω を用いて表せ．

3.4 物理公式 $E = h\nu$ のエネルギー（E），振動数（ν）の単位やその次元をヒントにして，プランク定数（h）の物理的意味を説明せよ．

3.5 水素原子に関する「ラザフォード模型」と数理的関係が正しいならば，「ボーア模型」が提案されるきっかけとなった実験事実（実際にはありえない）は，どのようなものであるべきか，仮定して答えよ．

4

電子の粒子性と波動性

4.1 光量子

　1章で電子について「電磁気学」,「電気化学」,「光や色（の担い手）」といった三つの切り口を解説した．ここまで「電磁気学」や「光や色」の側面を中心に述べてきたが，比電荷の実験（1.2節）や原子の模型（3.2節，3.3節）で円運動を論じる場合には，電子を電荷と質量をもつ**質点**（material particle, mass point）としてイメージしてきたと思う．ところが，「光や色」を論じる場合に，原子のなかで電子が取りうる状態を考えるようになって，質点としてのイメージから「エネルギー（の担い手）」としての性格が加わってきたはずである．すると，飛び飛びのエネルギーに対応する電磁波（光）の出入りとして取り扱えるなら，**波**（wave）としての面も無視できないことになる．

　光子は飛び飛びのエネルギーの単位[*1]として説明ができるが，歴史的な実験事実としては，こちらが先に発見されていた．たとえば当時，鉄の溶鉱炉の温度を色の観察によって知るために古典力学が援用されていた．そこでプランク[†]がその**黒体輻射**（black body radiation）の問題を考えるときに，光子が $h\nu$ 単位のエネルギーのかたまりという考え方を用いて，理論の破綻を解消したとされている．また，アインシュタイン（14ページを参照）が**光電効果**（photoelectric effect）を説明したのも，光子を $h\nu$ 単位のエネルギーをもつ粒子〔これを**光量子**（right quantum）と呼ぶ〕として扱うことが重要であった．

　ところが，電子を粒子として扱うと説明できない実験事実も報告されるようになった．それは，ニッケルの単結晶，金箔，さらには雲母など原子や単純な化合物からなる結晶性の物質による電子線の干渉（interference）や回

[*1] $h\nu$ 単位のかたまり（粒子）．1円玉が1個ずつを単位として，その数の金額を示す商取引ができるようなイメージ．

[†] **Max Karl Ernst Ludwig Planck**（1858〜1947），ドイツの理論物理学者．1918年ノーベル物理学賞を受賞．

光電効果
金属にあるエネルギー（波数，波長の逆数）以下のどんなに明るい光を当てても電子は放出されないが，あるエネルギー以上の光を当てると電子が放出され，金属の種類によって放出された電子がもつ運動エネルギーが決まる現象．

折（diffraction）である．これらは電子が電磁波すなわち**波動**（wave motion）と考えなければ説明できない．つまり粒子ではなく波が示すべき現象である．ここで波，および干渉や回折に関する基本事項を簡単にまとめておく．

4.1.1 波

空間中に**媒質**（medium）があり，その位置が周期的な運動を繰り返すとする．x軸上を$+x$方向に進む波動を示す媒質の変位（x）や時間（t）を指定したとき，正弦波（サイン波）で表されて，振幅a，周期T，波長λ，位相δ（時刻$t = 0$におけるx方向の変位のずれ）とすると，次の形で表される（図4.1）．

$$y(x, t) = a \sin\left\{2\pi\left(\frac{t}{T} - \frac{x}{\lambda}\right) + \delta\right\} \tag{4.1}$$

進行波に対して，両端が固定されている場合や半径が一定の円周の場合など，同じ場所で周期的な振動運動を繰り返すような場合には，**定常波**（stationary wave）が発生する．同じ振動数の波$Y_1(x, t)$と$Y_2(x, t)$がx軸上を逆向きに進みながら共存するとき，これら二つの波の合成波は，

$$Y_1(x, t) = a \sin\left\{2\pi\left(\frac{t}{T} + \frac{x}{\lambda}\right) + \delta_1\right\} \tag{4.2}$$

$$Y_2(x, t) = a \sin\left\{2\pi\left(\frac{t}{T} - \frac{x}{\lambda}\right) + \delta_2\right\} \tag{4.3}$$

を重ね合わせて，以下のようになる．

$$\begin{aligned}Y(x, t) &= a \sin\left\{2\pi\left(\frac{t}{T} + \frac{x}{\lambda}\right) + \delta_1\right\} + a \sin\left\{2\pi\left(\frac{t}{T} - \frac{x}{\lambda}\right) + \delta_2\right\} \\ &= 2a \cos\left(\frac{2\pi x}{\lambda} + \frac{\delta_1 - \delta_2}{2}\right) \sin\left(\frac{2\pi t}{T} + \frac{\delta_2 + \delta_1}{2}\right)\end{aligned} \tag{4.4}^{*1}$$

この式で，時間に依存する$\sin\{2\pi t/T + (\delta_1 + \delta_2)/2\}$の項には位置$x$が含まれておらず，波は進まないことを示している．また時間tに依存しない

定　常　波

一般に時間経過によって振動の極大（腹）・極小（節）の位置が空間的に移動しない波のこと．波長の1/2が区間におさまる必要があるために，原子中の電子の物質波と原子中の円軌道の円周に関する量子条件が決められる．

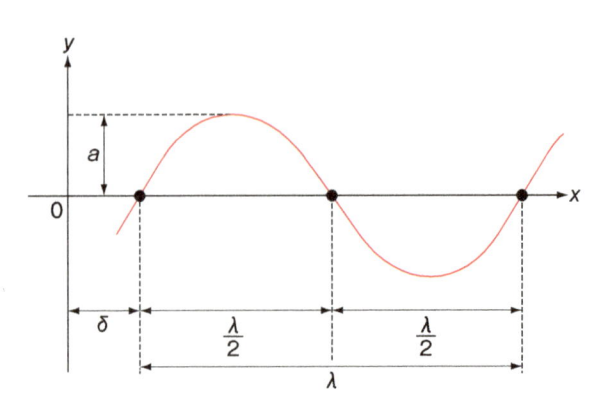

*1 $\sin A + \sin B = 2\sin\{(A+B)/2\}\cos\{(A-B)/2\}$より導くことができる．

図4.1　進行波の形

図 4.2 定常波の形

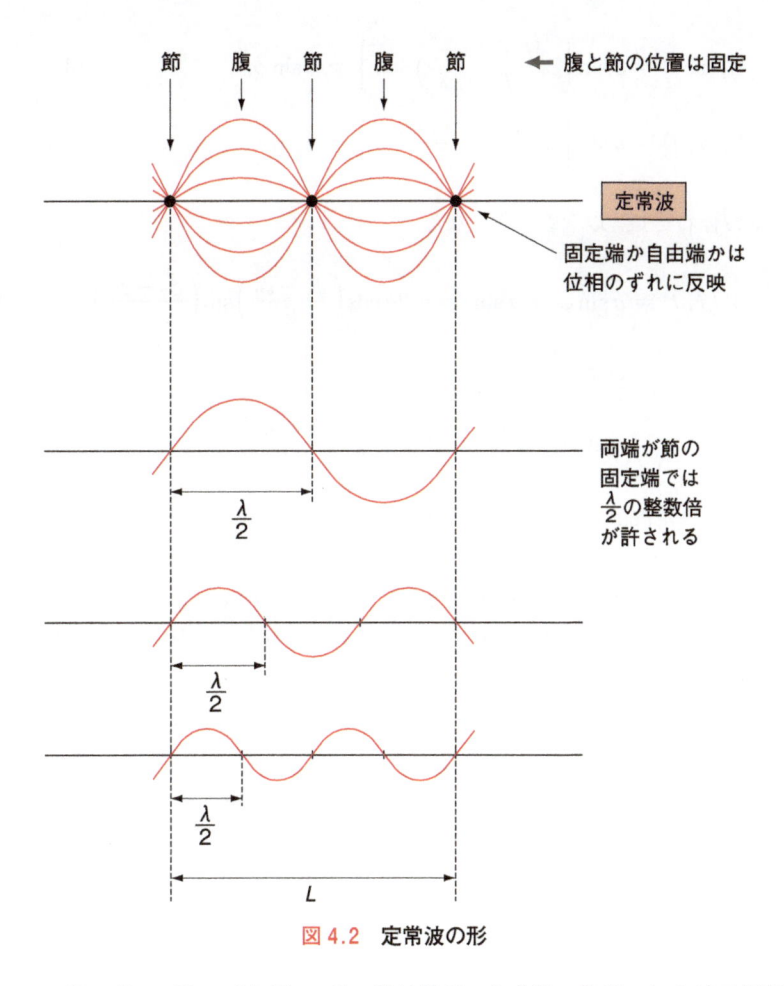

$2a\cos(2\pi x/\lambda + (\delta_1 - \delta_2)/2)$ の項の絶対値が，合成波の位置 x における振幅を表し，それぞれの位置 x で単振動している．n を整数とすると，$2\pi x/\lambda + (\delta_1 - \delta_2)/2 = n\pi$ のとき，腹（振幅 $2a$）となり，$2\pi x/\lambda + (\delta_1 - \delta_2)/2 = (n + 1/2)\pi$ のとき節（振幅 0）となって，決められた区間内に振幅が周期的に増減を繰り返す挙動を示す（図 4.2）．ギターの弦のように両端が固定されている波を考えると，固定端の位置が節となるので，図 4.2 のように両端の距離を L として

$$n \times \lambda/2 = L \quad (n は自然数)$$

を満たす波長 λ の波だけが定常波となり得る．

4.1.2 波の干渉

二つの波の重ね合わせが成り立つことにより，互いに強め合ったり弱め合ったりする干渉が観測される．二つの波源からの同じ振動数の波 $Y_1(x, t)$ と $Y_2(x, t)$ を同地点で観測した波を $Y(x, t)$ とするとき，

$$Y_1(x,\,t) = a\sin\left\{2\pi\left(\frac{t}{T} - \frac{x_1}{\lambda}\right) + \delta_1\right\} = a\sin\phi_1 \tag{4.5}$$

$$Y_2(x,\,t) = a\sin\left\{2\pi\left(\frac{t}{T} - \frac{x_2}{\lambda}\right) + \delta_2\right\} = a\sin\phi_2 \tag{4.6}$$

を重ね合わせて,以下のようになる.

$$\begin{aligned}Y(x,\,t) &= a\sin\phi_1 + a\sin\phi_2 = 2a\cos\left(\frac{\phi_2 - \phi_1}{2}\right)\sin\left(\frac{\phi_2 + \phi_1}{2}\right) \\ &= 2a\cos\left\{\frac{\pi(x_1 - x_2)}{\lambda} + \frac{\delta_2 - \delta_1}{2}\right\} \\ &\quad \times \sin\left\{2\pi\left(\frac{t}{T} - \frac{x_1 + x_2}{2\lambda}\right) + \frac{\delta_2 + \delta_1}{2}\right\}\end{aligned} \tag{4.7}$$

重ね合わせた波は,正弦 (sin) の項を見ると $(x_1 + x_2)/2$ 方向に進む波であることがわかるが,その振幅は時間 t に依存せず,位置だけに依存する余弦 (cos) の項を考えればよい.n を整数とすると二つの波は,$\phi_2 - \phi_1 = 2n\pi$ のとき強め合い (振幅 $2a$),$\phi_2 - \phi_1 = (2n+1)\pi$ のとき弱め合う (振幅 0).これは言い換えると,二つの波 $Y_1(x,\,t)$ と $Y_2(x,\,t)$ の山と山が重なれば強め合い,山と谷が重なれば弱め合うことに対応する (図 4.3).

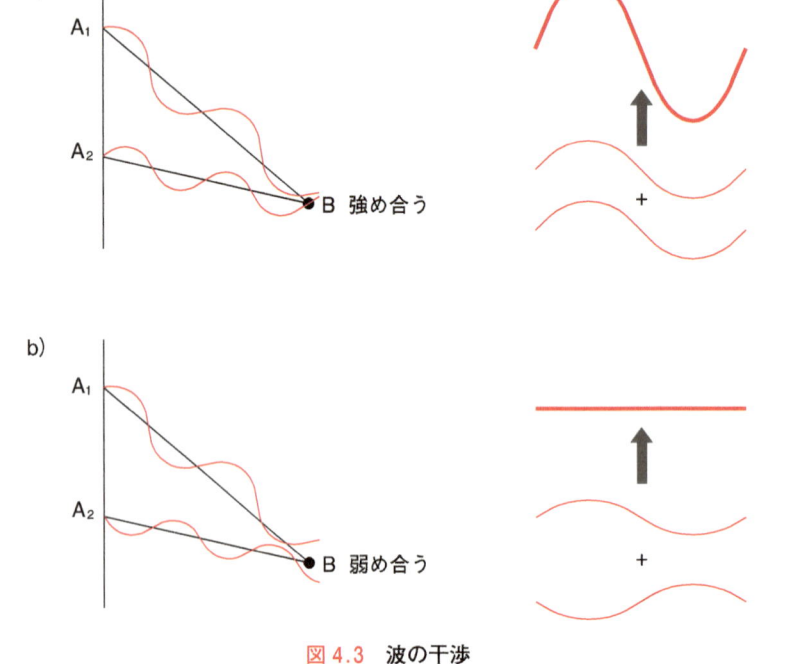

図 4.3 波の干渉
a) 強め合う干渉.b) 弱め合う干渉.

4.1.3 結晶による回折とブラッグの式

波長 λ の X 線などの波が，結晶などで原子（格子点）が面間隔 d となる結晶面で周期的に並んでいるとき，角度 2θ のところに回折が観測されると以下のブラッグ（Bragg）の式が成り立つ．

$$2d\sin\theta = n\lambda \tag{4.8}$$

最も表層の格子点で回折される波と，表層から d だけ深い点で回折される波の位相がそろうとき（強め合い回折が観測されるとき），深い点の波のほうが $2d\sin\theta$ だけ長い距離を通らなければならない．この $2d\sin\theta$ のなかに波長 λ の整数倍個の波が入るならば，互いに強め合うことが可能になる．もし半整数倍個の波が入るならば，表層の点からの波と同じ地点で逆の振幅をもつため，互いに弱め合うことになってしまう（図 4.4）．また，トムソン[†]の電子線回折のように，X 線以外でも回折現象が起こることが知られている．

ド・ブロイ[†]は，一見矛盾する以上のような電子に関する実験事実をまとめた．彼は，光と同様に電子も波動性と粒子性の二重性をもつと考えて，質量 m，速度 v の電子の**物質波**（material wave）として波長 λ をプランク定数 h を用いて，以下のように表せることを提唱した．

$$\lambda = \frac{h}{mv} = \frac{h}{p} \tag{4.9}$$

ここで p は電子の運動量を表す．このド・ブロイの式により，粒子性（$h = E/\nu$; $E = h\nu$, $p = h\nu/c$）と波動性（$h = \lambda mv$; $E = hc/\lambda$, $p = h/\lambda$）の二重性を導入することになる．しかし，原子と電子の世界の「通貨単位」（何が h の整数倍に比例する物理量か）や，エネルギーや運動量を導く際に物理量のあいだで h がどんな「変換定数」としてなかだちとなるかについては，式

> **半整数**
> 整数が 1, 2, 3, 4, 5, …などの数であるのに対し，半整数は 1/2, 3/2, 5/2, …などのように 1/2 と整数の和となる数のことをいう．

[†] **George Paget Thomson** (1892～1975)，イギリスの物理学者．1937 年ノーベル物理学賞を受賞．

> **トムソンの電子線回折**
> トムソンは，金属薄膜（多結晶）に電子ビームを当てると回折現象が起こり，干渉パターンが観測されることを確認した．粒子と考えられていた電子が波動性をもつ実験的証明であり，ド・ブロイの物質波仮説を支持した．

[†] **Louis-Victor de Broglie** (1892～1987)，フランスの理論物理学者．

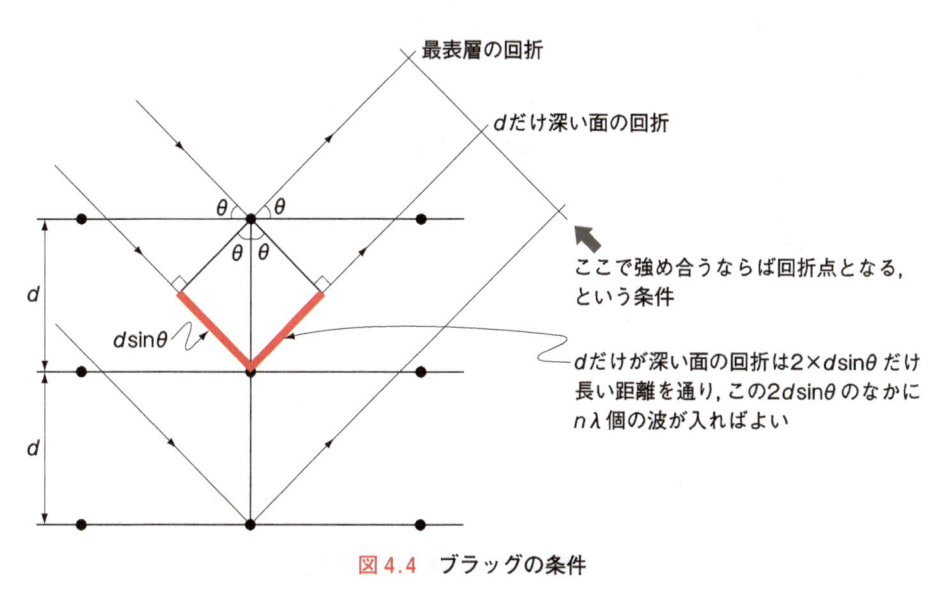

図 4.4　ブラッグの条件

物質波

光は回折現象など波の性質を示すと同時に光電効果など粒子の性質を合わせもつ．これをもとにド・ブロイは，粒子として考えられていた電子にも波の性質（プランク定数を運動量で割った）があるとした．この波を物質波と呼ぶ．

ド・ブロイの式

直感的に粒子性が考えられる電子の波動性を考える際，ド・ブロイ波長 λ，プランク定数 h，電子の運動量 p（電子の質量 m と速度 v の積）のあいだに $\lambda = h/p$ ($= h/mv$) が成り立ち，この関係式をド・ブロイの式と呼ぶ．

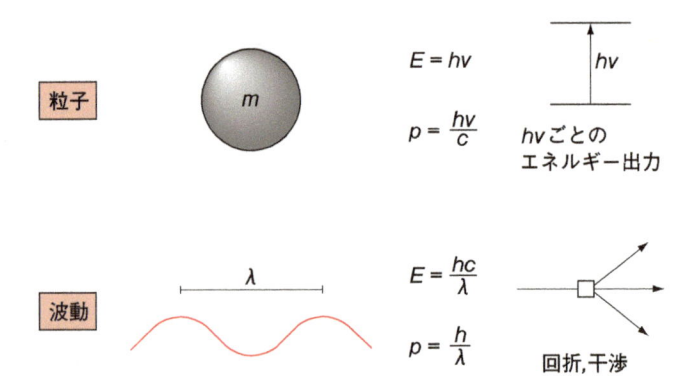

図 4.5 エネルギー E と運動量 p で表した二重性のイメージ

を h について解いたもの（λ や ν）を見比べて，イメージをつかんでほしい（図 4.5）．

4.2 電子がとる円周上の波

この物質波は，実はボーアの量子条件（3.3 節）に照らし合わせて考えると意味がつかみやすくなる．図 4.6 のように半径が r の円周 $2\pi r$ の区間に波

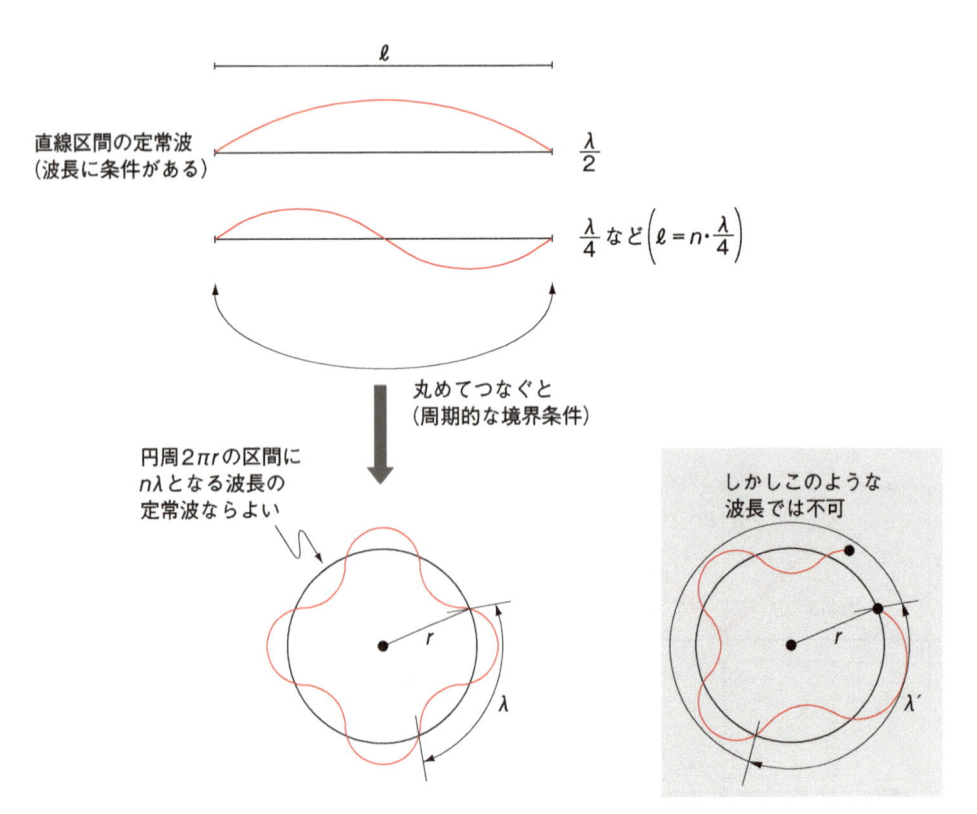

図 4.6 直線区間と円周上の定常波

長 λ の定常波が（整数 n 個だけ）存在する条件として，式が成立すると見ることができる．

$$2\pi r = n\lambda = \frac{nh}{mv} = \frac{nh}{p} \tag{4.10}$$

すると，この物質波（すなわち波動としての電子）がもつ運動量 $mv(=p)$ にも特別な制約条件がつきそうである．

ちなみに，古典力学で主役となる運動方程式は，「質量と加速度の積が加えた力になる」[*2] という形をとっているが，これは「運動量の時間変化が加えた力になる」と見なすこともできる（図 4.7）．位置エネルギーのように，運動方程式を適切な物理量で積分や微分して，別の次元をもつ物理量を導いて説明するが，次元と単位には常に注意してほしい．

まもなくして，「電子は粒子性と波動性の二重性をもつために，運動量（Δp）と位置（Δx）が同時に正確に決まらない」とする**不確定性原理**（uncertainty principle）がハイゼンベルグ[†]によって指摘された．

$$\Delta p \Delta x \geq \frac{h}{4\pi} \tag{4.11}$$

もしも古典力学の世界で考えるならば，飛んでいるボールの位置（Δx）が確認できたならばその速度（$\Delta p = m\Delta v$）が一定しないといった，現実的にありえない運動を主張していることになる．なんとかして古典力学の世界に近

* 2　原因と結果を厳密に考えずに言い換えれば，物体に加えた力を動きにくさである質量で割ったものが，速度の時間変化である加速度として運動のようすが変わる．

不確定性原理
ハイゼンベルクが導いた，量子力学での粒子性と波動性の二重性を古典物理学的に考えるための原理．電子の位置と運動量（あるいは時間とエネルギー）の不確かさの積はプランク定数 $h/4\pi$ よりも小さくならない関係が成り立つ．粒子の位置 Δx を正確に測定するためには波長 λ の短い光を用いなくてはならないが，この光は同時に $E = h\nu$ のエネルギーをもった粒子でもあるため，測定しようとしている粒子の運動量 Δp に与える影響は波長 λ が短いほど大きくなってしまう．このため Δx と Δp を同時に正確に決めることはできない．

†　Werner Karl Heisenberg (1901〜1976), ドイツの理論物理学者．

物理量	
長さ	x [m]
質量	m [kg]
時間	t [s]

運動方程式
（質量）× （加速度）=（力）
[kg]　　　[m・s^{-2}]　[kg・m・s^{-2}]
$m \times \dfrac{d^2x}{dt^2} = F$
$m \times \dfrac{dv}{dt} = F$　　∴（速度）$V = \dfrac{dx}{dt}$　[m・s^{-1}]
$\dfrac{d(mv)}{dt} = F$　　∴（運動量）$P = mv$　[kg・m・s^{-1}]
時間で微分した物理量は [s] でわった次元になり，時間で積分した物理量は [s] をかけた次元になる．

位置エネルギー
（仕事）=（力）×（長さ）=（位置エネルギー）
[J]　　[kg・m・s^{-2}]　[m]　　　[kg・m^2・s^{-2}]
$\int_{x_1}^{x_2} F\,dx = U$

図 4.7　物理量と次元

$$\Delta p \Delta x \geqq \frac{h}{4\pi} \begin{cases} \Delta p \geqq \dfrac{h}{4\pi} \cdot \dfrac{1}{\Delta x} & \left(\Delta v \geqq \dfrac{h}{4\pi m} \cdot \dfrac{1}{\Delta x}\right) \\ \Delta x \geqq \dfrac{h}{4\pi} \cdot \dfrac{1}{\Delta p} = \dfrac{h}{4\pi} \cdot \dfrac{1}{m} \cdot \dfrac{1}{\Delta v} \end{cases}$$

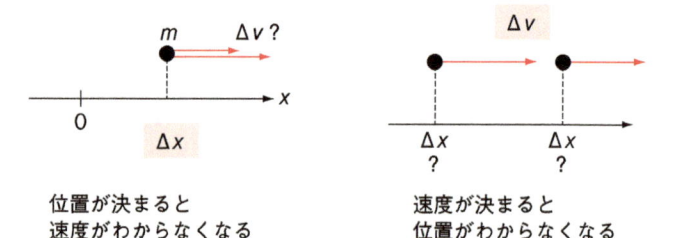

図 4.8　不確定性原理　　位置が決まると速度がわからなくなる　　速度が決まると位置がわからなくなる

づけたイメージをもちたいなら，$h \to 0$ と考えるか，質量 m が大きいときを考えるとよいかもしれない（図 4.8）．

4.3　時間に依存しない定常波が満たす式

　原子中の電子が，古典力学で表せるようなエネルギーや運動量をもって運動している粒子であると同時に，波としての性質ももっていると考えると，その波はどのように表せるだろうか．電子が波として原子中で消えることなく，存在しつづけるためには定常波としての性質をもつ必要がある．原子中の電子が定常波（Ψ）として振る舞うときに，満たすべき関係式を導いてみよう．その定常波が位置 x と時間 t の関数であるとして，以下のように表せる．

$$\Psi(x, t) = a \sin\left(\frac{2\pi x}{\lambda}\right) \cos\left(\frac{2\pi t}{T}\right) \tag{4.12}$$

取り扱いが簡単な複素関数（i は虚数単位）で表すと，次の形にできる．

$$\Psi(x, t) = a \sin\left(\frac{2\pi x}{\lambda}\right) \exp\left(\frac{-2\pi i t}{T}\right) \tag{4.13}$$

時間部分（t の関数）は定数と見なし〔空間部分（x の関数）についてだけ考え〕，この式を x について偏微分すると，以下のようになる．

$$\frac{\partial \Psi(x, t)}{\partial x} = a\left(\frac{2\pi}{\lambda}\right) \cos\left(\frac{2\pi x}{\lambda}\right) \exp\left(\frac{-2\pi i t}{T}\right)$$

$$\frac{\partial^2 \Psi(x, t)}{\partial x^2} = -a\left(\frac{2\pi}{\lambda}\right)^2 \sin\left(\frac{2\pi x}{\lambda}\right) \exp\left(\frac{-2\pi i t}{T}\right) = -\left(\frac{2\pi}{\lambda}\right)^2 \Psi(x) \tag{4.14}$$

ここで，ド・ブロイの式 (4.9) より $\lambda = h/p$ を代入すると $(2\pi/\lambda)^2 = (2\pi p/h)^2$ であるため次のようにできる．

$$\frac{\partial^2 \Psi(x)}{\partial x^2} = -\left(\frac{2\pi p}{h}\right)^2 \Psi(x) = -\frac{4\pi^2 p^2}{h^2} \cdot \Psi(x)$$

$$\therefore \quad \frac{\partial^2 \Psi(x)}{\partial x^2} + \frac{4\pi^2 p^2}{h^2} \cdot \Psi(x) = 0 \tag{4.15}$$

この式から一次元で表していた空間部分 (x) を三次元 (x, y, z) に拡張する．

$$\left(\frac{\partial^2}{\partial x^2} + \frac{\partial^2}{\partial y^2} + \frac{\partial^2}{\partial z^2}\right)\Psi(x, y, z) + \frac{4\pi^2 p^2}{h^2} \cdot \Psi(x, y, z) = 0 \tag{4.16}$$

ここで，（全エネルギー E）＝（運動エネルギー T）＋（位置エネルギー V）であることから，次の関係を用いる．

$$T = \frac{mv^2}{2} = \frac{p^2}{2m}$$

$$\therefore \quad p^2 = 2m(E - V) \tag{4.17}$$

すると，シュレーディンガー†の（時間に依存しない）**波動方程式**（wave equation）を導くことができる．

$$\left(\frac{\partial^2}{\partial x^2} + \frac{\partial^2}{\partial y^2} + \frac{\partial^2}{\partial z^2}\right)\Psi(x, y, z) + \frac{8\pi^2 m(E - V)}{h^2} \cdot \Psi(x, y, z) = 0$$

$$\therefore \quad \left\{\frac{-h^2}{8\pi^2 m}\left(\frac{\partial^2}{\partial x^2} + \frac{\partial^2}{\partial y^2} + \frac{\partial^2}{\partial z^2}\right) + V(x, y, z)\right\}\Psi(x, y, z)$$
$$= E\Psi(x, y, z) \tag{4.18}$$

† Erwin Schrödinger（1887〜1961），オーストリアの理論物理学者．1933年ノーベル物理学賞を受賞．

この波動方程式の解である $\Psi(x, y, z)$ は電子の**波動関数**（wave function）と呼ばれる．5章で詳しく解説するが，これは原子中で電子が取りうる状態である軌道を決める関数であり，波動関数の2乗はある空間で電子が存在する確率を表す物理的な意味をもっている．

また，全エネルギー E を与える演算子 $[(-h^2/8\pi^2 m) \cdot \{(\partial^2/\partial x^2) + (\partial^2/\partial y^2) + (\partial^2/\partial z^2)\} + V]$ は**ハミルトニアン**（Hamiltonian）と呼ばれる．量子力学では演算子（微分などの演算操作を表す記号）と古典力学的な物理量（この場合はエネルギー E）のあいだに対応関係があり，演算子によって物理量が求められる．これは，形式的には数学の線形代数で行列の固有値を求める際のベクトル（波動関数）と行列（ハミルトニアン）の関係に似ている．

ここでシュレーディンガーの波動方程式を導くプロセスで用いた数学的な基本事項を簡単に振り返っておく．

4.3.1 三角関数の複素表示

虚数単位を $i(i^2 = -1)$ とすると，複素平面（図4.9）や指数関数と三角関数が次のオイラー（Euler）の公式で関係づけられる．

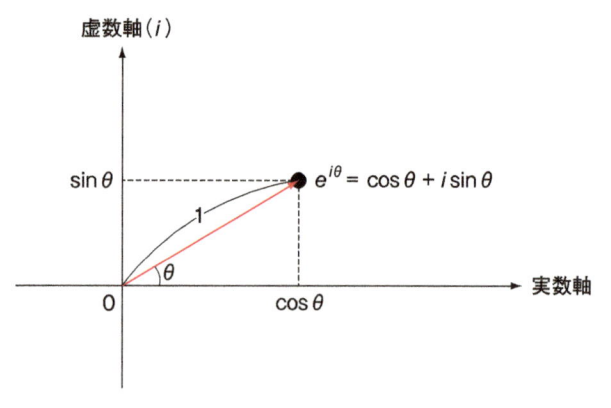

図 4.9　複素平面と三角関数

$$\exp(i\theta) = \cos\theta + i\sin\theta \tag{4.19}$$

これはそれぞれの項をマクローリン (Maclaurin) 展開して実数項と虚数項をまとめると，公式が成り立つことがわかるだろう（コラム参照）．たとえば $\theta = \pi$ を代入すると，$\cos\pi = -1$, $\sin\pi = 0$ なので，$\exp(i\pi) = -1$ となる．

シュレーディンガーの波動方程式を扱うと，虚数が出現する違和感がぬぐえないが，波動を三角関数で表して二階微分するよりも，指数関数で表して二階微分したほうが計算上はるかに容易であることや，結局物理的に意味のある部分を抜きだして考えればよいので，無機化学の基礎レベル〔波動関数の結果（量子数など）を利用するだけの立場〕では，計算上の都合として考えておいてほとんど問題ない．

4.3.2　偏微分

高等学校では一変数関数の微分だけを扱ってきた（図 4.10）．たとえば，$F(x) = \sin(5x)$ のとき，$dF(x)/dx = 5\cos(5x)$ などである．これに対して，多変数関数の微分は**偏微分** (partial differentiation) という（図 4.11）．厳密な数学的証明はすべて省略するが，微分しようとする変数以外を定数と見な

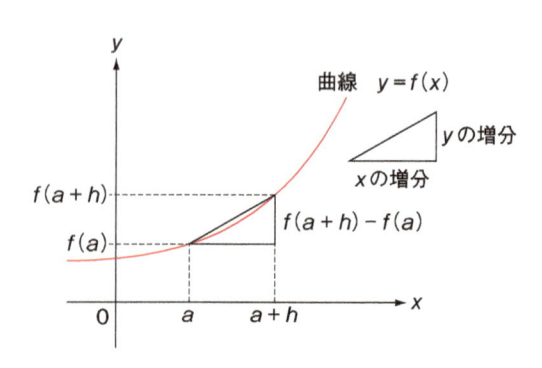

図 4.10　一変数関数の微分

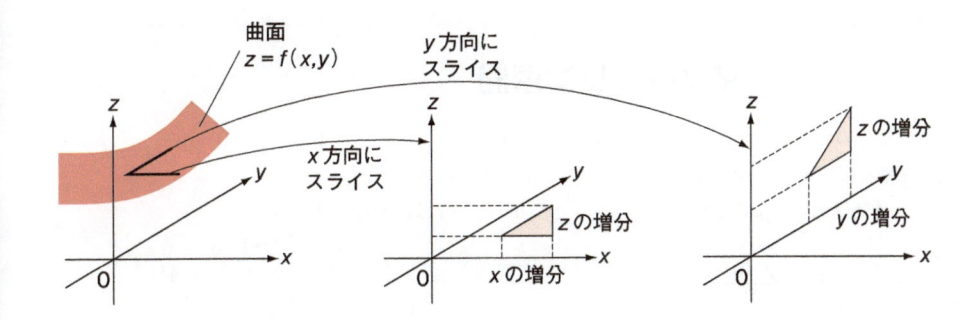

曲面 $z = f(x,y)$
y 方向にスライス
x 方向にスライス
z の増分
x の増分
z の増分
y の増分

アイデア x, y を分けて考えることで一変数のように扱いたい $\begin{cases} y \text{が一定のときの} x \text{の変化} \rightarrow z \text{の変化} \\ x \text{が一定のときの} y \text{の変化} \rightarrow z \text{の変化} \end{cases}$

偏微分係数

$$f_x(a,b) = \frac{\partial f(a,b)}{\partial x} = \lim_{h \to 0} \frac{f(a+h,b) - f(a,b)}{h} \quad \left[\begin{array}{l}\text{平面} y = b \text{上での}\\ \text{点}(a,b)\text{の接線の傾き}\end{array}\right]$$

$$f_y(a,b) = \frac{\partial f(a,b)}{\partial y} = \lim_{h \to 0} \frac{f(a,b+h) - f(a,b)}{h} \quad \left[\begin{array}{l}\text{平面} y = a \text{上での}\\ \text{点}(a,b)\text{の接線の傾き}\end{array}\right]$$

∴ 導関数

$$\frac{\partial f(x,y)}{\partial x} = \lim_{h \to 0} \frac{f(x+h,y) - f(x,y)}{h}, \quad \frac{\partial f(x,y)}{\partial y} = \lim_{h \to 0} \frac{f(x,y+h) - f(x,y)}{h}$$

図 4.11 二変数関数の微分(偏微分)

すことで,ほとんど問題なく計算結果が得られる.また,$dF(x)/dx$ の代わりに,$\partial F(x, y)/\partial x$ といった記号を用いる.たとえば,$F(x, y) = \sin(5x) + 7xy$ のとき,$\partial F(x, y)/\partial x = 5\cos(5x) + 7y$, $\partial F(x, y)/\partial y = 7x$ などである.

● 章末問題 ●

4.1 原子内の電子をボーアの量子条件を満たす定常波(ド・ブロイ波長 λ)とするとき,位置 (x) と時間 (t) についての波動関数 $\Psi(x, t) = a\sin(2\pi x/\lambda)\exp(-2\pi i\nu t)$ を,x および t についてそれぞれ二階偏微分せよ.

4.2 実数 x を変数とする波動関数 $\Psi(x) = a\sin(2\pi x/\lambda)$ について複素数を変数とする指数関数で表すとき,関数の虚部が示す意味を述べよ.

4.3 結晶による X 線回折の条件を図とブラッグの式 $2d\sin\theta = n\lambda$(ただし,d は面間隔,θ は回折角,λ は X 線の波長,n は整数)で説明する際,たとえば $n = 2$ が $n = 3$ になったときを念頭に置いて整数 n が示す意味を述べよ.

4.4 プランク定数 h がゼロに近づくと,物理的にどんな状況に対応するのか述べよ.

4.5 運動量の次元と位置の次元の積と,エネルギーの次元と時間の次元の積が,いずれもプランク定数と同じ次元になることを確かめよ.

コラム

マクローリン展開

この章で紹介した式 (4.19) のオイラーの公式について，マクローリン展開を使って証明してみよう．まずは，$f(x)$ のマクローリン展開は次の式で表される．

$$f(x) = f(0) + \frac{f'(0)}{1!}x + \frac{f''(0)}{2!}x^2 + \frac{f'''(0)}{3!}x^3 + \frac{f''''(0)}{4!}x^4 + \cdots + \frac{f^{(n)}(0)}{n!}x^n$$

まず，$f(x) = e^x$ とすると

$$f'(x) = e^x, f''(x) = e^x, f'''(x) = e^x, f''''(x) = e^x$$
$$f(0) = 1, f'(0) = 1, f''(0) = 1, f'''(0) = 1, f''''(0) = 1$$

となり，e^x は以下のようになる．

$$e^x = 1 + \frac{1}{1!}x + \frac{1}{2!}x^2 + \frac{1}{3!}x^3 + \frac{1}{4!}x^4 + \cdots$$
$$+ \frac{1}{n!}x^n + \cdots \quad (A)$$

次に $f(x) = \cos x$ とすると

$$f'(x) = -\sin x, f''(x) = -\cos x, f'''(x) = \sin x,$$
$$f''''(x) = \cos x$$
$$f(0) = 1, f'(0) = 0, f''(0) = -1, f'''(0) = 0,$$
$$f''''(0) = 1$$

となり，$\cos x$ は以下のようになる．

$$\cos x = 1 + \frac{0}{1!}x + \frac{-1}{2!}x^2 + \frac{0}{3!}x^3 + \frac{1}{4!}x^4 + \cdots$$
$$= 1 - \frac{1}{2}x^2 + \frac{1}{4!}x^4 + \cdots + \frac{(-1)^n x^{2n}}{(2n)!} + \cdots$$

➡ ＿＿の項

同様に $f(x) = \sin x$ とすると

$$f'(x) = \cos x, f''(x) = -\sin x, f'''(x) = -\cos x,$$
$$f''''(x) = \sin x$$

$$f(0) = 0, f'(0) = 1, f''(0) = 0, f'''(0) = -1,$$
$$f''''(0) = 0$$

となり，$\sin x$ は以下のようになる．

$$\sin x = 0 + \frac{1}{1!}x + \frac{0}{2!}x^2 + \frac{-1}{3!}x^3 + \frac{0}{4!}x^4 + \cdots$$
$$= x - \frac{1}{3!}x^3 + \cdots + \frac{(-1)^{n-1} x^{2n-1}}{(2n+1)!} + \cdots$$

➡ ＿＿の項

ここで式 (A) に $x = i\theta$ を代入して，$e^{i\theta}$ のマクローリン展開を行う．これにより実数項と虚数項にまとめるとオイラーの公式が成り立つことが明らかになる．

$$e^{i\theta} = 1 + \frac{i\theta}{1!} + \frac{(i\theta)^2}{2!} + \frac{(i\theta)^3}{3!} + \frac{(i\theta)^4}{4!} + \frac{(i\theta)^5}{5!}$$
$$+ \frac{(i\theta)^6}{6!} + \frac{(i\theta)^7}{7!} + \frac{(i\theta)^8}{8!} + \cdots$$

$$\because i^2 = -1$$
$$i^4 = 1$$
繰り返し

$$= 1 + i\theta - \frac{\theta^2}{2!} - i\frac{\theta^3}{3!} + \frac{\theta^4}{4!} + i\frac{\theta^5}{5!} - \frac{\theta^6}{6!}$$
$$- i\frac{\theta^7}{7!} + \frac{\theta^8}{8!} + \cdots$$

$$= \left(1 - \frac{\theta^2}{2!} + \frac{\theta^4}{4!} - \frac{\theta^6}{6!} + \frac{\theta^8}{8!} + \cdots\right)$$

実数項

$$+ i\left(\theta - \frac{\theta^3}{3} + \frac{\theta^5}{5!} - \frac{\theta^7}{7!} + \cdots\right)$$

虚数項

$$= \cos\theta + i\sin\theta$$

5 水素原子のシュレーディンガー方程式

5.1 極座標への変換

 4章で導いた**シュレーディンガーの波動方程式**（Schrödinger's wave equation）をもとに，水素原子の電子の振る舞いを調べてみよう．具体的な数式の取扱いは，量子力学の教科書などを参照してもらい，ここでは導いた式が示す化学的な意味を中心に説明する．

 水素原子では，1個の電子に対して原子核中の1個の陽子から受けるクーロン力によるポテンシャルエネルギーが働いている．そこで，

$$V(x, y, z) = -\frac{e^2}{4\pi\varepsilon_0 r} \tag{5.1}$$

と表されるポテンシャルエネルギーを式（4.18）に代入すると，

$$\left\{\frac{-h^2}{8\pi^2 m}\left(\frac{\partial^2}{\partial x^2} + \frac{\partial^2}{\partial y^2} + \frac{\partial^2}{\partial z^2}\right) - \frac{e^2}{4\pi\varepsilon_0 r}\right\}\Psi(x, y, z) = E\Psi(x, y, z) \tag{5.2}$$

となり，このシュレーディンガー方程式の解である波動関数 $\Psi(x, y, z)$ が求められる．しかし，このような (x, y, z) の直交座標のままでは計算しにくいだけでなく，物理的な意味を把握しにくい．そこで，図5.1に示す次のような (r, θ, ϕ) の**極座標**（polar coordinate）に変換して取り扱う．

$$\begin{align}x &= r\sin\theta\cos\phi \\ y &= r\sin\theta\sin\phi \\ z &= r\cos\theta\end{align} \tag{5.3}$$

 量子力学の多くの教科書では，この関係式からシュレーディンガー方程式

シュレーディンガー方程式
原子中の電子の運動状態を記述するために用いる微分方程式．その解である電子の波動関数（位置座標と時間についての関数）が満たすべき系の全エネルギーを表す演算子（ハミルトニアン）を含んでいる．1926年にシュレーディンガーが導いた．

波動関数
量子力学において，電子などの状態を表す位置座標と時間についての関数．シュレーディンガー方程式の解である．波動関数の絶対値の2乗と微小体積の積が，その微小体積中に電子が存在する確率を示している．

5章 水素原子のシュレーディンガー方程式

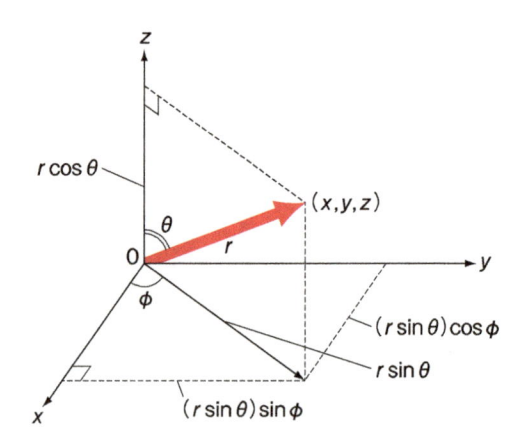

図 5.1 極座標

ラプラシアン
ラプラス演算子とも呼ばれ，複数の変数を含んだ式を2階偏微分する操作のことを示している．ここでは x, y, z という三つの変数それぞれについて2階偏微分したものの和をとるという操作である．

を極座標で表すように導いている．最初に**ラプラシアン**（Laplacian）を

$$\frac{\partial^2}{\partial x^2} + \frac{\partial^2}{\partial y^2} + \frac{\partial^2}{\partial z^2}$$
$$= \frac{1}{r^2} \cdot \frac{\partial}{\partial r} \cdot \frac{r^2 \partial}{\partial r} + \frac{1}{r^2 \sin\theta} \cdot \frac{\partial}{\partial \theta} \sin\theta \cdot \frac{\partial}{\partial \theta} + \frac{1}{r^2 \sin\theta} \cdot \frac{\partial^2}{\partial \phi^2} \tag{5.4}$$

として極座標に変換する手順を示す．まず，

$$\frac{\partial^2}{\partial x^2} = \frac{\partial \left(\frac{\partial}{\partial x}\right)}{\partial x}$$
$$\frac{\partial^2}{\partial y^2} = \frac{\partial \left(\frac{\partial}{\partial y}\right)}{\partial y} \tag{5.5}$$
$$\frac{\partial^2}{\partial z^2} = \frac{\partial \left(\frac{\partial}{\partial z}\right)}{\partial z}$$

をそれぞれ求めたあとに，2階偏微分の和 $\{(\partial^2/\partial x^2) + (\partial^2/\partial y^2) + (\partial^2/\partial z^2)\}$ に代入してから同類項をまとめればよい．ただし，

$$r^2 = x^2 + y^2 + z^2$$
$$\cos\theta = \frac{z}{r} \tag{5.6}$$
$$\tan\phi = \frac{y}{x}$$

が成り立つことと，

$$\frac{\partial}{\partial x} = \frac{\partial r}{\partial x}\cdot\frac{\partial}{\partial r} + \frac{\partial \theta}{\partial x}\cdot\frac{\partial}{\partial \theta} + \frac{\partial \phi}{\partial x}\cdot\frac{\partial}{\partial \phi}$$
$$\frac{\partial}{\partial y} = \frac{\partial r}{\partial y}\cdot\frac{\partial}{\partial r} + \frac{\partial \theta}{\partial y}\cdot\frac{\partial}{\partial \theta} + \frac{\partial \phi}{\partial y}\cdot\frac{\partial}{\partial \phi} \quad (5.7)$$
$$\frac{\partial}{\partial z} = \frac{\partial r}{\partial z}\cdot\frac{\partial}{\partial r} + \frac{\partial \theta}{\partial z}\cdot\frac{\partial}{\partial \theta} + \frac{\partial \phi}{\partial z}\cdot\frac{\partial}{\partial \phi}$$

が成り立つことに注意しながら，$\partial r/\partial x$, $\partial r/\partial y$, $\partial r/\partial z$, $\partial \theta/\partial x$, $\partial \theta/\partial y$, $\partial \theta/\partial z$, $\partial \phi/\partial x$, $\partial \phi/\partial y$, $\partial \phi/\partial z$ などを求めていく必要がある．

したがって，前述の（時間に依存しない）シュレーディンガー方程式は，

$$\left\{\left(\frac{\partial^2}{\partial x^2} + \frac{\partial^2}{\partial y^2} + \frac{\partial^2}{\partial z^2}\right) + \frac{8\pi^2 m}{h^2}\left(E + \frac{e^2}{4\pi\varepsilon_0 r}\right)\right\}\Psi(x, y, z) = 0 \quad (5.8)$$

と変形しておき，ラプラシアンと波動関数を極座標で表すと，以下のようになる．

$$\left\{\frac{1}{r^2}\cdot\frac{\partial\Psi(r, \theta, \phi)}{\partial r}\cdot\frac{r^2\partial\Psi(r, \theta, \phi)}{\partial r}\right.$$
$$+ \frac{1}{r^2\sin\theta}\cdot\frac{\partial\Psi(r, \theta, \phi)}{\partial \theta}\cdot\frac{\sin\theta\partial\Psi(r, \theta, \phi)}{\partial \theta}$$
$$\left.+ \frac{1}{r^2\sin^2\theta}\cdot\frac{\partial^2\Psi(r, \theta, \phi)}{\partial \phi^2} + \frac{8\pi^2 m}{h^2}\left(E + \frac{e^2}{8\pi\varepsilon_0 r^2}\right)\right\}\Psi(r, \theta, \phi) = 0 \quad (5.9)$$

これは，極座標で表したシュレディンガー方程式で，偏微分方程式の形になっている．

5.2 変数分離

さて，この極座標で表したシュレーディンガー方程式をそのまま解くのは困難であるため，波動関数を動径（r）と角度（θとϕ）に依存する部分に**変数分離**（separation of variable）することが行われる．つまり，波動関数を

$$\Psi(r, \theta, \phi) = R(r)Y(\theta, \phi) = R(r)\Theta(\theta)\Phi(\phi) \quad (5.10)$$

とすると，三つの変数のうち二つの積を含む項などが存在しないので，方程式を変数ごとに分けて扱うことができる．

ここでは，多くの量子力学の教科書における取扱いの概略を述べる．波動関数 $\Psi(r, \theta, \phi)$ を $R(r)Y(\theta, \phi)$ の形に整理すると，以下の形の偏微分方程式になる．

$$[r についての項] + [\theta, \phi についての項] = 0 \quad (5.11)$$

これを移項すると，次のようになる．

$$[r\text{についての項}] = -[\theta, \phi\text{についての項}]$$
$$= -l(l+1) \tag{5.12}$$

ここで両辺が同じ値をとるので，この同じ値を変数分離のための定数で表し，$-l(l+1)$ とする．変数分離の過程ででてきた整数 l や m は，このあとの式変形が楽になるように，はじめからこのように $-l(l+1)$ や m^2 の形で定数として置いている．さらに，$Y(\theta,\phi)$ などを含む θ, ϕ についての項は，次のように整理する．

$$-[\theta, \phi\text{についての項}] + l(l+1) = 0 \tag{5.13}$$

この式をさらに変形して，θ についての項と ϕ についての項に変数分離する．この方針で式を整理すると，

$$[\theta\text{についての項}] + l(l+1)\sin^2\theta = -[\phi\text{についての項}] \tag{5.14}$$

となり，この場合も変数分離のための定数 m^2 を用いて，以下のようにする．

$$[\theta\text{についての項}] + l(l+1)\sin^2\theta = m^2$$
$$-[\phi\text{についての項}] = m^2 \tag{5.15}$$

このように，三つの変数で表されていた波動関数を，一つずつの変数の関数 $R(r)$, $\Theta(\theta)$, $\Phi(\phi)$ に分けることができる．したがって，それぞれの関数の微分方程式の解を求めれば，あとで組み合わせることによってもとの波動関数を求めることができる．ここで，変数分離のための定数は l や m を整数として，その隣接する値との積や 2 乗の形となることに注意してほしい．基礎的な範囲の無機化学では，あとで述べるように微分方程式を解いた結果だけ，言い換えると，このような「整数の値」(厳密にはそれらの整数で規定される状態と軌道) を利用することだけが重要なのである．微分方程式を数学的に厳密に解いたり，物理学的に解の意味を吟味するといった，難しいことはあまり気にする必要がない．そこで，ここでは必要がなければ具体的な数式に触れず，導いた式を図示して化学的な意味だけを追っていく．

このようにすると，三つの微分方程式を解き，それぞれの解 $R(r)$, $\Theta(\theta)$, $\Phi(\phi)$ の積 $R(r)\Theta(\theta)\Phi(\phi) = \Psi(r,\theta,\phi)$ を求めることで，もとのシュレーディンガー方程式の解である波動関数 $\Psi(r,\theta,\phi)$ が最終的に得られる．

5.3　ルジャンドル陪多項式で表す角度部分

まず最初に，極座標 (図 5.2) での角度 θ (地球の緯度に相当) と ϕ (地球の経度に相当) のうちで，z 軸との角度 (天頂角，経度) である変数 θ についての以下の微分方程式を取り上げる．

5.3 ルジャンドル陪多項式で表す角度部分

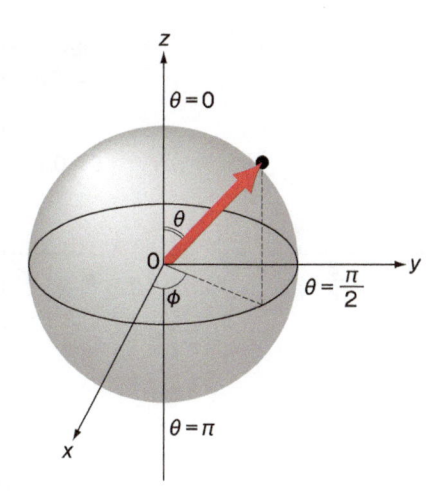

図 5.2 極座標での角度 θ と ϕ
θ は z 軸とのあいだの天頂角, ϕ は xy 平面上位の角.

$$[\theta についての項] + l(l+1)\sin^2\theta = m^2 \tag{5.16}$$

これは有名な形の微分方程式であり,ルジャンドル (Legendre) の微分方程式と呼ばれている.この微分方程式を満たす解は複数あるが,まず $\Theta(\theta) =$ 正の定数が解の一つであることが直感的にわかる.これを図5.3で表すと,後述するように,$-[\phi についての項] = m^2$ でも $m = 0$ となるべきだから,結局 $\Phi(\phi) =$ 定数の球面がこれを満たすものとして導かれる.変数は分離しても,m や l は関連していることに注意が必要である.同じように,$\Theta(\theta) = \cos\theta$ も微分方程式の解の一つであり(コラム参照),$|\Theta(\theta)|^2 = \cos^2\theta$ は 8 の字形の空間図形(図5.4)になる.

見通しをよくするために,$x = \cos\theta$ と変数変換して導かれる微分方程式の解は,整数 l を用いて表される**ルジャンドル陪多項式**(associated Legendre polynomial)と呼ばれるもので,これを微分したロドリーグ (Rodrigues) の公式の形にすると,比較的わかりやすい.

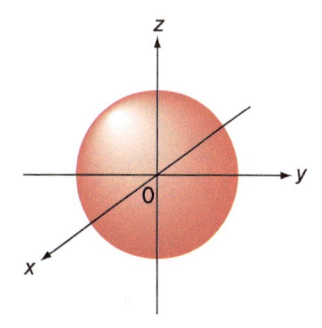

図 5.3 $\Phi(\phi) =$ 定数の球面

$$P_l(x) = \frac{1}{2^l l!} \cdot \frac{\mathrm{d}^l (x^2 - 1)^l}{\mathrm{d} x^l} \tag{5.17}$$

ここでも注目してほしいのは,実は整数 l のほうで,$l! \,[= l(l-1)(l-2)\cdots 1]$ は l の階乗を表し,$\mathrm{d}^l/\mathrm{d}x^l$ は x の関数を l 回微分した l 次導関数を表している.

θ についての微分方程式はよく知られた形であるから,複雑ではあるが解き方がわかっている.現時点では公式のようなものと考えていても,まったく差し支えない.その解は以下のルジャンドル陪多項式となる.

$$P_l^m(x) = (1-x^2)^{\frac{m}{2}} \cdot \frac{1}{2^l l!} \cdot \frac{\mathrm{d}^{l+m}(x^2-1)^l}{\mathrm{d}x^{l+m}} \tag{5.18}$$

$P_l^m(x)$ に任意の定数 C をかけた $CP_l^m(x)$ もやはり微分方程式の解となり,波動関数が具体的に決まらないのは厄介である.そこで,$|CP_l^m(x)|^2$ を x が

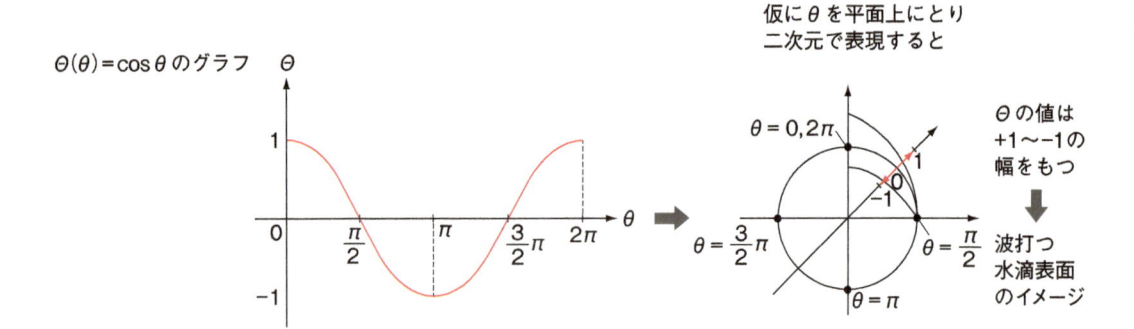

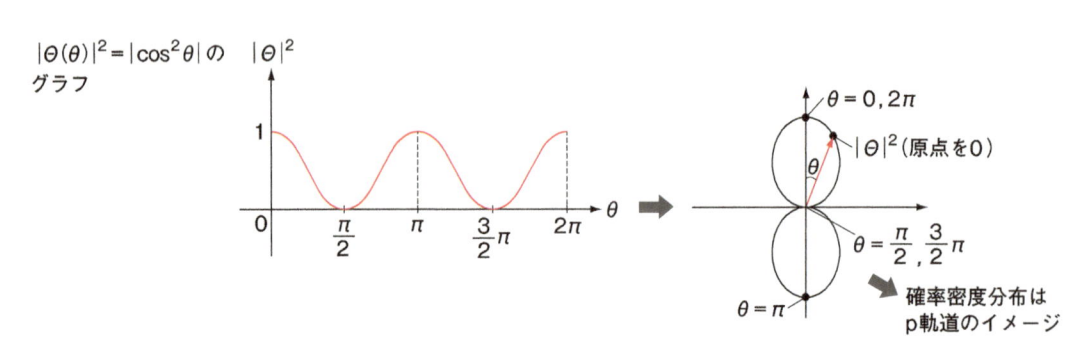

図 5.4 解 $\Theta(\theta) = \cos\theta$ とその 2 乗のプロット例

$-1 \sim 1$ の範囲で積分した値がちょうど 1 となるように，定数 C の値を $\{(2l+1)(l-m)!/2(l+m)!\}^{1/2}$ と決めてしまう．このように規格化をすると，θ についての以下の波動関数が与えられる．

$$\Theta(\theta) = \left\{\frac{(2l+1)(l-m)!}{2(l+m)!}\right\}^{\frac{1}{2}} P_l^m(\cos\theta) \tag{5.19}$$

いくつかの $\Theta(\theta)^l{}_m$ の具体的な形と $|\Theta(\theta)|^2$ の形を図 5.5 にあげておく．

5.4　球面調和関数で表す角度部分

次に極座標で表して変数分離した際に現れる $\Phi(\phi)$，もう一つの角度変数 ϕ についての微分方程式を解いてみよう．$-[\phi についての項] = m^2$ は具体的に表すと，以下のようになる．

$$-\left\{\frac{1}{\Phi(\phi)} \cdot \frac{d^2 \Phi(\phi)}{d\phi^2}\right\} = m^2 \Phi(\phi) \tag{5.20}$$

これは「2 回微分して $-m^2$ 倍になる関数」が解となりうる．そのような関数を探すと，以下のものが解の候補といえる．

$$\Phi(\phi) = \sin(m\phi),\ \Phi'(\phi) = m\cos(m\phi),\ \Phi''(\phi) = -m^2 \sin(m\phi)$$
$$\Phi(\phi) = \cos(m\phi),\ \Phi'(\phi) = -m\sin(m\phi),\ \Phi''(\phi) = -m^2 \cos(m\phi)$$

5.4 球面調和関数で表す角度部分

$\Theta_0^0 = 1$	$\|\Theta_0^0\|^2$	
$\Theta_1^0 = \cos\theta$	$\|\Theta_1^0\|^2$	
$\Theta_1^1 = \sin\theta$	$\|\Theta_1^1\|^2$	
$\Theta_2^0 = \cos 2\theta + \dfrac{1}{3}$	$\|\Theta_2^0\|^2$	
$\Theta_2^1 = \sin 2\theta$	$\|\Theta_2^1\|^2$	
$\Theta_2^2 = \cos 2\theta - 1$	$\|\Theta_2^2\|^2$	

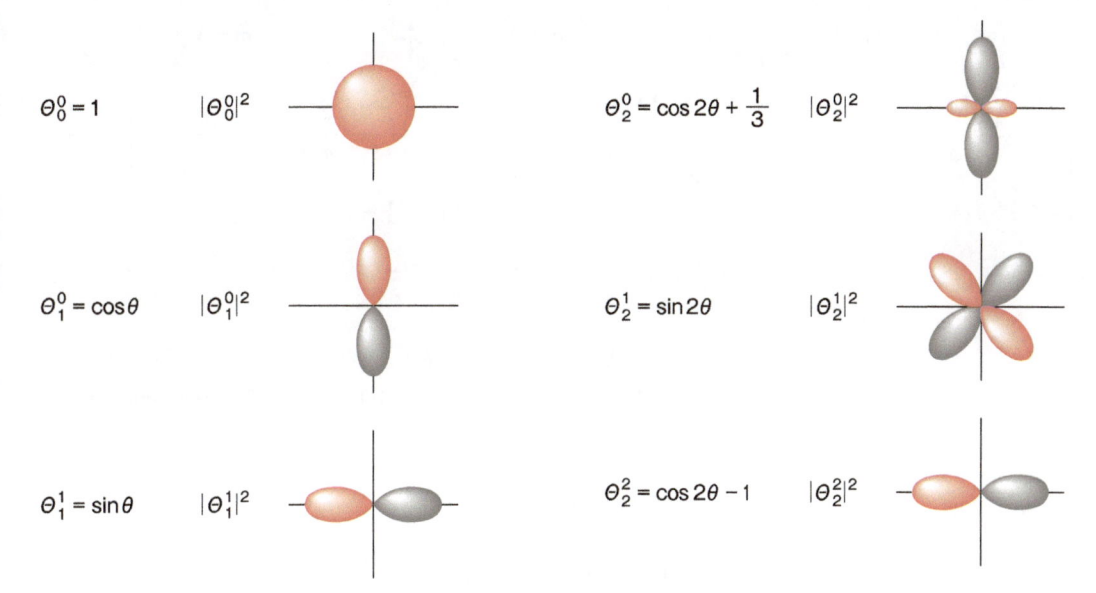

図 5.5　$\Theta(\theta)_m^l$ と $|\Theta(\theta)|^2$ の形

(5.21)

正弦 (sin) や余弦 (cos) が微分するたびに入れ替わるのも手間がかかるので，複素変数の指数関数にまとめて取り扱うと，一般解の関数の形は，i を虚数単位，C を任意定数として以下の形になる．

$$\Phi(\phi) = C \exp(im\phi) \tag{5.22}$$

ϕ が $0 \sim 2\pi$ の範囲で $|\Phi(\phi)|^2$ を積分した値が 1 となるように規格化すると $C = \pm(2\pi)^{-1/2}$ となる．そこで正のほうだけを採用すると，ϕ について解は，$m = 0, \pm 1, \pm 2, \cdots$ として，以下のようになる．

$$\Phi(\phi) = (2\pi)^{-\frac{1}{2}} \exp(im\phi) \tag{5.23}$$

念のため 2 回微分して $-m^2$ 倍を確かめてみるが，$i^2 = -1$ であるから明らかに成り立つ．

$$\begin{aligned}\Phi'(\phi) &= (2\pi)^{-\frac{1}{2}} \exp(im\phi) \\ \Phi''(\phi) &= -m^2 (2\pi)^{-\frac{1}{2}} \exp(im\phi) = -m^2 \Phi(\phi)\end{aligned} \tag{5.24}$$

解となる式 (5.23) の関数 $\Phi(\phi)$ の実数部分を図 5.6 に示す．m の値によって形状が異なるが，$\theta = \pi/2$ 上の切り口ではこれを中心とした周期的変動も加わり，円周上の定常波となるようすが直感的にわかる．

ただし，式 (5.23) に対して複素共役の $\Phi^*(\phi) = (2\pi)^{-1/2} \exp(im\phi)$ となることから，$|\Phi^*(\phi)\Phi(\phi)| = 1/2\pi$ の一定値になる (図 5.7)．これは，波動関数ではなく電子の確率密度[*1]を考えると，二次元的には常に半径一定の円となり，角度 ϕ についての角度依存性がないことを表す結果となる．

複素共役
a, b を実数としてある複素数 $F = a + ib$ に対して，F の複素共役は $F^* = a - ib$ と定義される．複素平面上では，ベクトル $\mathbf{F}$ の長さは $|\mathbf{F}|^2 = FF^*$ となり，$\mathbf{F}$ と $\mathbf{F}^*$ は実軸に対して対称となる．ある複素関数 e^{ikx} の複素共役は e^{-ikx} となり，$e^{ikx}e^{-ikx} = 1$ である．

[*1] 後述するように波動関数の 2 乗となる

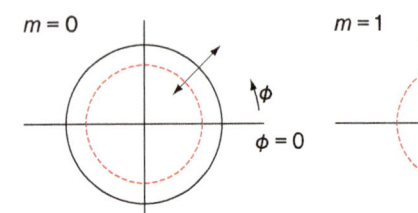

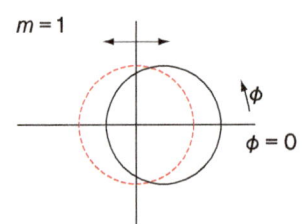

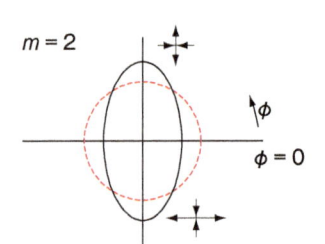

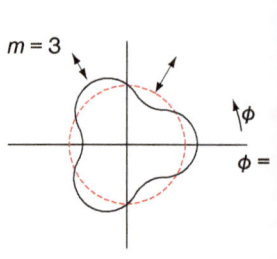

図 5.6 式 (5.23) の関数 Φ(φ) の実数部分
黒線は定常波を，両矢印はその振幅のゆれる方向を示す．

このようにして，角度部分 $\Theta(\theta)$ と $\Phi(\phi)$ を積であるもとの $Y(\theta, \phi)$ の形で表すと，すでに規格化されていて，以下の**球面調和関数**（spherical surface function）と呼ばれる関数になる．

$$
\begin{aligned}
Y(\theta, \phi) &= \Theta(\theta)\,\Phi(\phi) \\
&= \left\{\frac{(2l+1)(l-m)!}{2(l+m)!}\right\}^{\frac{1}{2}} P_l^m \cos\theta \cdot 2\pi^{-\frac{1}{2}} \exp(im\phi) \\
&= \left\{\frac{(2l+1)(l-m)!}{4\pi(l+m)!}\right\}^{\frac{1}{2}} P_l^m \cos\theta \cdot \exp(im\phi) \quad (5.25)
\end{aligned}
$$

これまでのいきさつから，整数 m や l が取りうる値は，$m = 0, \pm 1, \pm 2, \cdots$ と $-l \leq l \leq l$ になる．整数 m や l が決まった値を取るときの具体的な $Y(\theta, \phi)$ の関数の形はあとで述べる．

図 5.7 $|\Phi^*(\phi)\Phi(\phi)| = 1/2\pi$ のグラフ

5.5 ラゲールの陪多項式で表す動径部分

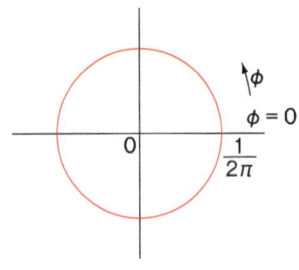

最後に，極座標で動径方向の変数 r に関する微分方程式を解いてみよう．r についての項を表した式 (5.12) を思いだして，r についての項の中身を書いてみる．

$$
\frac{1}{R(r)} \cdot \frac{\partial}{\partial r} \cdot \frac{r^2 \partial R(r)}{\partial r} + \frac{8\pi^2 m r^2}{h^2}\left(E + \frac{e^2}{4\pi\varepsilon_0 r^2}\right) = l(l+1) \quad (5.26)
$$

これを「解法の公式が使える有名な形」の微分方程式に導くために，次のような長いプロセスを踏む．最終的な解の関数の形とそれを規定する整数 n だけに注意してほしい．

1. r だけの方程式であるため，偏微分 $\partial/\partial r$ を微分 d/dr に置き換える．
2. 最初の $1/R(r)$ は簡単にするため，両辺に $R(r)$ をかける．
3. $R(r)$ に関する二階の常微分方程式が得られる．
4. $R(r) = S(r)/r$ と置き換える．
5. 定数項を整理する（$\kappa = 8\pi^2 m/h^2$, $\lambda = 2\pi m e^2/\varepsilon_0 h^2$）．
6. ここで整理された微分方程式

5.5 ラゲールの陪多項式で表す動径部分

$$\frac{d^2 S(r)}{dr^2} + \left\{ -\kappa^2 + \frac{\lambda}{\kappa} - \frac{l(l+1)}{r^2} \right\} = 0 \qquad (5.27)$$

の解は $S(r) = A\exp(-\kappa r)$ の形となることをふまえて，目的の微分方程式の解として，次の形を仮定する．

$$S(r) = X(r)\exp(-\kappa r) \qquad (5.28)$$

7. $r = x/2\kappa$ と置き換える．
8. ここで整理された微分方程式

$$\frac{d^2 X(x)}{dx^2} - \frac{dX(x)}{dx} + \left\{ \frac{\lambda}{2\kappa x} - \frac{l(l+1)}{x^2} \right\} X(x) = 0 \qquad (5.29)$$

は級数解 $X(x) = x^{l+1}(\Sigma a_i x^i)$ をもつことをふまえて，この微分方程式の解として，次の形を仮定する．

$$X(x) = x^{l+1} F(x) \qquad (5.30)$$

これを式 (5.29) に代入して整理すると，以下のようになる．

$$\frac{x^2 d^2 F(x)}{dx^2} + \frac{\{2(l+1)\} dF(x)}{dx} + \left\{ \frac{\lambda}{2\kappa} - (l+1) \right\} F(x) = 0 \qquad (5.31)$$

これでラゲール (Laguerre) の陪微分方程式と呼ばれる「有名な形」にすることができる．ここで，$n = \lambda/2\kappa$ として値が $n = 1, 2, 3, 4, \cdots$ となる．実はこの n が後述する主量子数で，それぞれ K, L, M, N, $\cdots$ の電子殻に対応する．n は，極座標で表して変数分離したあとでの動径方向の解を区別している値であることから，原子殻からの距離によって空間的な広がりが異なる電子殻 (K, L, M, N, $\cdots$) に対応していることが直感的にわかるだろう．ラゲールの陪微分方程式の解は，次の形で**ラゲール陪多項式** (associated Laguerre polynomial) と呼ばれる．

$$L^k{}_m(x) = \sum (-1)^r \cdot \frac{(m!)^2}{(r-k)! r! (m-r)!} \cdot x^{r-k} \qquad (5.32)$$

波動関数 $R(r)$ として物理的な意味をもつためには，x が 0 から無限大の範囲で $|C L^k{}_m(x)|^2$ を x について積分して規格化すればよく，波動関数 $R(r)$ の結果を示すと，以下のようになる．

$$R(r) = \left[\frac{(n-l-1)!}{\{2n(n+l)!\}^3} \right]^{\frac{1}{2}} (2\kappa)^{l+\frac{3}{2}} r^l L^{2l+1}_{n+1}(2\kappa r) \exp(-\kappa r) \qquad (5.33)$$

最後に，置換した変数を $\kappa = \lambda/2n = \pi m e^2/n\varepsilon_0 h^2$ と物理的意味のあるものに置き換え直して，動径方向の波動関数とする．

$$R_{n,l}(r) = \left[\frac{(n-l-1)!}{\{2n(n+l)!\}^3}\right]^{\frac{1}{2}} \left(\frac{2}{na_B}\right)^{l+\frac{3}{2}} r^l L_{n+1}^{2l+1}\left(\frac{2r}{na_B}\right) \exp\left(\frac{-r}{na_B}\right)$$
(5.34)

ここで，$\kappa = \pi m e^2/n\varepsilon_0 h^2 = 1/na_B$ で，$a_B = \varepsilon_0 h^2/\pi m e^2$ は後述するボーア半径である．

こうして変数分離して求めた波動関数をもとの積の形にもどすと，

$$\Psi(r,\theta,\phi) = R(r)\Theta(\theta)\Phi(\phi) = R_{n,l}(r)Y_{l,m}(\theta,\phi)$$
(5.35)

となり，複数存在する波動関係が整数 n, l, m を指定することで区別できるようになることが，このあとで重要ポイントとなる．

● 章末問題 ●

5.1 直交座標(x, y, z)のラプラシアン$[(\partial^2/\partial x^2) + (\partial^2/\partial y^2) + (\partial^2/\partial z^2)]$の極座標$(r, \theta, \phi)$への変換を示せ．

5.2 極座標で表した水素原子のシュレーディンガー方程式を導き，波動関数を $\Psi(r,\theta,\phi) = R(r)Y(\theta,\phi)$ と変数分離したときの[rについての項]と[θ, ϕについての項]を示せ．

5.3 極座標で表した水素原子のシュレーディンガー方程式を変数分離して解く途中に現れる[θ, ϕ角度についての項]を[θについての項]+$l(l+1)\sin^2\theta = -$[ϕについての項]とさらに変数分離したとき，[θについての項]と[ϕについての項]を示せ．

5.4 極座標で表した水素原子のシュレーディンガー方程式で波動関数を $\Psi(r,\theta,\phi) = R(r)Y(\theta,\phi)$ と変数分離して解く途中に現れる[rについての項]がラゲールの陪微分方程式の形式になることを示せ．

5.5 極座標で表した水素原子のシュレーディンガー方程式の解となる波動関数 $\Psi(r,\theta,\phi) = R(r)Y(\theta,\phi)$ の具体的な形を示せ．

コラム　微分方程式の解であることの確認

5.3節でルジャンドルの微分方程式の式(5.16)には複数の解が存在することを紹介した．$\Theta(\theta) =$ 正の定数を解とした場合は球面となり，$\Theta(\theta) = \cos\theta$ を解とした場合，これを2乗した $|\Theta(\theta)|^2 = \cos^2\theta$ は8の字形の空間図形となる．では，実際にこれらが微分方程式の解であることを確認してみよう．

1) $\Theta(\theta) =$ (正の)定数を解とすると

$$\sin\theta \frac{d}{d\theta}\left(\sin\theta \frac{d\Theta(\theta)}{d\theta}\right) + (\lambda\sin^2\theta - m^2)\Theta(\theta) = 0$$

（下線部＝0，両辺を割る）

∴ $\lambda\sin^2\theta = m^2$

∴ $\lambda = m = 0$ となるべき

⇒ $\Phi(\phi) =$ 定数の球面

2) $\Theta(\theta) = \cos\theta$ を解とすると，$\frac{d\Theta}{d\theta} = -\sin\theta$ だから

$$\sin\theta \frac{d}{d\theta}\left(\sin\theta \underbrace{\frac{d\Theta(\theta)}{d\theta}}_{=-\sin\theta}\right) + (\lambda\sin^2\theta - m^2)\underbrace{\Theta(\theta)}_{=\cos\theta} = 0$$

$$\sin\theta \frac{d}{d\theta}(-\sin^2\theta) + (\lambda\sin^2\theta - m^2)\cos\theta = 0$$

∴ $\frac{d(-\sin^2\theta)}{d\theta} = -2\sin^2\theta \cdot \cos\theta$

$-2\sin^2\theta \cos\theta + (\lambda\sin^2\theta - m^2)\cos\theta = 0$

$(\lambda - 2)\sin^2\theta - m^2 = 0$

∴ $\lambda = 2, m = 0$ のとき成り立つ

6

波動関数

6.1 シュレーディンガー方程式の解としての波動関数

5章の結果から,水素原子のシュレーディンガー方程式の解としての**波動関数**(wave function)は,具体的にはその波動関数を規定する整数 n, l, m の値を代入して得られる以下の式になることがわかった.

$$\Psi_{n,l,m}(r, \theta, \phi) = R_{n,l}(r) Y_{l,m}(\theta, \phi) \tag{6.1}$$

また,この式を極座標や直交座標で表すと,式 (5.9) から次のような微分方程式を満たしていることがわかる.

$$\left\{ \frac{-h^2}{8\pi^2 m} \left(\frac{\partial^2}{\partial x^2} + \frac{\partial^2}{\partial y^2} + \frac{\partial^2}{\partial z^2} \right) + V(x, y, z) - E \right\} \Psi(x, y, z) = 0 \tag{6.2}$$

さらに,原子のなかで電子が,粒子としては原子核に静電的な力を受けながら存在し,なおかつ波としては定常波として存在しつづけるという粒子性と同時に波動性を示す条件を満たしている.そのため,時間に依存しない空間部分 (x) について三次元 (x, y, z) に拡張した式 (4.16) から次のような関係も成り立っていたことを思いだしてほしい.これまでに解説した数式が示す意味をしっかりと理解して,話の流れを見失わないように気をつけよう.

$$\Psi(x) = a \sin\left(\frac{2\pi x}{\lambda} \right) \tag{6.3}$$

たとえば,$n = 1$ のとき,$l = 0$ だけを取りうるので,式 (5.32) のラゲール陪多項式や式 (5.25) の球面調和関数[1]に具体的な値を代入して得られた波

*1 実はこの n や l の値の組合せでは,$m = 0$ でいくつもの値を取らずに $Y_{0,0}(\theta, \phi) = (4\pi)^{-1/2}$ となるから,表 6.1 に示す $R_{n,l}(r)$ だけを考えれば,$\Psi_{1,0,0}(r, \theta, \phi)$ の特徴がわかる.

表 6.1　ラゲール陪多項式の形

主量子数	n に対する l の値	多項式の形	最高次数	置換変数
$n=1$	$l=0$	$L(x) = -1$	0次	$x = \dfrac{2r}{a_B}$
$n=2$	$l=0$	$L(x) = -2!(2-x)$	1次	$x = \dfrac{r}{a_B}$
	$l=1$	$L(x) = -3!$		
$n=3$	$l=0$	$L(x) = -3!(3 - 3x + \frac{1}{2}x^2)$	2次	$x = \dfrac{2r}{3a_B}$
	$l=1$	$L(x) = -4!(4-x)$		
	$l=2$	$L(x) = -5!$		

動関数が,微分方程式を満足することを確認しておこう(表 6.1).

$$\begin{aligned}
&\Psi_{1,0,0}(r,\theta,\phi) \\
&= (4\pi)^{-\frac{1}{2}} R_{1,0}(r) \\
&= (4\pi)^{-\frac{1}{2}} \left[\frac{(1-0-1)}{\{2(1+0)!\}^3} \right]^{\frac{1}{2}} \left(\frac{1}{a_B} \right)^{0+\frac{3}{2}} r^0 L_{1+l}^{2\cdot 0+1}\left(\frac{2r}{a_B} \right) \exp\left(\frac{-r}{a_B} \right) \\
&= (\pi)^{-\frac{1}{2}} \left(\frac{1}{a_B} \right)^{\frac{3}{2}} \exp\left(\frac{-r}{a_B} \right)
\end{aligned} \tag{6.4}$$

r についての全微分 $\Psi'_{1,0,0}(r,\theta,\phi)$ や $\Psi''_{1,0,0}(r,\theta,\phi)$ を求めていけば,(かなり一般性を欠いているものの)数学的にはこの波動関数が微分方程式の解であることが確認できることになる.数学的な観点から解を求めると $R(r) = r^f \exp(-gr)$ の形になり,ここで,$f > 0$ と $f = 0$ のいずれが式 (5.34) のように物理的な意味で波動関数となりうる解の形なのかは,次の図 6.1 から $f > 0$ の場合となる.

6.2　固有値と固有関数

さらに,波動関数 $\Psi_{n,l,m}(r,\theta,\phi)$ だけでなく,変数分離した $R_{n,l}(r)$ や

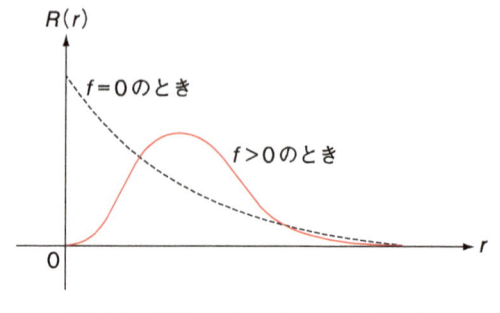

図 6.1　$R(r) = r^f \exp(-gr)$ のグラフ

6.2 固有値と固有関数

$Y_{l,m}(\theta, \phi)$ などが満たしている数学的な形式について，共通点を見いだそう．もともとは，空間 x と時間 t に依存する波動関数 $\Psi(x, t)$ を考えていた．

$$\Psi(x, t) = a\sin\left(\frac{2\pi x}{\lambda}\right)\exp\left(\frac{-2\pi i t}{T}\right) \tag{6.5}$$

これまでの議論では，時間に依存しない取扱いをしてきたが，今度は時間 t について偏微分すれば，以下のようになる．

$$\frac{\partial \Psi(x,t)}{\partial t} = \left(\frac{-2\pi i}{T}\right)a\sin\left(\frac{2\pi x}{\lambda}\right)\exp\left(\frac{-2\pi i t}{T}\right)$$

$$\therefore \quad \frac{\partial^2 \Psi(x,t)}{\partial t^2} = \left(\frac{-2\pi i}{T}\right)^2 a\sin\left(\frac{2\pi x}{\lambda}\right)\exp\left(\frac{-2\pi i t}{T}\right) \tag{6.6}$$

これにより，先ほど見てきた空間 x についての偏微分

$$\frac{\partial^2 \Psi(x)}{\partial x^2} = -\left(\frac{2\pi p}{h}\right)^2 \Psi(x) = \left(\frac{-4\pi^2 p^2}{h^2}\right)\Psi(x) \tag{6.7}$$

と同様に，

[（2階微分など）何かの計算]×（波動関数）＝［定数］×（波動関数）

といった数学的な形式になっていることがわかる．さらに，式 (5.8) のシュレーディンガー方程式や $\Phi(\phi)$ が満たす微分方程式なども，同様の形式を満たしていた．

$$-\left\{\frac{1}{\Phi(\phi)}\cdot\frac{d^2\Phi(\phi)}{d\phi^2}\right\} = m^2\Phi(\phi) \tag{6.8}$$

一般的に，このような形式の方程式を**固有方程式**（proper equation）と呼び，演算子によって**固有関数**（eigenfunction）に何かの計算が行われると，固有関数に定数をかけたものと等しくなる．たとえるなら，演算子が固有関数を定数に変換するような働きをしていることがわかる．

量子力学の教科書によると，このような演算子は，固有値である物理量と対応する[*2]と表現されている（図6.2）．水素原子の（時間に依存しない）シ

演 算 子

「微分する」，「2階微分をする」など関数を変換する操作を演算子という．「関数の関数」とも考えられる．

[*2] あるいは，「量子力学では古典物理学のある物理量を，ある演算子に置き換えられるような対応関係にある」と表現されることもある．

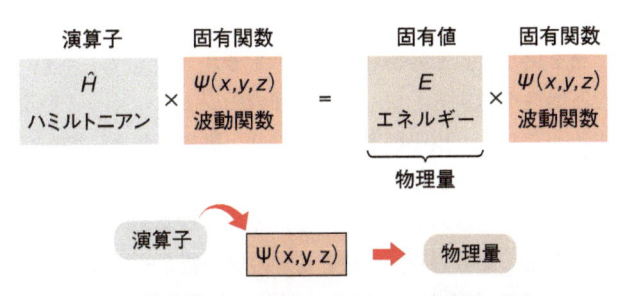

図6.2 物理量，演算子，固有値，固有関数の関係

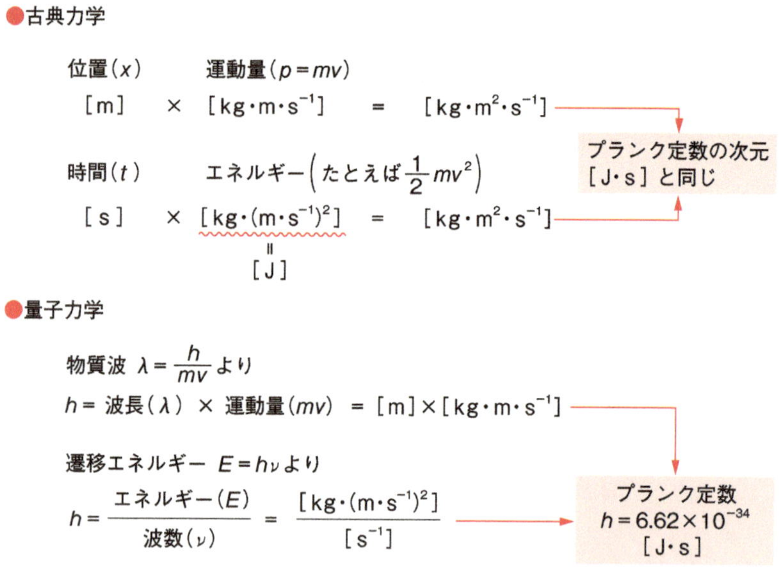

● 古典力学

位置 (x)　　運動量 ($p = mv$)
[m]　×　[kg·m·s^{-1}]　=　[kg·m^2·s^{-1}]

時間 (t)　　エネルギー (たとえば $\frac{1}{2}mv^2$)
[s]　×　[kg·(m·s^{-1})^2]　=　[kg·m^2·s^{-1}]
　　　　　‖
　　　　　[J]

プランク定数の次元 [J·s] と同じ

● 量子力学

物質波　$\lambda = \dfrac{h}{mv}$ より

$h =$ 波長 (λ) × 運動量 (mv) = [m]×[kg·m·s^{-1}]

遷移エネルギー　$E = h\nu$ より

$h = \dfrac{\text{エネルギー}(E)}{\text{波数}(\nu)} = \dfrac{[\text{kg}\cdot(\text{m}\cdot\text{s}^{-1})^2]}{[\text{s}^{-1}]}$

プランク定数
$h = 6.62 \times 10^{-34}$ [J·s]

図 6.3　物理量の積とプランク定数の次元との関係

ュレーディンガー方程式でいえば，ハミルトニアン演算子が物理量であるエネルギーの固有値と対応しており，それぞれの固有値に対応する固有関数は，決まった (n, l, m) の値をとる波動関数ということになる．これまでに，波動関数の数学的な式の形や n の値による電子の空間的な広がりの関連性を垣間見てきたが，あとから電子配置を考えるうえでたいへん重要になる．電子配置がエネルギーとも関連していることは，数学的形式に加えて物理的意味を吟味することで，より深く理解できる．

また，量子力学に特有の物理量どうしの関係も，このような考察によって明らかになる．たとえば，「位置と運動量」や「時間とエネルギー」はいずれも物理量の積の次元がプランク定数と同じになる（図 6.3）．しかし，これらが同時に正確に決まらない不確定性原理などは，量子力学において特有の概念である．

6.3　波動関数の物理的な意味

水素原子中の電子の振る舞いを表す波動関数（無機化学として現実味のある対象）に話を戻して，その物理的な意味を考えてみよう．まず，これまで考えてきた波動性を示す電子が，ある半径の円周上につくっている定常波をイメージする．ただし，極座標変換をしたり，動径と角度についての関数として変数分離をしたことからも想像できるように，二次元の円周上を正弦波の定常波があると考えるのではなく，三次元的な球面が波打つような状況を考えることになる．関数の形が (n, l, m) の値の組合せにより変わることで，時間的変動を考えなくても（半径や球面上の角度の関数として）空間的に

$$E_3 = -\frac{me^4}{8\pi^2\varepsilon_0^2 h^2}\cdot\frac{1}{3^2} \quad (n=3)$$

$$E_2 = -\frac{me^4}{8\pi^2\varepsilon_0^2 h^2}\cdot\frac{1}{2^2} \quad (n=2)$$

$$E_1 = -\frac{me^4}{8\pi^2\varepsilon_0^2 h^2}\cdot\frac{1}{1^2} \quad (n=1)$$

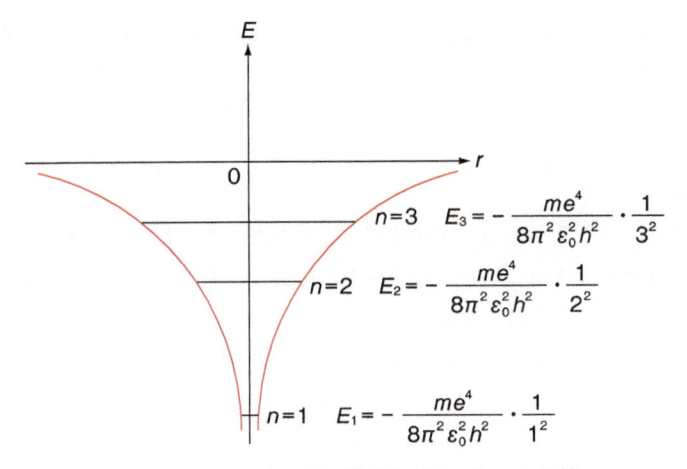

図 6.4 E_n のエネルギー準位とポテンシャル曲線

「振幅」の値が変化することを考えておかねばならない.

数学的にはシュレーディンガー方程式の解としての固有関数であるこの波動関数 $\Psi_{n,l,m}$ が, 物理的には原子中の電子の何に相当しているのか, 直接対応させることは難しい. そこで, 実際には空間的な体積に相当する量とともに, 波動関数を 2 乗した $|\Psi_{n,l,m}|^2$ が (n, l, m) の値を取る軌道に入っている電子の存在確率を表すと考えれば, 原子中の電子の空間的分布などが波動関数の物理的意味として合理的に理解できることが知られている. これは波動関数を **確率波**(probability wave)として考える手法である. 確定した物理量でなく波動関数の 2 乗が存在確率を表す理由については, 無機化学の範囲を超えてしまうので量子力学の教科書などを参照してほしい.

ところで, 固有値としてのエネルギー E_n は, n ($= 1, 2, 3, 4, \cdots$) の値だけを考えると[*3], 以下の形になることが知られている.

$$E_n = \frac{-me^4}{8\varepsilon_0^2 h^2 n^2} \tag{6.9}$$

つまり, n の値が大きな波動関数は, 高いエネルギーの状態に対応しているといえる(図 6.4).

> **確 率 波**
> 量子力学では, 粒子の運動状態は位置座標と時間の関数である波動関数で記述される. このとき確率波として, 波動関数の和の 2 乗や, 波動関数の 2 乗の和を考えると, 二つの波の合成における干渉に相当する項が含まれる.
>
> *3 $l = m = 0$ の場合. 厳密には, l や m の値が異なるとエネルギーの値が等しいとは限らない.

6.4 水素原子のボーア半径 a_0

3 章で水素原子のボーア模型を考えたときに, 電子が取りうるエネルギー E と電子の周回運動半径 r は, n を量子数としてそれぞれ, 次のように表されることを示した.

$$\begin{aligned}E &= -\frac{me^4}{8n^2\varepsilon_0^2 h^2} \\ r &= \frac{n^2\varepsilon_0 h^2}{\pi me^2}\end{aligned} \tag{6.10}$$

$n=1$ のとき，電子は最低エネルギーを取り，かつ原子核から最も近い円周を運動することになる．ここで，エネルギー E が先ほど述べたシュレーディンガー方程式の固有値としてのエネルギー E_n と一致していることに注目してほしい．また，$n=1$ のときの半径 r は，ボーア半径 $a_B = \varepsilon_0 h^2/\pi m e^2$ と一致している．

つまり，水素原子のボーア模型で見られたように，電子が最低エネルギーを取る状態のときは，電子が原子核から最も近い円周を運動しているときである．そして，n の値が大きくなると，その値で取るエネルギーが高くなっていくため，原子核からだんだん遠い円周上を運動していることに対応している．「電子が原子核から最も近い円周を運動している」ということは，「電子がその周辺に存在している確率が最大になる」ことであり，波動関数の物理的意味と，線スペクトルのように実験的な裏付けもある水素原子のボーア模型のイメージを結びつけるヒントがこのあたりに潜んでいると思われる．

6.5 動径分布関数

実は，波動関数の「2乗が（電子の）存在確率」を表すという物理的意味と，「その周辺に」をもう少し正確に表現したものがある．それは，ある「微小体積（厚さを微小にとった，半径 r の球の表面積 $4\pi r^2$）」の積が，ある動

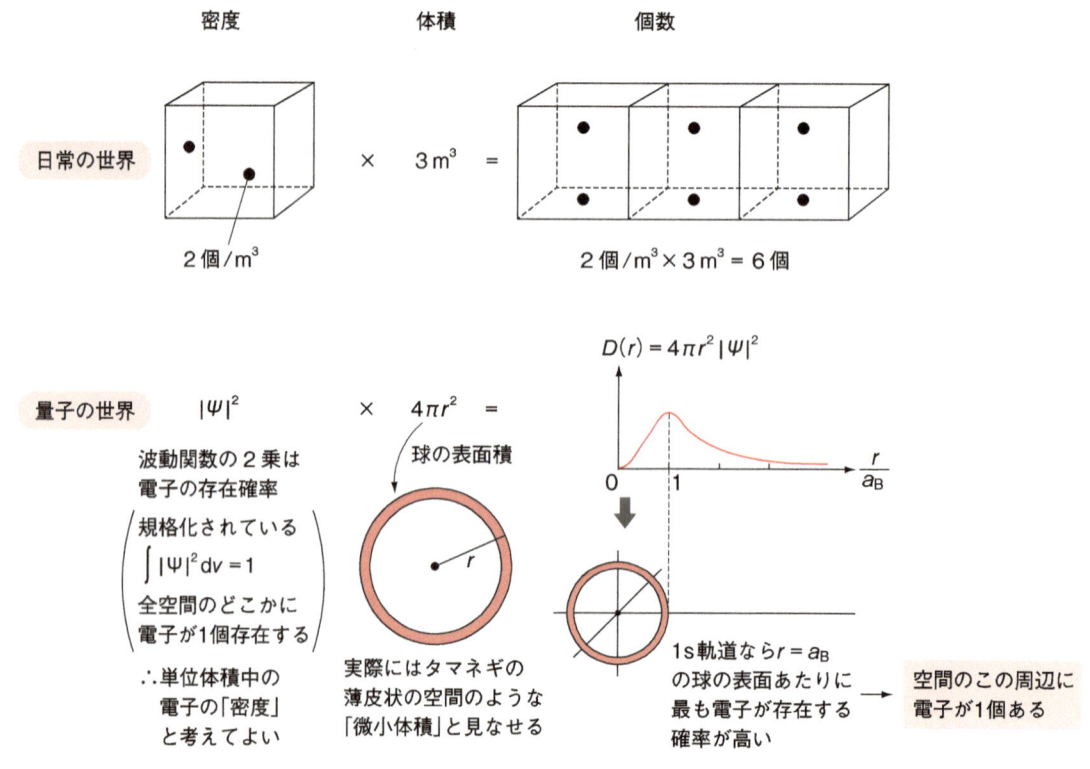

図 6.5 動径分布関数の考え方

6.5 動径分布関数

径 r の値のときに，そこに電子が存在していることを表す**動径分布関数**（radial distribution function）である（図6.5）．

これは，波動関数がすでに**規格化**（normalization）されていて，「波動関数の2乗」を全空間について積分したときの値が1になる（言い換えると，空間のどこかにかならず1個分の電子が存在する）としているため，物理的にも正しい大きさの値が得ることができる．先述したように，$n=1$ ならば $l=m=0$ なので，波動関数は角度成分（動径分布関数）を考えずに動径部分 $R(r)$ だけを考えればよい．

具体的な形で示すと，動径分布関数 $D(r)$ と波動関数の動径部分 $R(r)$ は，以下のようになる．

$$D(r) = 4\pi r^2 R(r)^2$$

$$R_{1,0}(r) = 2\left(\frac{1}{a_B}\right)^{\frac{3}{2}} \exp\left(\frac{-r}{a_B}\right)$$

$$\therefore \ D(r) = 16\pi \left(\frac{1}{a_B}\right)^3 r^2 \exp\left(\frac{-2r}{a_B}\right) \tag{6.11}$$

$D(r)$ が最大値をとるのは，$dD(r)/dr = 0$ となる $r = a_B$ のときであることが，これから明らかになる．

$$\frac{dD(r)}{dr} = 0$$

$$16\pi \left(\frac{1}{a_B}\right)^3 \left\{2r \exp\left(\frac{-2r}{a_B}\right) + r^2 \left(\frac{-2}{a_B}\right) \exp\left(\frac{-2r}{a_B}\right)\right\} = 0$$

$$\left(1 - \frac{r}{a_B}\right) \exp\left(\frac{-2r}{a_B}\right) = 0$$

$$\therefore \ r = a_B \tag{6.12}$$

このように，$r = a_B$ のときに最大値 $D(a_B)$〔$= 8\pi(1/a_B)^{1/2}\exp(-2)$〕をとる．$D(0) = 0$ であり，$r < a_B$ ならば $D(r)$ は増加して，$r > a_B$ ならば $D(r)$ は減少するので，$r = a_B$ のときだけが電子の存在確率が高くなる．すなわち，ラゲール陪多項式で最低の整数値で規定される量子数 $n=1$ のとき，電子が最も高い確率で存在しているのはボーア半径を半径とする球面上であり，水素原子のボーア模型では最も内側の電子が運動できる円周（球面）上となる．

同様に $l = m = 0$ としても，$n = 2$ とすると，

$$R_{2,0}(r) = 2\left(\frac{1}{a_B}\right)^{\frac{3}{2}} \left(1 - \frac{r}{2a_B}\right) \exp\left(\frac{-r}{a_B}\right) \tag{6.13}$$

になることから，以下のようになる．

$$D(r) = 16\pi \left(\frac{1}{a_B}\right)^3 \left(1 - \frac{r}{2a_B}\right)^2 r^2 \exp\left(\frac{-2r}{a_B}\right) \tag{6.14}$$

動径分布関数
基底状態にある原子中で電子の存在確率が最も高くなる空間の領域を表す関数．空間の領域（限りなく薄い表面）と電子の存在確率の積で，$4\pi r^2 \times$（波動関数の絶対値2乗）となる．水素原子1s軌道ではボーア半径の球となる．波動関数の2乗は，核からの距離 r にある空間上のある1点を指定してそこに電子が存在する確率を示しているのに対し，動径分布関数は核からの距離 r の空間すべての電子の存在確率を寄せ集めたものである．

先ほどと同様に $dD(r)/dr = 0$ となる r を求めると二つ解があり，小さいほうの値と大きいほうの値それぞれにおける $D(r)$ の値を比べると，r が大きい値のときの極大値のほうが大きな $D(r)$ 値をもつことが容易に確かめられる．つまり，$n=2$, $l=m=0$ の波動関数で規定される原子核から2番目に近いところを周回運動する電子は，存在確率の高いところが2層の球形がタマネギ状に重なって空間分布しており，おもに外側の球面上に電子が存在していることが多いことを意味している．以上のまとめとして，図 6.6 に 1s, 2s, 2p 軌道の動径分布関数と軌道の大まかな形状の特徴を示す．

以上のことから，波動関数 $\Psi_{n,l,m}(r,\theta,\phi)$ を規定する量子数によって，電子の取りうるエネルギー（あるいは空間的分布）が決まる．電子の取るエネルギーはおもに n の値により決まり，電子が存在する領域の空間的分布は，球面調和関数が取りうる複数の値の寄与がない場合は球面となり，l や m の値によっては三次元的にでこぼこした異方性のある形になるといえる．関数として，波動関数〔ここでは s 軌道を考えるので $R(r)$〕と確率密度関数（こ

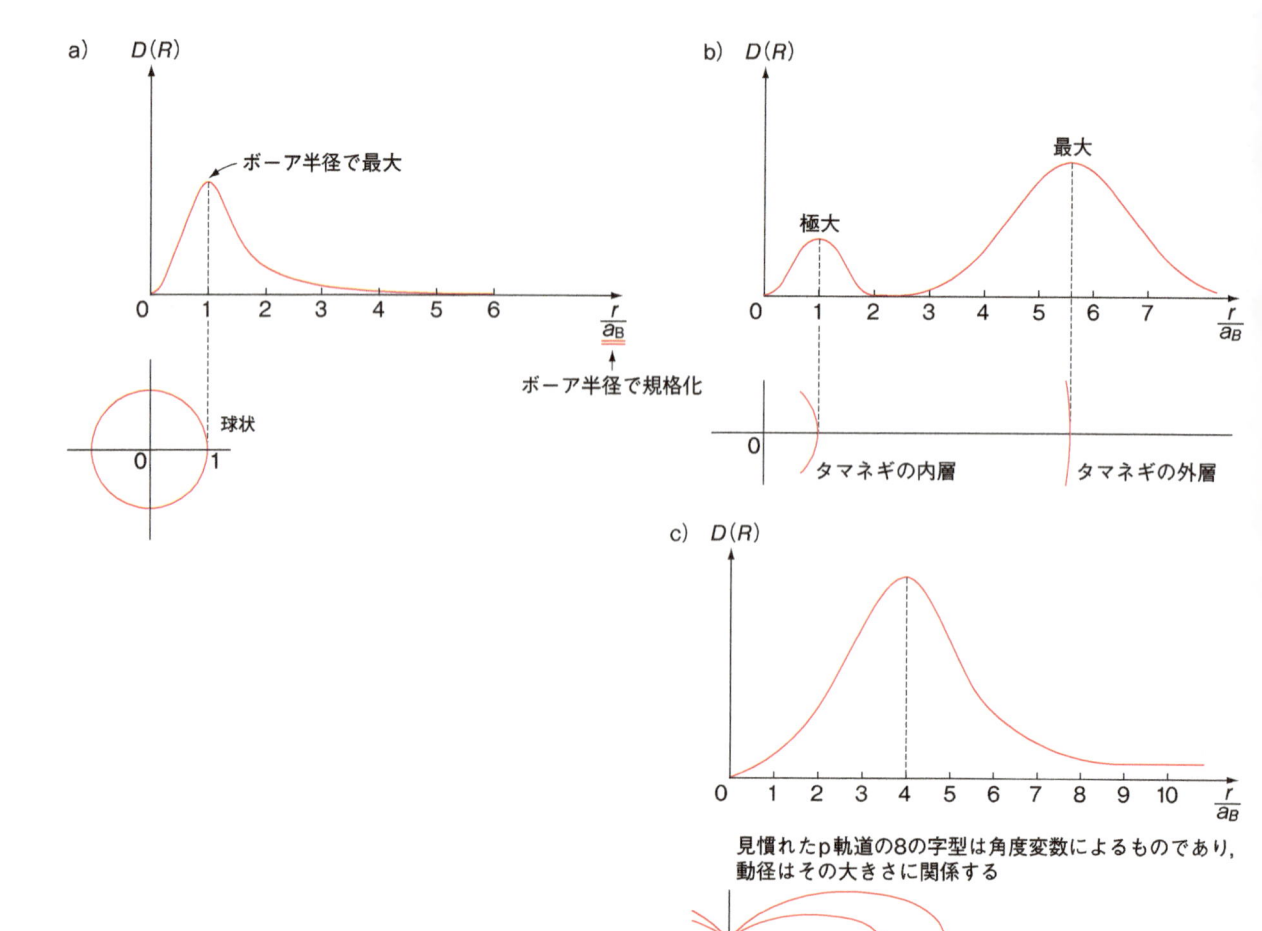

図 6.6 動径分布関数
a）1s 軌道，b）2s 軌道，c）2p 軌道．

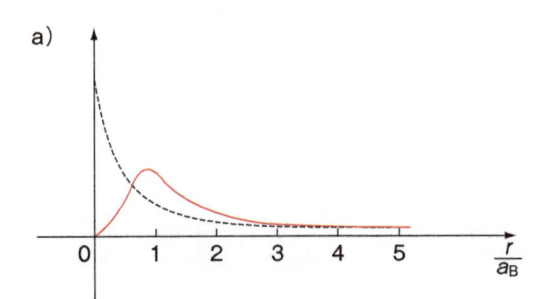

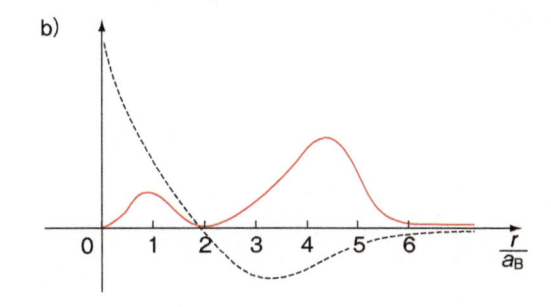

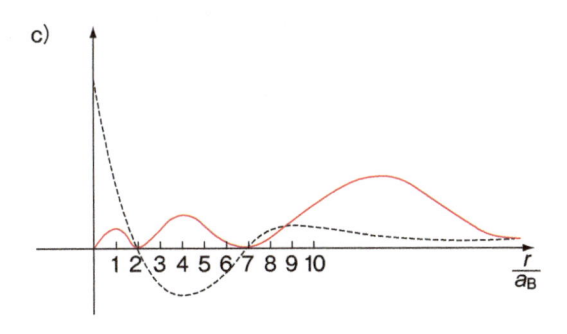

図 6.7 波動関数（黒）と動径分布関数（赤）
a）1s 軌道，b）2s 軌道，c）3s 軌道．

こでは s 軌道を考えるので動径分布関数）$D(r) = 4\pi r^2 R(r)^2$ の違いを意識できるように，図 6.7 に 1s, 2s, 3s 軌道の動径分布関数の大まかな形状を示す．一緒に図示した動径分布関数と比較してほしい．

● 章 末 問 題 ●

6.1 水素原子の 1s 軌道の波動関数を

$$\Psi = \pi^{-\frac{1}{2}} a_B^{-\frac{3}{2}} e^{-\frac{r}{a_B}}$$

とするとき（a_B はボーア半径），確率密度分布曲線（$4\pi r^2|\Psi|^2$ 対 r/a_B のグラフ）が極大や変曲点を示す r/a_B の値にもとづき，水素原子の 1s 軌道の形状を定性的に述べよ．

6.2 波動関数 $\Psi = A\exp(-r/a_B)$ の 2 乗を $r = 0$ から $+\infty$ で積分した値が 1 となるように規格化する係数 A を求めよ．

6.3 $n = 1, 2, 3, 4, 5$ のとき，それぞれのエネルギー $E_n = -me^4/(8\varepsilon_0^2 h^2 n^2)$ を求めよ．また n が 1 増加するときエネルギーの増加分 $(E_{n+1} - E_n)$ はどうなるか述べよ．

6.4 $n = 1, 2, 3, 4, 5$ のとき，それぞれの d 電子の周回半径 $r_n = -n^2\varepsilon_0 h^2/(\pi me^2)$ を求めよ．また n が 1 増加するとき周回半径の間隔 $(r_{n+1} - r_n)$ はどうなるか述べよ．

6.5 水素原子の 2s 軌道に対応する波動関数が

$$\Psi = (\pi)^{-1/2}(2a_B)^{-3/2}\left(2 - \frac{r}{a_B}\right)^3 e^{-r/2a_B}$$

であるとき（a_B はボーア半径），確率密度 $4\pi r^2|\Psi|^2$ はどうなるか．また，章末問題 6.1 の 1s 軌道の確率密度分布はどうなるか．関数の形を比較せよ．

7 量子数と原子軌道

7.1 波動関数のパラメータとしての量子数

これまで見てきたように,シュレーディンガー方程式の解としての波動関数は,水素原子中の電子の振る舞いを表している.しかし,関数の形を特徴づけている変数は,空間座標 (x, y, z) あるいはそれを極座標変換した (r, θ, ϕ) というよりもむしろ,**量子数**(quantum number)である.無機化学で利用される微分方程式の解を決定づけるパラメータとしての量子数 (n, l, m) は,整数の値になる.

$$\Psi_{n,l,m} = R_{n,l}(r) Y_{l,m}(\theta, \phi) \tag{7.1}$$

波動関数は微分方程式の解であることから,これらが取りうる整数には制約がある.量子数のパラメータの組が指定する波動関数には**主量子数**(principal quantum number),**方位量子数**(azimuthal quantum number),**磁気量子数**(magnetic quantum number)という名前がついており,それぞれは水素原子中で電子が存在する空間的な領域やそのときのエネルギーといった物理的な実態と対応している.

7.2 主・方位・磁気量子数と原子軌道

主量子数 (n) は,原子内における電子の波動関数の定常状態を規定する量子数の一つであり,軌道の空間的な広がりのようすを表す.原子核に近いものから,$n = 1, 2, 3, 4, \cdots$ の正の整数を取り,それぞれK,L,M,N,…の電子殻に相当する.ボーア模型を思い浮かべると内側からの円周軌道に対応し,空間的には原子核に近い内側から外側に広がっている(図7.1).一

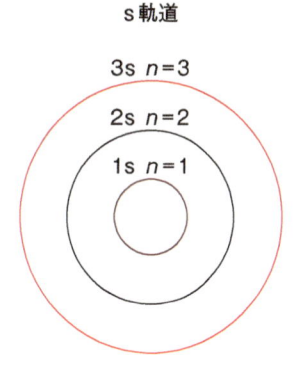

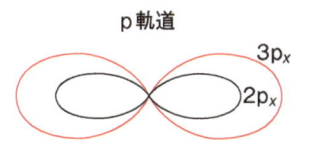

図7.1 主量子数が表す軌道
s軌道では n の値により軌道半径の大きさが異なる.なお,1p軌道は存在しない.

たとえば n=3 のとき

ℓ = 0   3s 軌道（一つ）
ℓ = 1   3p 軌道（三つ）
ℓ = 2   3d 軌道（五つ）

図 7.2　方位量子数が表す軌道
l の値により軌道の形が異なる．

方，エネルギー準位は低い軌道から高い軌道を表している．

　方位量子数（l）は軌道運動の角運動量を決める値であり，0 または正の整数の $l = 0, 1, 2, 3, \cdots, n-1$（そのときの主量子数）で n 通りある．空間的には波動関数の形や方向性を表すが，さらに波動関数の 2 乗に関連した軌道の**電子雲**（electron cloud）の形や方向性を規定しているともいえる．物理的意味としては，同じ主量子数に属する s, p, d, f 軌道を区別する量子数である（図 7.2）．

　磁気量子数（m）は，同じ主量子数の s, p, d, f 軌道のなかの，三つの p_x, p_y, p_z 軌道，五つの $d_{x^2-y^2}$, d_{z^2}, d_{xy}, d_{yz}, d_{zx} 軌道，そして七つの f 軌道を区別する量子数である（図 7.3）．その値は正負の整数の $m = -l, -l+1, \cdots, 0, \cdots, l-1, l$（そのときの方位量子数）を取り，$2l+1$ 通りある．物理的には磁場中におけるエネルギー準位の**ゼーマン分裂**（Zeeman splitting）によって**縮重**（degeneracy）が解けたり，原子スペクトル線などによって，それらの軌道が区別された．l が 0 から $n-1$ までの値を取りうることから，主量子数 n の電子殻には，$2n^2$ 個の電子が収容できることがわかる．

　波動方程式の解である波動関数を規定する三つの量子数のほかに，一つの軌道に入る 2 個の電子を区別するためにスピン量子数（s）も導入された（図 7.4）．スピン量子数の値は，$+1/2$ と $-1/2$ の正負の半整数の二つだけである．これはもともと，**ナトリウム D 線**（sodium D line）などのアルカ

電 子 雲
原子中で電子が雲のように広がった連続的な空間分布のこと．電子のシュレーディンガー方程式の解である波動関数の空間部分（位置座標のみの関数）の 2 乗が電子雲の分布（空間的な存在確率）のようすを表す．

ゼーマン分裂
磁場中に原子を置くと発光スペクトルが 1 本から数本に分裂することから発見された現象．電子の軌道角運動量やスピン角運動量と磁気モーメントの向きにより，磁気量子数が異なるエネルギー状態をとることに起因する．

たとえば n=2, ℓ=1 のとき（2p 軌道）

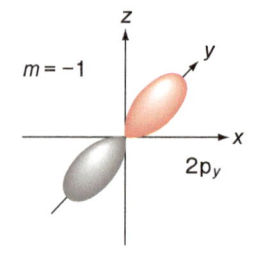

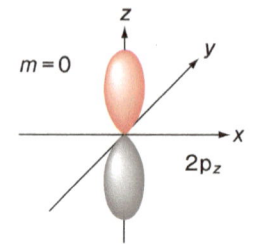

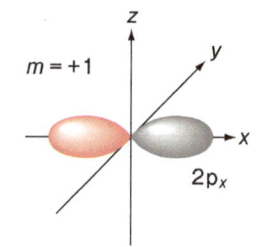

$m = -1$　$2p_y$
$m = 0$　$2p_z$
$m = +1$　$2p_x$

図 7.3　磁気量子数が表す軌道
m の値により軌道の方向が異なる．

7.2 主・方位・磁気量子数と原子軌道

たとえば $n=1, \ell=0, m=0$（1s軌道）の場合

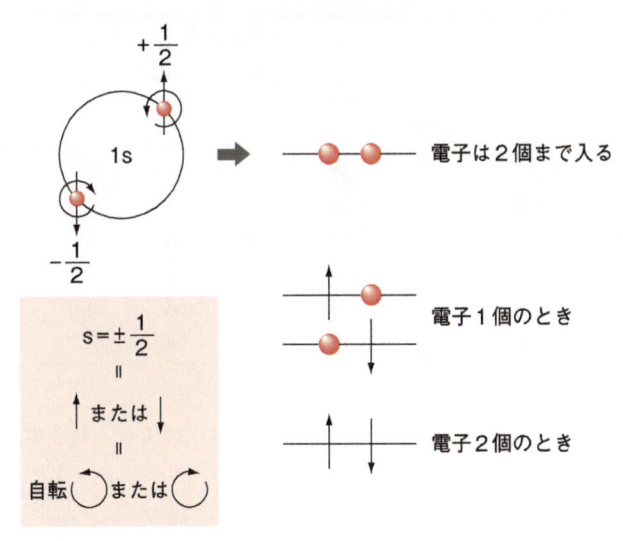

図7.4 スピン量子数

リ金属のスペクトルが示す二重線への分裂を説明するために導入された量子数である．物理的な現象として，磁場から電子スピンに及ぼされる力（平行と反平行）の違い（図7.5）や，電子の軌道運動に対する自転運動（左回転と右回転）に対応するものとして，古典物理学的なイメージをとらえることができる．

ここまでの関係をまとめると，表7.1のようになる．また，比較的頻出するはじめのほうの軌道について，縮重した軌道と各量子数の対応関係を表7.2に示しておく．

ただし，シュレーディンガー方程式を解いて直接求められる波動関数は，厳密には一般に複素関数となる．そのためd軌道やf軌道については，これらを通常の三次元的な図などで示せる実関数として表せるように，適当に加え合わせて線形結合した形式で表記する点に気をつけてほしい．複素関数を三次元的にイメージするのは難しいので，実関数であるが p_x, p_y 軌道での線形結合の例を示す（図7.6）．

縮　重

量子力学において，別の状態が同じエネルギーをもつとき，状態が縮重（あるいは縮退）しているという．たとえば主量子数2，方位量子数1のとき，磁気量子数 $-1, 0, 1$ の三つの状態のエネルギーが等しく三重縮重しているという．

ナトリウムD線

ナトリウム蒸気の放電ランプでは，黄色の光の原子スペクトル（D線）が589.6 nmと589.0 nmの2本に分裂する．これは，電子の軌道運動による磁場と自転による磁場の相互作用で，二つのエネルギー状態を生じるためである．

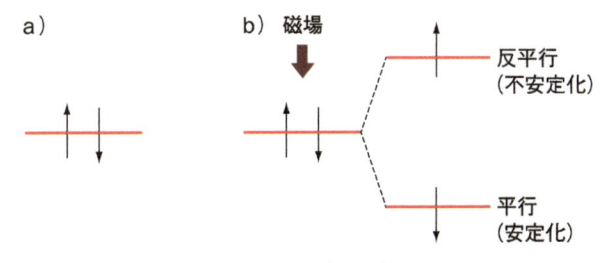

図7.5 磁場と電子スピン
a) 磁場のないとき，b) 磁場をかけたとき．

表7.1 電子殻と主量子数および方位量子数との関係

電子殻	主量子数 (n)	方位量子数 (l)				
		0 (s)	1 (p)	2 (d)	3 (f)	4 (g)
	縮重数	1	3	5	7	9
K	1	1s				
L	2	2s	2p			
M	3	3s	3p	3d		
N	4	4s	4p	4d	4f	
O	5	5s	5p	5d	5f	5g
P	6	6s	6p	6d	6f	6g

たとえば,np 軌道 ($l=1$, $m=-1$, 0, $+1$) の場合,複素関数での波動関数は,次のように求められる.

$$\Psi_{n,1,0} = R_{n,1}(r)Y_{1,0}(\theta,\phi) = R_{n,1}(r)\left(\frac{3}{4\pi}\right)^{\frac{1}{2}}\cos\theta$$

$$\Psi_{n,1,1} = R_{n,1}(r)Y_{1,1}(\theta,\phi) = R_{n,1}(r)\left(\frac{3}{4}\right)^{\frac{1}{2}}\sin\theta\left(\frac{1}{2\pi}\right)^{\frac{1}{2}}\exp(i\phi)$$

$$\Psi_{n,1,-1} = R_{n,1}(r)Y_{1,-1}(\theta,\phi) = R_{n,1}(r)\left(\frac{3}{4}\right)^{\frac{1}{2}}\sin\theta\left(\frac{1}{2\pi}\right)^{\frac{1}{2}}\exp(-i\phi)$$
(7.2)

表7.2 縮重した軌道と各量子数の関係(ただし,縮重した軌道と量子数の対応関係は任意性がある)

軌道	主量子数 (n)	方位量子数 (l)	磁気量子数 (m)	軌道	主量子数 (n)	方位量子数 (l)	磁気量子数 (m)
1s	1	0	0	4s	4	0	0
2s	2	0	0	$4p_z$	4	1	0
$2p_z$	2	1	0	$4p_x$	4	1	1
$2p_x$	2	1	1	$4p_y$	4	1	-1
$2p_y$	2	1	-1	$4d_{z^2}$	4	2	0
3s	3	0	0	$4d_{zx}$	4	2	1
$3p_z$	3	1	0	$4d_{yz}$	4	2	-1
$3p_x$	3	1	1	$4d_{x^2-y^2}$	4	2	2
$3p_y$	3	1	-1	$4d_{xy}$	4	2	-2
$3d_{z^2}$	3	2	0	$4f_{5z^3-3zr^2}$	4	3	0
$3d_{zx}$	3	2	1	$4f_{5xz^2-xr^2}$	4	3	1
$3d_{yz}$	3	2	-1	$4f_{5yz^2-yr^2}$	4	3	-1
$3d_{x^2-y^2}$	3	2	2	$4f_{zx^2-zy^2}$	4	3	2
$3d_{xy}$	3	2	-2	$4f_{xyz}$	4	3	-2
				$4f_{x^3-3xy^2}$	4	3	3
				$4f_{y^3-3x^2y}$	4	3	-3

7.2 主・方位・磁気量子数と原子軌道

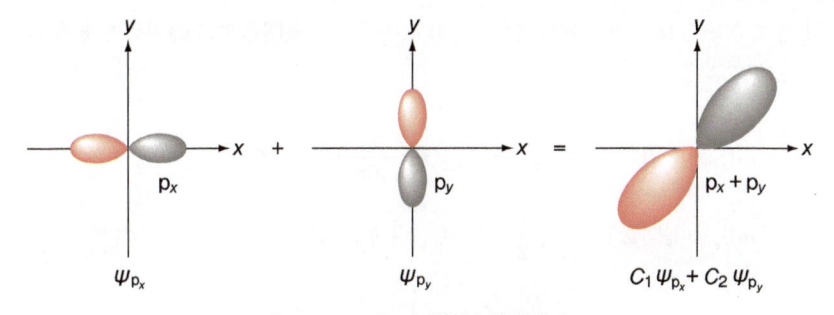

図 7.6 p_x と p_y 軌道の線形結合

これにより，$\Psi_{n,1,1}$ と $\Psi_{n,1,-1}$ の線形結合を以下のようにつくり，実関数の形に変換することができる．

$$\begin{aligned}
\left(\frac{1}{2}\right)^{-\frac{1}{2}} (\Psi_{n,1,1} + \Psi_{n,1,-1}) &= \left(\frac{6}{8\pi}\right)^{\frac{1}{2}} R_{n,1}(r) \sin\theta \cos\phi \\
&= [n p_x \text{の実関数}] \\
\left(\frac{1}{2}\right)^{-\frac{1}{2}} (\Psi_{n,1,1} - \Psi_{n,1,-1}) &= \left(\frac{6}{8\pi}\right)^{\frac{1}{2}} R_{n,1}(r) \sin\theta \sin\phi \\
&= [n p_y \text{の実関数}]
\end{aligned} \tag{7.3}$$

このときに，以下の関係を用いた．

$$\begin{aligned}
\exp(i\phi) &= \cos\phi + i\sin\phi \\
\exp(-i\phi) &= \cos\phi - i\sin\phi
\end{aligned} \tag{7.4}$$

一方，nd 軌道（$l = 2$，$m = -2, -1, 0, +1, +2$）の場合，複素関数での波動関数は，

$$\begin{aligned}
\Psi_{n,2,0} &= R_{n,2}(r) Y_{2,0}(\theta,\phi) = R_{n,2}(r)\left(\frac{10}{16}\right)^{\frac{1}{2}} (\cos^2\theta - 1)(2\pi)^{-\frac{1}{2}} \\
\Psi_{n,2,1} &= R_{n,2}(r) Y_{2,1}(\theta,\phi) \\
&= R_{n,2}(r)\left(\frac{15}{4}\right)^{\frac{1}{2}} (\sin\theta\cos\theta - 1)(2\pi)^{-\frac{1}{2}} \exp(i\phi) \\
\Psi_{n,2,-1} &= R_{n,2}(r) Y_{2,-1}(\theta,\phi) \\
&= R_{n,2}(r)\left(\frac{15}{4}\right)^{\frac{1}{2}} (\sin\theta\cos\theta - 1)(2\pi)^{-\frac{1}{2}} \exp(-i\phi) \\
\Psi_{n,2,2} &= R_{n,2}(r) Y_{2,2}(\theta,\phi) \\
&= R_{n,2}(r)\left(\frac{15}{16}\right)^{\frac{1}{2}} (\sin^2\theta)(2\pi)^{-\frac{1}{2}} \exp(i2\phi) \\
\Psi_{n,2,-2} &= R_{n,-2}(r) Y_{2,-2}(\theta,\phi) \\
&= R_{n,-2}(r)\left(\frac{15}{16}\right)^{\frac{1}{2}} (\sin^2\theta)(2\pi)^{-\frac{1}{2}} \exp(-i2\phi)
\end{aligned} \tag{7.5}$$

として求められるが,線形結合により次のように実関数の波動関数を求めることができる.

$$[nd_{z^2}\text{の実関数}] = \Psi_{n,2,0} = R_{n,2}(r)\left(\frac{25}{16\pi}\right)^{\frac{1}{2}}(\cos^2\theta - 1)$$

$$[nd_{xz}\text{の実関数}] = \left(\frac{1}{2}\right)^{-\frac{1}{2}}(\Psi_{n,2,1} + \Psi_{n,2,-1})$$
$$= R_{n,2}(r)\left(\frac{15}{4\pi}\right)\sin\theta\cos\theta\cos\phi$$

$$[nd_{yz}\text{の実関数}] = -i\left(\frac{1}{2}\right)^{-\frac{1}{2}}(\Psi_{n,2,1} - \Psi_{n,2,-1})$$
$$= R_{n,2}(r)\left(\frac{15}{4\pi}\right)\sin\theta\cos\theta\sin\phi \qquad (7.6)$$

$$[nd_{x^2-y^2}\text{の実関数}] = \left(\frac{1}{2}\right)^{-\frac{1}{2}}(\Psi_{n,2,2} + \Psi_{n,2,-2})$$
$$= R_{n,2}(r)\left(\frac{15}{16\pi}\right)\sin^2\theta\cos 2\phi$$

$$[nd_{xy}\text{の実関数}] = -i\left(\frac{1}{2}\right)^{-\frac{1}{2}}(\Psi_{n,2,2} - \Psi_{n,2,-2})$$
$$= R_{n,2}(r)\left(\frac{15}{16\pi}\right)\sin^2\theta\sin 2\phi$$

7.3 s,p,d,f軌道の空間的分布の図示

波動関数 Ψ から明らかになる軌道の空間的分布 $|\Psi|^2$(広がりの大きさや形状,方向性)は,後述する分子軌道を形成するとき,つまり分子の立体構造だけでなく,反応や物性に関係する電子の振る舞いに反映される.分子だけでなく一つの原子の状態であっても,電子配置や軌道のエネルギー[*1]や対称性が電子状態を決定づける.

s軌道は球形として図示される(図7.7).この理由は,極座標で考えると,$l = m = 0$ のとき $Y_{l,m}(\theta, \phi)$ が定数となり波動関数に角度依存性がなく,動

[*1] 分子のさまざまな分光学的性質として実験的に求められる.

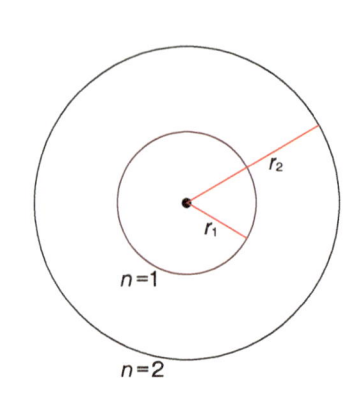

図7.7 s軌道の形
θ, ϕ の角度依存性がないため,n によって半径 r が決まる球形となる.

径 r だけの関数 $R_{n,0}(r)$ に比例したものとなるため,その2乗で表される存在確率も r だけの関数となるからである.すなわち,6.4節で述べたボーア半径 a_B を用いた式でラゲール陪多項式の係数と球面調和関数の一定値を定数 A でまとめて表すと,以下のようになる.

$$\Psi(r) = R_{1,0}(r) = A\exp\left(\frac{-r}{a_B}\right)$$

$$\therefore |\Psi|^2 = A^2 \exp\left(\frac{-2r}{a_B}\right) \tag{7.7}$$

次に,p軌道は8の字型として図示される.たとえば p_x 軌道ならば長軸が x 軸上にあり,さらに三つのp軌道が x, y, z の各軸上に分布して互いに直交しているような三次元的にいわゆる亜鈴型となる.$n=2, l=1, m=0$ の $2p_z$ 軌道の波動関数を考えると,それぞれの定数を A にまとめて次のような式になる.

$$\Psi_{2,1,0} = R_{2,1}(r)Y_{1,0}(\theta,\phi) = A\left(\frac{r}{a_B}\right)\exp\left(\frac{-r}{2a_B}\right)\cos\theta$$

$$\therefore |\Psi|^2 = A^2\left\{\left(\frac{r}{a_B}\right)^2 \exp\left(\frac{-r}{a_B}\right)\right\}\cos^2\theta \tag{7.8}$$

そのため,動径 r 方向の分布を表す部分 $(r/a_B)^2\exp(-r/a_B)$ と,角度 θ 方向の角度依存性(ただし,ϕ 方向の角度依存性はない)に分けられる関数の形をしている(図7.8).前者により,実は r 方向の分布があるのだが,6.5節で議論した2s軌道の動径分布関数をもう一度思いだしてもらいたい.「タマネギの薄皮状」の $4\pi r^2$ をラゲール陪多項式 $R(r)$ の2乗にかけた動径分布関数の r 依存性を考えたが,2s軌道の確率が最大になる r の値(r_1 とする)があり,それより小さな r の値(r_2 とすると $r_2 < r_1$)で二番目に確率が最大になっていた($4\pi r_2^2|R(r_2)|^2 < 4\pi r_1^2|R(r_1)|^2$).これから類推されることは,$r$ 方向の分布については,代表的な r の値(r_1)の面を議論すればよいことになる.

そこで,$|\Psi|^2 = [r$ についての関数(一定値)$]\cos^2\theta$ と見て,角度が r に及ぼす影響を $r = \cos\theta$ とすると,$\phi = 0$ として極座標で xz 平面を次のようになる点 (x, z) が描く軌跡をプロットする.

$$\begin{aligned} x &= r\sin\theta\cos\phi = \sin\theta\cos^2\theta \\ z &= r\cos\theta = \cos^3\theta \end{aligned} \tag{7.9}$$

これは z 軸方向に長軸が向いた8の字の断面図となる.$\phi=0$ だけでなく取りうる値を変化させていくと,z 軸を回転軸とする三次元的な亜鈴型となる.これについては,のちほどわかりやすく説明する.

さらにd軌道になるとやや複雑な三次元的な形状をしている.d_{z^2} 軌道はp

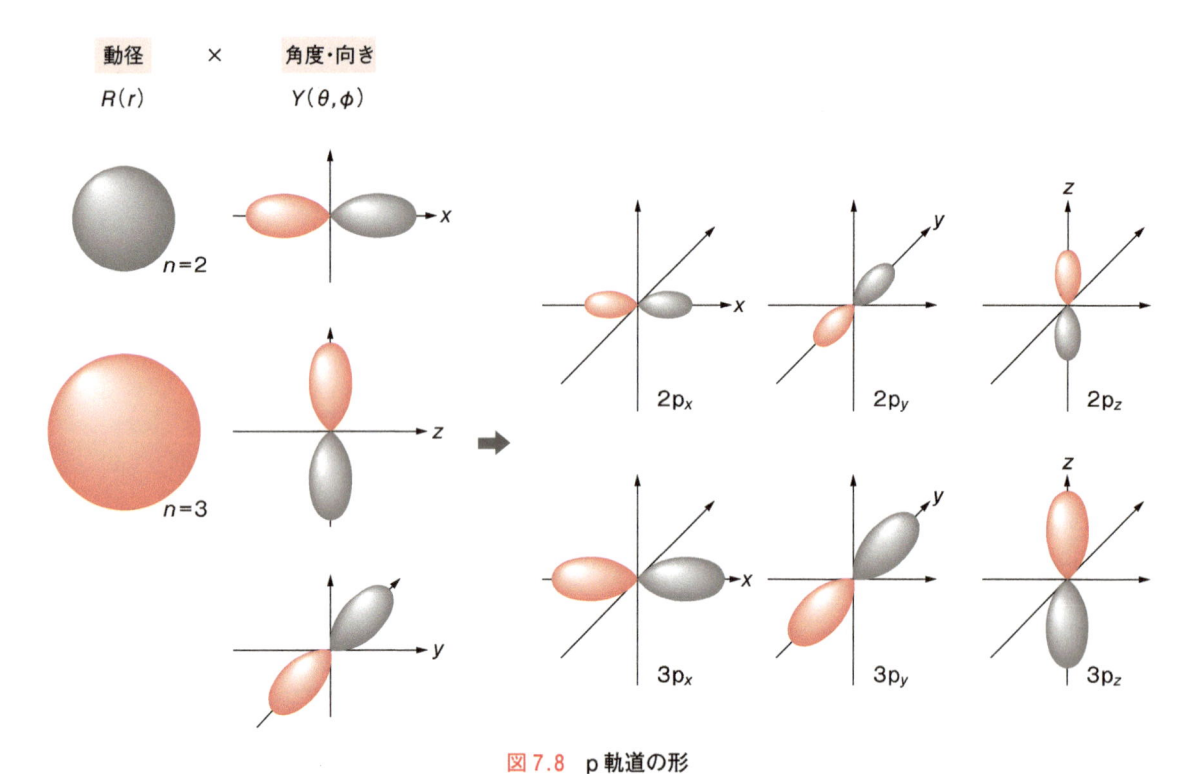

図 7.8 p 軌道の形
x, y, z の各軸上に分布した亜鈴型になる.

軌道の中心のくびれにリングがあるような形をしており，$d_{x^2-y^2}$ 軌道は x 軸と y 軸上に突きでた部分〔ローブ (lobe) という〕をもつ．二次元で描くと四つ葉のクローバー型をしている．そして，d_{xy}, d_{yz}, d_{zx} 軌道はそれぞれ xy, yz, zx 平面の直交座標軸の中線上にローブをもつ，二次元で描くと同じく四つ葉のクローバー型をしている．のちほど配位結合を考えるときに，各 d 軌道のうち x, y, z 軸方向の配位子から反発を受けやすいものはどの軌道か考慮する必要があるので，どの軌道がどちら軸上にローブをもつか，実関数表示での五つの d 軌道に関しては確実に把握しておいてほしい（図 7.9）．

このうち $n=3$, $l=2$, $m=0$ の $3d_{z^2}$ 軌道の波動関数を考える．先程の p 軌道と同じように，定数 A を用いて簡略化すると，次のようになる．

$$\Psi_{3,2,0} = R_{2,2}(r)Y_{2,0}(\theta,\phi) = A\left(\frac{r}{a_B}\right)^2 \exp\left(\frac{-r}{3a_B}\right)(3\cos^2\theta - 1)$$

$$\therefore |\Psi|^2 = A^2\left\{\left(\frac{r}{a_B}\right)^4 \exp\left(\frac{-2r}{3a_B}\right)\right\}(3\cos^2\theta - 1)^2$$

$$|\Psi|^2 = [r\text{についての部分}](3\cos^2\theta - 1)^2 \tag{7.10}$$

$\phi = 0$ として極座標で xz 平面を点 (x, z) が描く軌跡をプロットすると，次のようになる．

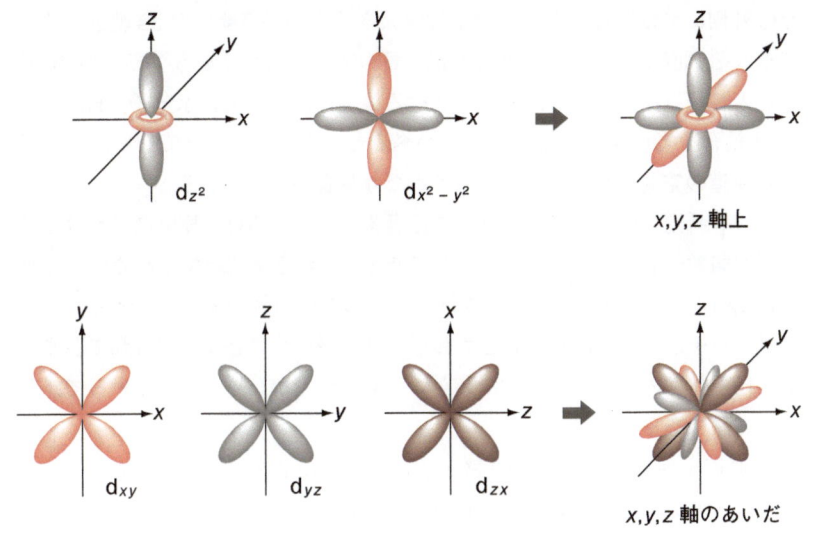

図7.9 d軌道の形

$$x = r\sin\theta\cos\phi = (3\cos^2\theta - 1)^2\sin\theta$$
$$z = r\cos\theta = (3\cos^2\theta - 1)^2\cos\theta$$

ここから，ϕ が取りうる範囲を考慮することで，z 軸上にローブと x 軸上にリングのある見慣れた形状が導かれる（図 7.10）．

もう一つ，$n=3$, $l=2$, $m=-1$ として 3d 軌道[*2]の波動関数を同じように定数 A を使い簡略化して考えてみる．つまり球面調和関数の角度変数 θ の依存性（$\phi=0$ となる切り口の平面上の軌跡）を考えればよいから，たとえば，$Y_{2,m}(\theta, \phi) = A\sin\theta\cos\theta$ ［ϕ についての部分］として，これを 2 乗すると，二次元極座標 (r, θ) で以下のようになる．

$$r = A\sin^2\theta\cos^2\theta \tag{7.11}$$

これにより，四つ葉のクローバー型に到達できることになる．（図 7.11）．

これらは「このあたりに電子の存在確率が高そうな部分」の形を表してるため，古典物理学の考え方による水素原子のボーアモデルのように「電子が運動するコース」を明確に示したものではないことに改めて注意が必要である．結合や構造を考えるときに「このあたりにこちら向きに分布した電子がありそう」とおおよその見当をつけてもよいだろう．

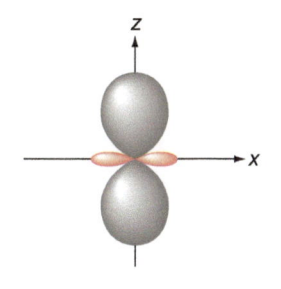

図7.10 $n=3$, $l=2$, $m=0$ を実数にした 3d$_{z^2}$ 軌道の角度依存性の輪切り図

*2 線形結合で実関数にする方法にもよるが，ここではいわゆる d$_{xy}$ 軌道を導くことを念頭に置く．

7.4 p軌道の形状の導出（酸素原子2p軌道）

ここで具体的な原子中におけるそれぞれの軌道の空間的分布を考えてみよう．図 7.1 に示すように，原子番号 1 の水素原子は球形の 1s 軌道だけをもつ．これに対して原子番号 8 の酸素原子は，原子の中心から球形の 1s 軌道，

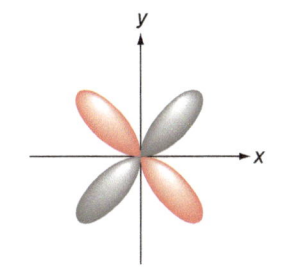

図7.11 $n=3$, $l=2$, $m=-1$ を実数にした 3d$_{xy}$ 軌道の角度依存性の輪切り図

その外側にやはり球形だが主量子数が大きく中心から離れた 2s 軌道，そしてそれぞれ直交した x, y, z 軸の正と負の方向に広がりをもつ三つの 2p 軌道が入れ子になっている．あとで述べるように，たとえば水分子（H_2O）で O-H 結合を形成する場合を思い浮かべると，水素原子だけでなく酸素原子の p 軌道の空間的な分布とそれらの重なり具合が重要となる．

この p 軌道の形状を考えるうえで注意すべきところは，極座標における球面調和関数の θ パラメータの依存性である．これを再認識するために，p_z 軌道の xz 面の切り口上で描かれる軌跡の図形を球面調和関数から導く，別のアプローチからの方法を紹介しておく．筆者がかつて必要に迫られてさまざまな量子化学の本を読み比べたときに，最も鮮やかなやり方だと思って感動した方法である．

p_z 軌道を与える球面調和関数 $Y_{1,0}(\theta, \phi)$ の xz 面での切り口（$\phi = 0$）は，極座標 $z = r\cos\theta$ の関係から，以下のようになる．

$$Y_{1,0}(\theta, 0) = \left(\frac{3}{4\pi}\right)^{\frac{1}{2}} \cos\theta = \left(\frac{3}{4\pi}\right)^{\frac{1}{2}} \frac{z}{r} \tag{7.12}$$

xz 面では $\phi = 0$, $y = 0$ だから，$|Y_{1,0}(\theta, 0)|$ を原点からの長さにとるベクトルの先端の点 P(x, y, z) は，

$$x = |Y_{1,0}(\theta, 0)|\sin\theta, \quad y = |Y_{1,0}(\theta, 0)|\cos\theta \tag{7.13}$$

$Y_{1,0}(\theta, 0) = (3/4\pi)^{1/2}\cos\theta = A\cos\theta$ とおき，$0 \leq \theta \leq \pi/2$ の範囲では，$|\cos\theta| = \cos\theta$ となるから，

$$x = A\cos\theta\sin\theta, \quad y = A\cos\theta\cos\theta = A\cos^2\theta$$
$$\therefore \quad x^2 = A^2\cos^2\theta\sin^2\theta = A^2\cos^2\theta(1-\cos^2\theta)$$
$$= A(z - z^2) = -\left(z - \frac{A}{2}\right)^2 + \left(\frac{A}{2}\right)^2 \tag{7.14}$$

となる．したがって，

$0 \leq \theta \leq \frac{\pi}{2}$ で
$z = A\cos\theta$
$x = A\cos\theta\sin\theta$ $\Big\}$ $x^2 + \left(z - \frac{A}{2}\right)^2 = \left(\frac{A}{2}\right)^2$

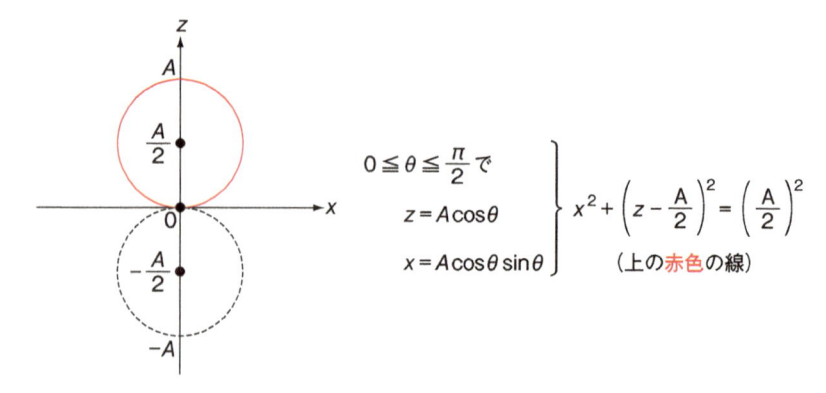

（上の赤色の線）

図 7.12　xz 面上の球面調和関数
p_z 軌道の角度分布を輪切りにした軌跡．

$$x^2 + \left(z - \frac{A}{2}\right)^2 = \left(\frac{A}{2}\right)^2 \tag{7.15}$$

これは，xz 面上で $(0, A/2)$ を中心とする半径 $A/2$ の円の方程式である．同様に $\pi/2 \leq \theta \leq \pi$ の範囲では，$(0, -A/2)$ を中心とする半径 $A/2$ の円（こちらは下側）である．両方の場合を合わせて ϕ の取りうる範囲を考慮すると，原点で接する z 軸上に並んだ二つの半径 $A/2$ の球面となる（図 7.12）．これが，主要な球面調和関数の寄与だけを考えた p_z 軌道の角度分布となる．

●章末問題●

7.1 原子の電子配置を高等学校の化学では，K，L，M … 殻にそれぞれ 2, 8, 18 … 個までの電子を収容するとして扱った．一方，大学では，量子力学の結果から軌道や主量子数，方位量子数，磁気量子数，スピン量子数を導入して，1s，2s，2p（三重縮重），3s，3p（三重縮重），3d（五重縮重）…のように扱う．次の事項に関して高等学校での扱いと比較して，大学で扱う電子配置の利点を述べよ．

（1）三次元的な分布・形状についての情報．
（2）電子の取りうる状態（電子スピンなど）の区別の詳しさ．
（3）多電子原子のエネルギー準位．
（4）X 線の発生メカニズムや特性 X 線の波長の説明．
（5）価電子数と周期表上での位置の対応の説明．

8 多電子原子の電子配置

8.1 構成原理と元素のブロック

水素原子について原子軌道とそのエネルギーの順序が明らかになったので，次に多電子原子の**電子配置**（electron configuration）について考える．基底状態の原子では，**構成原理**（aufbau principle）に従い，基本的に原子番号が大きくなるにつれて電子が軌道エネルギーの低い準位から入っていく．図8.1に示すように，軌道エネルギーの順序は 1s < 2s < 2p < 3s < 3p < (4s, 3d) < 4p < (5s, 4d) < 5p < (6s, 4f, 5d) < 6p < (7s, 5f, 6d) となるが，エネルギーが近い軌道のあいだでは，電子が先に入る軌道の順序が入れ

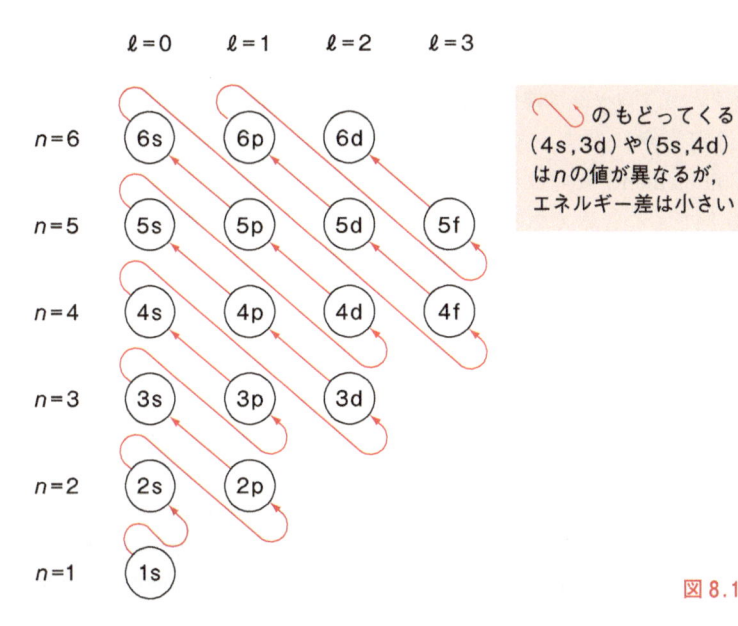

電子配置
原子中の電子がどの軌道に何個配置されているかを示したもの．主量子数，方位量子数，磁気量子数と関係づけられる．

構成原理
多電子原子において，パウリの原理やフントの規則に従い，エネルギーの低い軌道から順番に電子が占められていく原理．積み上げ原理ともいう．軌道のエネルギーは 1s < 2s < 2p < 3s < 3p < 3d …である．この結果が周期表の原子の電子配置となる．

のもどってくる (4s, 3d) や (5s, 4d) は n の値が異なるが，エネルギー差は小さい

図8.1 多電子原子に電子が満たされる軌道の順

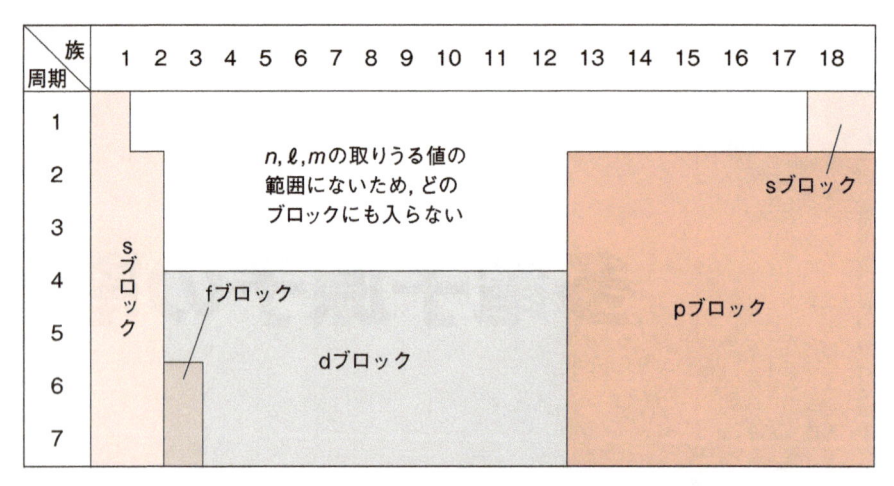

族\周期	1	2	3	4	5	6	7	8	9	10	11	12	13	14	15	16	17	18

図中のブロック配置：sブロック（1, 2族および水素・ヘリウム部）、pブロック（13–18族）、dブロック（3–12族、4–7周期）、fブロック（6・7周期の下部）、"n, ℓ, m の取りうる値の範囲にないため、どのブロックにも入らない" 領域（1–3周期の3–12族部分）。

図 8.2 元素のブロック

価電子
原子中の電子のうち，最も外側の軌道（主量子数が大きい軌道）を占めている電子のこと．化学結合の形成や磁性などの物性発現には価電子が関係し，それ以外の内殻電子は，化学結合への寄与が通常ほとんどない．

周期表
元素を原子番号の順に配列した表．縦の列を族，横の行を周期と呼び，現在は左から 1〜18 族とするものを採用している．原子の電子配置がいくつかごとに同じとなる周期律に従い，同じ族の元素は似たような性質や化合物を示す．

*1 ただし 2 価カチオンのとき d 軌道が完全に満ちた d^{10} となる 12 族元素の分類には諸説ある．

† Wolfgang Ernst Pauli（1900〜1958），スイスの物理学者．1945 年ノーベル物理学賞を受賞．

パウリの排他原理
原子中では同一の状態（主量子数・方位量子数・磁気量子数・スピン量子数が同じ値）にある電子は一つだけ許される．ゆえに一つの軌道の二つの電子は逆向きのスピンに，2 個の電子の位置座標やスピンの交換は反対称となる．

替わることもある．たとえば，中性原子でも $_{24}$Cr の $[Ar]3d^54s^1$ や $_{29}$Cu の $[Ar]3d^{10}4s^1$ など，構成原理の例外となる元素もある．ここで $_{18}$Ar の基底状態の電子配置を $[Ar]$ として**内殻電子**（core electron）を表すが，強固に保持された内殻電子は，最も外側にある**価電子**（valence electron）のように化学結合を形成するものではない．

さらに**周期表**（periodic table）で元素が縦の列（族）と横の行（周期）に分類して並べられているように，原子番号の大きい元素まで電子を増やしていくと，元素の物理的・化学的性質の周期性が見られる．これは同じ最外殻の電子配置が周期的に現れるためである．同じ族にある同じ価電子数をもつ元素では，物理的・化学的性質の類似性を示す．

また，原子番号が増えていくときに，どの軌道から電子が満たされていくかによって，周期表にある元素を s ブロック，p ブロック，d ブロック，f ブロックの四つに分類する（図 8.2）．ほぼブロックごとに元素の分類名があり，s ブロックと p ブロックは**典型元素**（main group element）と呼ばれ，s および p 軌道が完全に詰まっていない元素である．d ブロックは**遷移元素**（transition element）と呼ばれ，d 軌道が不完全に満たされていて，いくつかの酸化状態をもつ元素である*1．そして f ブロックは**内部遷移元素**（inner transition element）と呼ばれ，f 軌道に電子が詰められていく元素で，ランタノイド系列とアクチノイド系列がある．

8.2 パウリの排他原理

次に，同じ軌道あるいは縮重している軌道（p_x, p_y, p_z など）に電子が入っていく規則として，**パウリ**†**の排他原理**（Pauli exclusion principle）が適用される．軌道の波動関数を規定する量子数で表すと「一つの原子内にある 2 個以上の電子が n, l, m, s の四つの量子数がすべて等しい状態をとること

はできない」とまとめることができる．言い換えると，一つの軌道には電子が2個まで入ることが可能で，2個のときスピンは上向きと下向きの逆平行になる．すなわち，図8.3に示すように，四つの可能性があることになる．したがって，s軌道は一つ，p軌道は三つ，d軌道は五つ，そしてf軌道は七つあるので，満たされる電子数はそれぞれ，s軌道 $(1 \times 2) = 2$ 個，p軌道 $(3 \times 2) = 6$ 個，d軌道 $(5 \times 2) = 10$ 個，f軌道 $(7 \times 2) = 14$ 個となる．さらに，主量子数 n が 1, 2, 3, 4 の電子殻をそれぞれ K 殻，L 殻，M 殻，N 殻というが，方位量子数が 0 から $n-1$ までの値を取ることから，K 殻 (1s) は 2 個，L 殻 (2s, 2p) は $(2+6=)8$ 個，M 殻 (3s, 3p, 3d) は $(2+6+10=)18$ 個，L 殻 (4s, 4p, 4d, 4f) は $(2+6+10+14=)32$ 個となり，電子を $2n^2$ 個まで収容することができる．

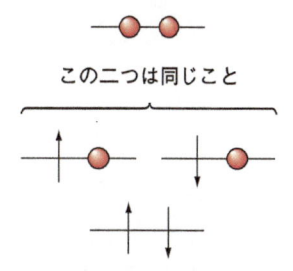

図8.3 パウリの排他原理に従う1軌道への電子の入り方

さて，二つの電子1と電子2が，座標 q_1, q_2 にある状態の波動関数 $\Psi(q_1, q_2)$ と，入れ替えた $\Psi(q_2, q_1)$ を考える．本来それぞれの電子は区別できないものであるが，いずれも存在確率は等しいので，

$$|\Psi(q_1, q_2)|^2 = |\Psi(q_2, q_1)|^2 \tag{8.1}$$

であるから，これを解くと，以下の式が成り立つ．

$$\Psi(q_1, q_2) = \pm \Psi(q_2, q_1) \tag{8.2}$$

±の符号は，粒子の性格によって決まるもので，座標 q_1, q_2 の交換に対して対称的（＋の符号）であるものを**ボーズ粒子**（Bose particle）と呼び，反対称的（−の符号）であるものを**フェルミ粒子**（Fermi particle）という．電子はフェルミ粒子であることから，電子配置に一定の規則が成り立つようすをさらに見ていくことにする．

ボーズ粒子
整数のスピンをもつ粒子で，光子や中間子がボーズ粒子である．

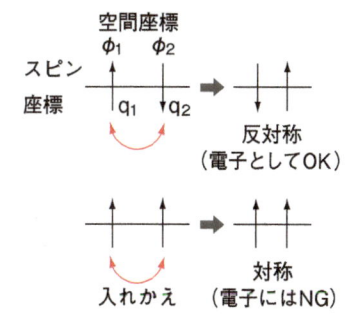

空間座標とスピン座標を含む軌道関数 ϕ_1, ϕ_2 があるとする．このとき，2個の電子1と電子2を含む系の波動関数 Ψ を**スレーター行列式**（Slater determinant）と呼ばれる行列式で表すと図8.4のようになる．一つの軌道に二つの電子が入る場所（空間座標）があり，上向きあるいは下向きのスピン（スピン座標）をもった電子が入っている．二つの電子の空間座標を入れ替えると，スレーター行列式（コラム参照）によって符号が反転する（マイナスが現れる）様子がわかる．これを図示すると，一つの軌道に二つの電子が同じ向きのスピンで入ることは許されず，一つの軌道に互いに逆向きのスピンをもつ二つの電子が入ることに対応する．このように，電子はフェルミ粒子の性質をもち，パウリの排他原理が成り立つ理由が明らかとなった．

図8.4 スレーター行列式で表した電子の様子

8.3 フントの規則

一つの軌道に入る2個の電子についての規則は，パウリの排他原理で述べられているので，縮重した軌道に入る複数の電子が1個ずつ増えていく場合

を考えてみよう．

たとえば，炭素（原子番号6）からネオン（原子番号10）までの原子が基底状態にあるとき，三重に縮重した2p軌道（$2p_x$, $2p_y$, $2p_z$）に6個までの電子が入る場合，スピンを考慮した電子配置は，次のようになる．

		$2p_x$	$2p_y$	$2p_z$
$_6$C	$(1s)^2(2s)^2(2p_x)^1(2p_y)^1$	↑	↑	
$_7$N	$(1s)^2(2s)^2(2p_x)^1(2p_y)^1(2p_z)^1$	↑	↑	↑
$_8$O	$(1s)^2(2s)^2(2p_x)^2(2p_y)^1(2p_z)^1$	↑↓	↑	↑
$_9$F	$(1s)^2(2s)^2(2p_x)^2(2p_y)^2(2p_z)^1$	↑↓	↑↓	↑
$_{10}$Ne	$(1s)^2(2s)^2(2p_x)^2(2p_y)^2(2p_z)^2$	↑↓	↑↓	↑↓

† Friedrich Hermann Hund (1896〜1997)，ドイツの物理学者．

フントの規則
2個の電子が同じエネルギー準位で磁気量子数の異なる軌道（たとえば$2p_x$, $2p_y$, $2p_z$）に入る場合は，できるだけ電子間反発の小さくなる別の軌道に，スピン量子数が等しくなる同じスピンの向きになるように配置される．

このような電子配置をとる規則は，**フント†の規則**（Hund rule）と呼ばれている．より一般的に言い換えると，「多電子原子の縮重した軌道には，電子はできるだけ異なる軌道に，できるだけスピンの向きをそろえて入る」と表現することができる．前半の「できるだけ異なる軌道に」電子が入ろうとする理由は，三つの2p軌道は（直感的に電子の存在確率が高い電子雲の形状をイメージすると空間的に）直交しているので，$2p_x$軌道と$2p_y$軌道に1個ずつ電子が存在するとき，この2個の電子間の反発力によるエネルギーの不安定化を小さくできるからである（図8.5）．

また後半の「できるだけスピンの向きをそろえて」電子が入ることについては，先に述べたパウリの排他原理に支配されるケース（上述の酸素$2p_x$軌道）ではないことに注意が必要である．パウリの排他原理では同じ軌道にスピンの向きが異なる2個の電子が入るが，フントの規則では状況が異なる．空間的に直交する2p軌道に2個の電子が入る場合，同じ一つの軌道にスピンの向きが異なる2個の電子が入る（もう一方の軌道は空）ときがエネルギー的に最も不安定になる．そして電子スピン間の相互作用によって安定化される結果として，一つの軌道に上向きのスピンの電子が入り，もう一方の軌道に下向きのスピンの電子が入る場合，そして二つの軌道にいずれも上向きのスピンの電子が1個ずつ入る場合がエネルギー的に最も安定となる（図8.6）．

以上のいくつかの規則に従い，原子番号順に電子が増えていくにつれて，基底状態の原子の電子配置が決まる．主量子数や軌道ごとに収容できる電子

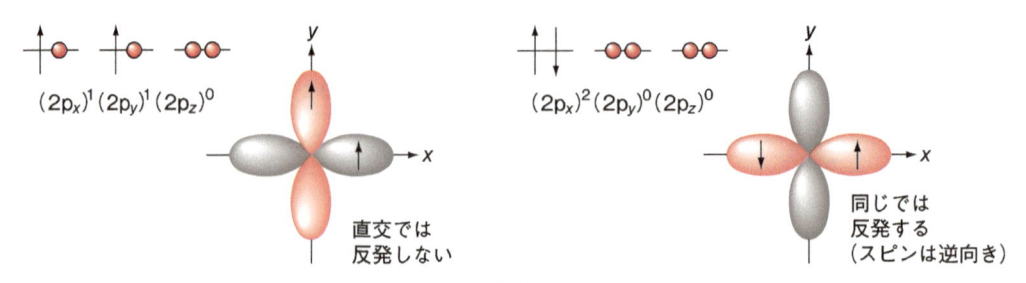

図8.5　直交した2p軌道に入る電子間の反発

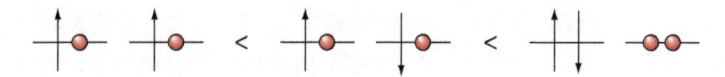

図 8.6　2p 軌道への電子の入り方とエネルギー

の数が決まっており，満席になると上の席が同じように電子で満たされていくことから，元素の周期表では原子番号と電子配置の周期性が見いだされるのである．

8.4　元素周期表と電子配置

周期表には，原子番号の順に元素が並べられている．これまでに述べてきた電子配置に関する規則によると，原子番号（すなわち中性原子の電子の数）が元素を決定づけていることが明らかである．しかし，歴史的には元素を原子番号ではなく原子量の順に並べていたこともあり，元素の周期表と電子配置の関係を明確にするためには，さらに確実な根拠がほしい．

この関係を疑いないものとした歴史的な実験として，**モーズリー**[†]**の法則**（Moseley law）がある．タングステンについての結果が説明されることが多いが，元素の種類により固有である**特性 X 線**（characteristic X-ray）の波数 ν の平方根が，対陰極の元素の原子番号 Z と次の直線関係を示す（図 8.7）．

$$\sqrt{\nu} = a(Z - b) \tag{8.3}$$

ここで，a や b は定数である．この関係が成り立つことから，元素の性質を決定づけるものは，原子番号 Z であることが示された．

ところで，X 線が発生するメカニズムについて，少し詳しく見てみよう．陰極線が対陰極に衝突すると，広い範囲の波長を含む連続 X 線（白色 X 線

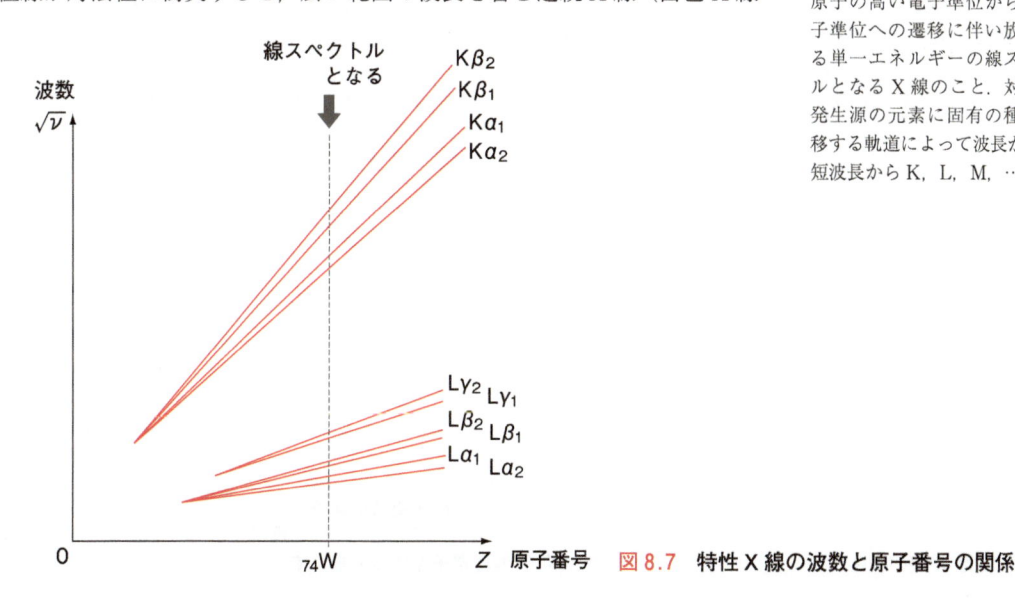

[†] Henry Gwyn Jeffreys Moseley（1887〜1915），イギリスの物理学者．

モーズリーの法則
特性 X 線の波数（波長の逆数に比例）の平方根が，その発生源となる対陰極の元素の原子番号の一次関数となる法則．モーズリーが発見し，元素の性質は（原子量でなく）原子番号に依存することを示した．

特性 X 線
原子の高い電子準位から低い電子準位への遷移に伴い放射される単一エネルギーの線スペクトルとなる X 線のこと．対陰極の発生源の元素に固有の種類や遷移する軌道によって波長が決まる．短波長から K，L，M，…と呼ぶ．

図 8.7　特性 X 線の波数と原子番号の関係

ともいう）と，物質に特有な一定波長の線スペクトルとなる特性 X 線を放出する．原子内では，エネルギー準位の低い内側の電子殻から順番に電子が詰め込まれている．管電圧をかけて加速された電子が，対陰極の元素の内殻軌道にある電子をはじき飛ばすと，この内殻軌道には空席ができる．基本的に電子はエネルギーの低い順に詰め込まれるため，空席より高いエネルギーの軌道に電子が存在することは不自然であり，この空席をなくして系全体のエネルギーの安定化を図ろうとする．そこでエネルギー準位の高い外側の電子殻に存在していた電子が，内殻の空席に向けて遷移する．すると，外殻と内殻の軌道のエネルギー差に相当する余剰エネルギーをもった波長の特性 X 線が放射されることになる（図 8.8）．したがって特性 X 線は，元素に固有であること，線スペクトルになること，さらに同じ元素でも電子遷移する外殻軌道と内殻軌道によっていくつかの線スペクトルを示すことが理解できる．

さて，実験室にある X 線回折装置でよく用いられる対陰極の元素は，銅とモリブデンである．一般に原子内では，主量子数 1 の K 電子殻がエネルギー的に最も低い内殻軌道（1s 軌道）であり，主量子数 2 の L 電子殻の軌道準位はさらに細かく L_I, L_{II}, L_{III} の三つに分裂している．そして，主量子数 3 の M 電子殻の軌道準位も M_I, M_{II}, M_{III} などに分裂している．K 電子殻の電子がはじき飛ばされたあとに，L 殻（L_{II}, L_{III}）から K 殻への電子遷移が起こる際に放射される特性 X 線をそれぞれ $K\alpha_1$, $K\alpha_2$ 線と呼ぶ．なお，L_I 軌道から K 殻軌道への電子遷移はできない（禁制遷移）．さらに M 殻（M_{II}, M_{III}）から K 殻への電子遷移が起こる際に放射される特性 X 線をそれぞれ $K\beta_1$, $K\beta_2$ 線と呼ぶ（図 8.9）．

X 線の強度は元素に依存するが，モリブデンより銅が強い．$K\alpha$ 線の波長

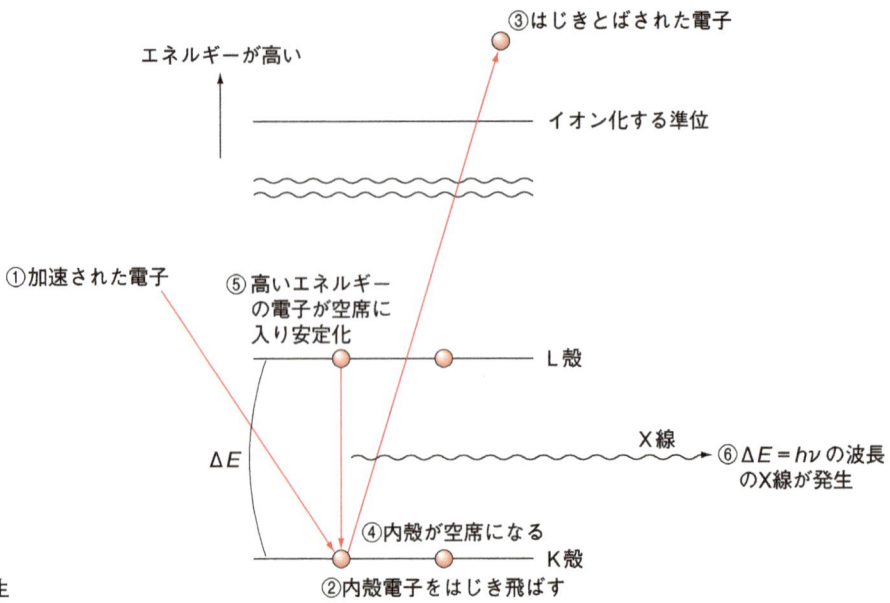

図 8.8　特性 X 線の発生

図 8.9　特性 X 線の遷移

は，銅では約 1.54 Å，モリブデンでは約 0.71 Å となる．一般に Kβ 線よりも Kα 線のほうが強く，$K\alpha_1$，$K\alpha_2$ 線の強度比はおよそ 2：1 で，Kα 線波長は加重平均 $\lambda_{K\alpha} = (2\lambda_{K\alpha_1} + \lambda_{K\alpha_2})/3$ で求められる．X 線回折実験を行う際には，強度，波長，元素による吸収の影響などを考慮して，適切な対陰極の元素にしなければならない．これとは異なる原理で連続 X 線を発生できる**シンクロトロン放射光**（synchrotron radiation）では，強度，波長ともに特性 X 線源では実現できない実験が可能となっている．

8.5　遮蔽効果

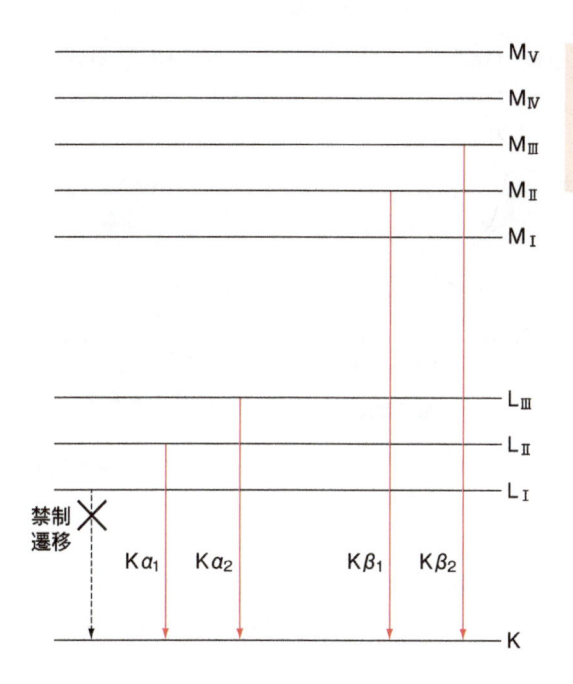

前節では特性 X 線の発生の観点から，内殻電子について述べた．原子は中心付近の空間的に狭い原子核の領域に正電荷が集中して，その周囲を電子が負電荷を帯びつつ存在している．電子配置が示すようにそれぞれの軌道に電子が詰め込まれているが，内側の軌道の電子と外側の軌道の電子は，同じように原子核の正電荷から影響を受けていると考えてよいのだろうか．

この疑問に対する答えは，スレーター[†]によって，**遮蔽**（screening）や**有効核電荷**（effective nuclear charge）といった概念を導入して定性的な説明がなされた．最初に，電子は電気素量の負電荷をもち，原子核のうち陽子は同じ電荷の正電荷をもっており，クーロン力は異電荷の場合には引力が働き，同電荷の場合には斥力が働く．その力の大きさは電荷の積に比例し，電荷間の距離の 2 乗に反比例することを再確認しておく．

図 8.10 に示すように，中性ヘリウム原子（$_2$He）は $(1s)^2$ 電子配置となるが，これら 2 個の電子は 2 個の陽子を含む原子核からの静電引力を受ける．

シンクロトロン放射光
シンクロトロンを用いて磁場中で加速された荷電粒子が放射する指向性の強い偏光した光．X 線から赤外線までさまざまな波長の光を含んでおり，輝度が大きいため X 線回折実験や X 線吸収分光法などにも用いられる．専用の施設で発生・利用される．

[†] John Clark Slater（1900〜1976），アメリカの理論物理学者．

8章 多電子原子の電子配置

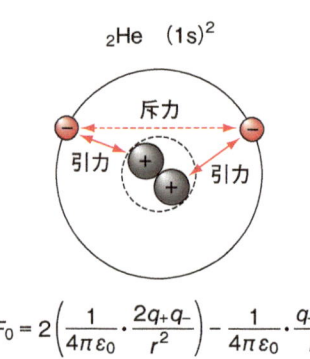

$_2$He $(1s)^2$

$(_2$He$)^+$ $(1s)^1$

$$F_0 = 2\left(\frac{1}{4\pi\varepsilon_0}\cdot\frac{2q_+ q_-}{r^2}\right) - \frac{1}{4\pi\varepsilon_0}\cdot\frac{q_- q_-}{R}$$

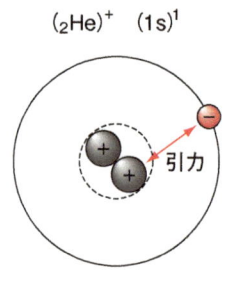

電子間反発のために $F_0 < 2F_+$ となる ⇒ 電子1個に働く「実効的な引力が弱められた」といえる

$$F_+ = \frac{1}{4\pi\varepsilon_0}\cdot\frac{2q_+ q_-}{r^2}$$

+2価の原子核による引力のみ働く

図8.10 ヘリウムの電子に働く力

　原子核との距離が最短で，距離による減衰の影響が小さい1s軌道の電子に働く力は大きい．それと同時に，1s軌道にある2個の電子は負電荷どうしなので互いに静電反発もしている．

　これから電子1個を取り去ったヘリウム陽イオン（$_2$He$^+$）は$(1s)^1$電子配置となり，1s軌道に1個だけ存在する電子は，やはり最短の距離だけしか離れていない状況で，原子核の2個の陽子の正電荷を完全な大きさで受けることになる．このヘリウム陽イオンと先ほどのヘリウム原子の電子が置かれた状況を比較すると，ヘリウム原子の電子は，1s軌道に共存するもう1個

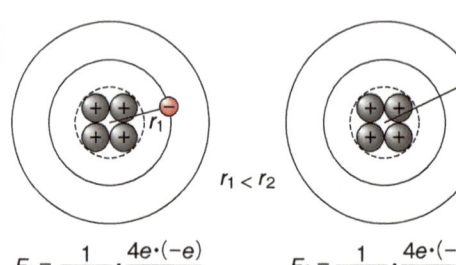

遮蔽なし

「距離，電荷に相当するクーロン力が働く」と仮定する

$r_1 < r_2$

$$F_1 = \frac{1}{4\pi\varepsilon_0}\cdot\frac{4e\cdot(-e)}{r_1^2} \qquad F_2 = \frac{1}{4\pi\varepsilon_0}\cdot\frac{4e\cdot(-e)}{r_2^2}$$

遮蔽あり

内殻電子は「負電荷のバリア」として振るまう

← この電子に働く力をF_2のように考えたいが…

$$F'_2 = \frac{1}{4\pi\varepsilon_0}\cdot\frac{(4-S)e\cdot(-e)}{r^2}$$

原子核の電荷は+4より弱められるはず ← 遮蔽

図8.11 内殻電子による遮蔽効果

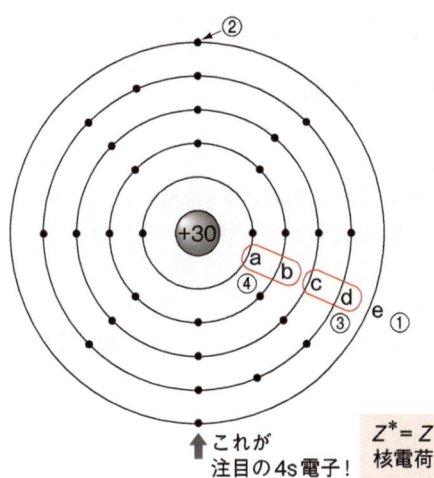

8.5 遮蔽効果

図 8.12 $_{30}$Zn における遮蔽効果の例
Z^* は有効核電荷, Z は核電荷, S は遮蔽定数.

の（逆向きスピンの）電子の負電荷により，実効的な原子核の正電荷をいくらか打ち消された状態で感じている．このため，形式的な正・負の電荷と実効的な電荷に差が生じるといえる．

このように，同じ軌道や内側の軌道（図 8.11）に存在する電子によって，着目している電子に働く実効的な核電荷が軽減されることを**遮蔽効果**（screening effect）と呼ぶ．正電荷を決める陽子数（原子番号）を Z とすると，次の関係が成り立つ．

$$Z^*(\text{有効核電荷}) = Z(\text{核電荷}) - S(\text{遮蔽定数}) \tag{8.4}$$

スレーターは，経験的に電子に働く遮蔽効果を次のような規則に整理した．

① [1s][2s, 2p][3s, 3p][3d][4s, 4p][4d][4f][5s, 5p]…と軌道を分類．[ns, np] の注目している電子グループより外側の電子の遮蔽は無視．
② [ns, np] の注目している電子と同グループ内の各電子は，S に 0.35（1s は 0.30）だけ寄与．
③ 主量子数が $n-1$ の各電子は，S に 0.85 だけ寄与．
④ 主量子数が $n-2$ とそれ以下の各電子は，S に 1 だけ寄与（完全遮蔽）．
⑤ 注目している電子が [nd] や [nf] では，③や④は成立せず，その前の各電子は S に 1 だけ寄与．

スレーターの規則を適用すると，$_{30}$Zn 原子の 4s 電子の有効核電荷は，電子配置 $[1s]^2[2s, 2p]^8[3s, 3p]^8[3d]^{10}[4s]^2$ と軌道電子を分類できるから，

$$Z^* = 30 - \underbrace{(1.00 \times 10)}_{\text{④より}} - \underbrace{(0.85 \times 18)}_{\text{③より}} - \underbrace{(0.35 \times 1)}_{\text{②より}}$$
$$= 30 - 25.65 = 4.35$$

と見積もることができる（図 8.12）．

章末問題

8.1 酸素原子の $2p_x$, $2p_y$, $2p_z$ 軌道の電子配置を例にして,多電子原子の電子配置の規則を説明せよ.

8.2 構成原理で予想される原子軌道のエネルギーの順序が接近あるいは逆転している所を指摘して,多電子原子の電子配置にどんな影響がありうるか答えよ.

8.3 窒素原子から電子を一つ加えて酸素原子の電子配置を考えるときに,どの 2p 軌道に電子が入るかを決める規則と,その際許される電子スピン量子数を決める規則はそれぞれ何か.

8.4 特性 X 線と原子番号についてのモーズリーの法則は,元素周期表と電子配置の関係を理解するうえで歴史的に重要な意義をもつ.その理由を説明せよ.

8.5 遮蔽効果(スレーターの規則)は,原子核(陽子と中性子)と電子のあいだにどのような力が働く前提で考えられた規則かを説明せよ.

コラム

スレーター行列式

パウリの排他原理が成り立つことを,スレーター行列式を使って確認してみよう.次のような行列 A を考える.

$$\text{行列 } A = \begin{matrix} & \text{行} \\ \text{列} & \begin{pmatrix} a & b \\ c & d \end{pmatrix} \end{matrix}$$

この行列式 $|A|$ は次のようになる.

$$\text{行列式 } |A| = \begin{vmatrix} a & b \\ c & d \end{vmatrix} = ad - bc$$

この行を入れ替えてみると,

$$\begin{vmatrix} a & b \\ c & d \end{vmatrix} \Rightarrow \begin{vmatrix} c & d \\ a & b \end{vmatrix} = cb - da = -(ad-bc) = -|A|$$

同じくこの列を入れ替えてみると,

$$\begin{vmatrix} a & b \\ c & d \end{vmatrix} \Rightarrow \begin{vmatrix} b & a \\ d & c \end{vmatrix} = bc - ad = -(ad-bc) = -|A|$$

つまり,行列式の行と行または列と列を入れ替えると,ともに $-|A|$ になる.電子の波動関数 Ψ をスレーター行列式で表しても同様で,スピン座標 q_1 と q_2 を入れ替えると波動関数の符号がマイナスになる.

$$\Psi(q_1, q_2) = \frac{1}{\sqrt{2}} \begin{vmatrix} \phi_1(q_1) & \phi_2(q_1) \\ \phi_1(q_2) & \phi_2(q_2) \end{vmatrix}$$

座標の入れかえ
$$= \frac{1}{\sqrt{2}} \{ \phi_1(q_1)\phi_2(q_2) - \phi_2(q_1)\phi_1(q_2) \}$$

$$= \frac{-1}{\sqrt{2}} \{ \phi_1(q_2)\phi_2(q_1) - \phi_1(q_1)\phi_2(q_2) \}$$

マイナス(反対称)
$$= \frac{-1}{\sqrt{2}} \begin{vmatrix} \phi_1(q_2) & \phi_2(q_2) \\ \phi_1(q_1) & \phi_2(q_1) \end{vmatrix}$$

$$= -\Psi(q_2, q_1)$$

これにより,電子が逆向きのスピンで存在することになり,パウリの排他原理が成り立つ.

9 原子半径と化学結合

9.1 原子半径

　物質は原子で構成されているので，原子がどのように並んでいるかを知ることによって物質の構造が理解できる．原子が球形であると仮定して考えると，簡単で便利な場合が多い．実際，真空中に単一の原子を取りだした場合であれば球形をしていると見なしても差し支えないが，形や大きさがいつでも変わらないとすると実際の物質中での様子を説明することに支障が生じる．

　そもそも原子の表面近くにある電子がどこに存在しているかは確率でしか示すことができず，境界そのものが明確ではない．原子はボールのように一定の大きさをもっているわけではなく，**化学結合**（chemical bond）によって**原子半径**（atomic radius）が異なる．実際に測定できるのは原子間の距離と原子核の位置である．球体の中心の距離を求めることができても，電子雲のどこまでが着目する原子のもち分であるかは，もはや不明瞭である．H_2 や O_2 などの等核二原子分子の場合，半径の定義は簡単である．同一の二つの原子間で半分ずつ分けることが可能であるため，結合距離の半分を原子半径と定めることができる．また，Ar や Xe などは低温にすると**ファンデルワールス力**（van der Waals force）によって互いに配列して固体となるが，その固体のなかでの原子間距離を測定すれば，同様にそれを半分にしたものがファンデルワールス半径となる．

　図9.1には，原子番号による共有結合半径の違いを**オングストローム**（angstrom）の単位で示している．さまざまな化合物の結合の長さから共有結合半径を求めたものであるが，希ガスでは化合物をつくらないので共有結合の実測ができず，近傍の原子の共有結合半径からの類推で示している．有効核電荷が大きくなるほど電子が引きつけられてサイズが小さくなると考え

ファンデルワールス力
物質間に働く非常に弱い力．水素結合よりも弱い力を総称して呼ぶ場合があり，希ガス間などでも働いている．

オングストローム
長さの単位で 10^{-10} m．記号は Å で表す．通常単位は3桁ずつ名称が変わり，10^{-9} m を nm（ナノメートル），10^{-12} m を pm（ピコメートル）で示すが，原子の大きさとしては Å が使いやすい．水素原子の直径はおおよそ 1 Å ＝ 0.1 nm ＝ 100 pm である．

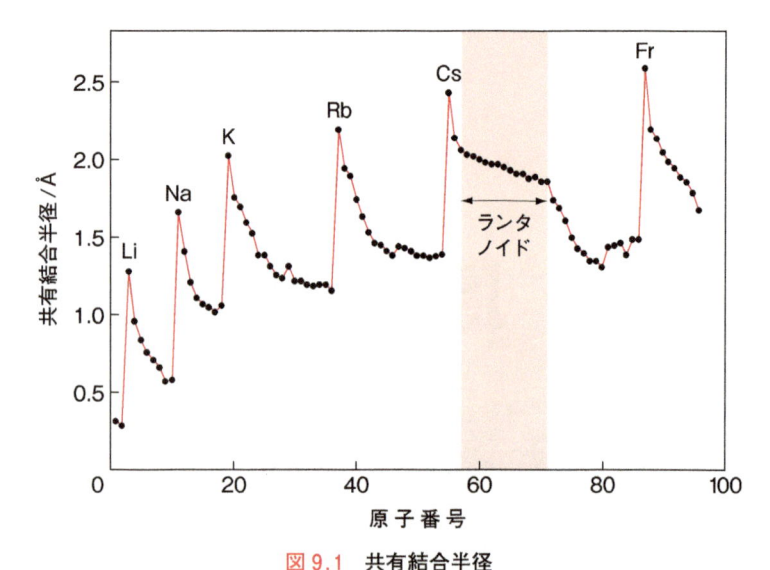

図 9.1 共有結合半径
データは B. Corder et al., *Dalton Trans.*, **2008**, 2832 による.

ると，アルカリ金属で極大となり希ガスで極小となっていることが理解できる．また周期表で下に降りるほど主量子数が大きくなり，その分サイズが大きくなっている．また，第6周期のCsとBa以降に見られる平坦な部分はLaからLuまでのランタノイド（希土類）と呼ばれる一連の元素で，性質が似ている元素である．これらの元素は原子番号の増大に伴って徐々に原子が小さくなるので，これを**ランタノイド収縮**（lanthanoid contraction）と呼ぶ．

9.2 イオン半径

同一の原子であっても，イオンになると大きさが変化する．価数が大きい陽イオンでは電子が少ないので原子核の有効核電荷が大きくなって**イオン半径**（ion radius）は小さくなり，陰イオンでは逆に電子が多いのでイオン半径は大きくなる．たとえば岩塩NaClのような単純な構造で，隣接するNa原子とCl原子の距離が求められても，これをどのように割り振ってNa$^+$とCl$^-$のイオン半径としたらよいだろうか．

それぞれのイオン半径の合計は実測できても，これを個別に振り分けることは困難である．それでも，同一のイオンであれば化合物によらず同一のイオン半径をもっているほうが都合がよいので，できるだけつじつまが合うように割り振るのが便利である．たとえばアルカリ金属とハロゲンのあいだの結合距離を考えてみよう．アルカリ金属としてはLi, Na, Kをとり，ハロゲンではF, Cl, Brでこれらのあいだの結合距離は表9.1のようになる．もし，F$^-$のイオン半径が一定であると仮定するとLi$^+$とNa$^+$のイオン半径の差は0.30 Åと計算されるが，Cl$^-$のイオン半径を一定として見積もるとその

表 9.1 アルカリ金属ハロゲン化物固体の原子間距離（Å）

	Li$^+$	Na$^+$	K$^+$
F$^-$	2.01	2.31	2.68
Cl$^-$	2.57	2.82	3.15
Br$^-$	2.75	2.99	3.30

差は 0.25 Å となってしまう．このように，イオン半径は類似の構造をもつものであっても，結合する相手によってわずかに変化してしまうのが実際である．

　これらをすべて完全に満足するようなイオン半径の値はないが，Li^+, Na^+, K^+ のイオン半径を 0.76, 1.02, 1.38 Å とし，F^-, Cl^-, Br^- を 1.33, 1.81, 1.96 Å とすればほとんどつじつまが合う．このようにして，さまざまなイオン結合の実測値をもとに半径を割り振っていったものがイオン半径である．イオンの大きさは価数や配位数のちがいによって大きく変化するので，イオン半径を用いて化合物の性質や構造を考える場合には，対象となる化合物に適したイオン半径の値であるかを十分に考慮する必要がある．

9.3　原子の並び方

　原子を球と見なして組みあげていったときに，結合の方向性を考えない場合にはどのように組み立てることができるかを考えてみよう．たくさんのボールを箱にしまうところを想像してみると，ボールを箱に投げ込んでから箱を揺らすと徐々にボールは密度が高くなるように詰め込まれていく．球を並べたときに最も密度が高くなるように詰め込むことができるのが，**最密充填構造**（closest packed structure）である．

　球を重ねずに 1 層だけを並べれば最も密になる並べ方は一つしかない（図9.2）．この最密の層を重ねていくことを考えると，2 層目を載せる場合には，1 層目の凹の部分に 2 層目の凸の部分が載る形になる．3 層目が載る場合に 2 種類の位置が可能となる．つまり，2 層目の凹の部分が 1 層目の凸の部分の真上にくる場合と，そこからずれる場合の 2 種類がある．この層ごとの位

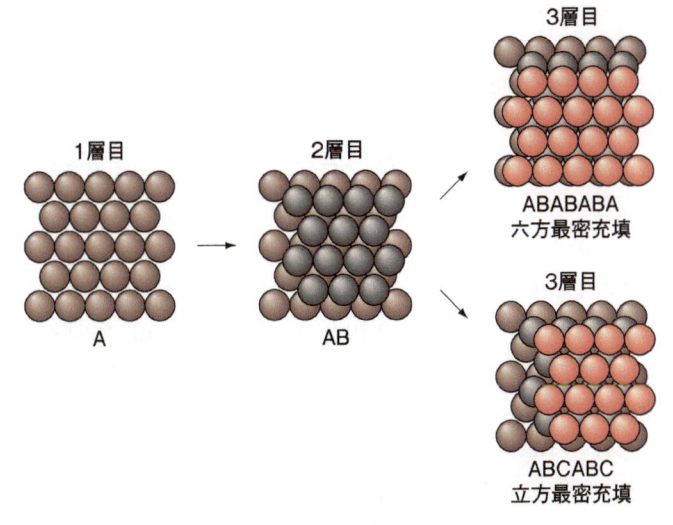

図 9.2　最密充填構造の形成

体心立方格子の空間充填率

単位格子の辺の長さを a とすると，格子全体の体積は a^3 である．体心立方格子を構成する球は立方体の対角線上に接するため，球の半径を r とすると次の関係が成り立つ．

$$4r = \sqrt{3}\,a$$

単位格子中に球は 2 個含まれているので，空間充填率は次のようになる．

$$\frac{4}{3}\pi r^3 \times 2 \times \frac{1}{a^3}$$

上記の二つの式から，空間充填率は 68% となる．

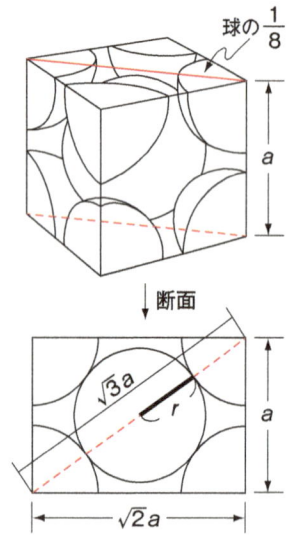

延性と展性

金属を針金状に延ばしたり（延性），曲げたり箔状にしたり（展性）しても壊れない性質．とくに金は延性と展性に富む．

バンドモデル

金属や半導体などで，エネルギー準位が密につまっているためにあたかも連続的に見える状態をバンド構造（帯構造）と呼び，その構造を使って電気伝導性などを説明するモデルをバンドモデル（帯模型）という．

置関係を A, B, C などの記号で表すと，ABABABAB… となる場合と ABCABC… となる場合があり，これらはそれぞれ，**六方最密充填**（hexagonal closest packing）と**立方最密充填**（cubic closest packing）の 2 種類に対応する．空間をこの球がどの程度占めているかを表したのが空間充填率であるが，最密充填構造の場合には 74% となる．立方最密充填は切り方を変えると**面心立方格子**（face-centered cubic lattice）と同じである．また，**体心立方格子**（body-centered cubic lattice）の空間充填率は 68% であり，最密充填構造よりもやや密度が小さくなる．さらに単純立方格子になると空間充填率は 52% になってしまう．

9.4 金属結晶

金属には**金属光沢**（metallic luster）があり，**伝導性**（conductivity），**延性**（ductility），**展性**（malleability）に富む．つまり，どのような波長の光も反射し，電気をよく流し，伸ばしたり曲げたりしても容易に壊れないという性質をもっている．**金属結晶**（metal crystal）がもつこれらの性質は，金属結合によって説明することができる．一般に金属は密度の高い構造をもつ．

立方最密充填構造：Al, Pb, Cu, Ag, Au, Fe, Pt など
六方最密充填構造：Be, Mg, Zn, Cd, Ti, Cr など
体心立方格子：Na, K, Fe, Ti, Cr など

たとえば Fe には立方最密充填構造と体心立方格子の構造をもつものがあり，室温では体心立方格子の α-Fe だが，906 ℃ 以上の高温では立方最密充填構造の γ-Fe となる．α-Fe は強磁性体で磁石としての性質を示すが，γ-Fe は磁石としての性質を示さない．

金属の性質は**バンドモデル**（band model）を使って説明することができる．簡単のために Li などのアルカリ金属で考え，価電子だけに着目してみよう．もし Li が 1 原子だけであれば，価電子は 1 個だけだが，2 個になると結合を生じて結合性軌道と反結合性軌道をつくる．価電子は合計 2 個なので，結合性軌道に 2 個の電子が入り，反結合性軌道は電子がないままである．3 個の原子になると三つの軌道ができる．原子が 10 個集まると軌道の数は 10 であるが，10 個の電子は五つの軌道にすべて収まってしまう．金属固体を考えて十分に数が多い場合，たとえばアボガドロ数ほどの 10^{23} 個の原子が集まると軌道の数は 10^{23} で下から半分の $10^{23}/2$ の軌道だけに 10^{23} 個の電子が詰まっていく．これだけ多くの軌道があるとエネルギー準位の間隔は見えず，ほとんど連続的にエネルギー状態があることになる．これが帯（バンド）のように見えるのでバンドモデルという（図 9.3）．

原子の数が少ない分子の場合にはエネルギー準位が飛び飛び（離散的）であるので，電子が移動できるエネルギーは飛び飛びであり，吸収できる光の

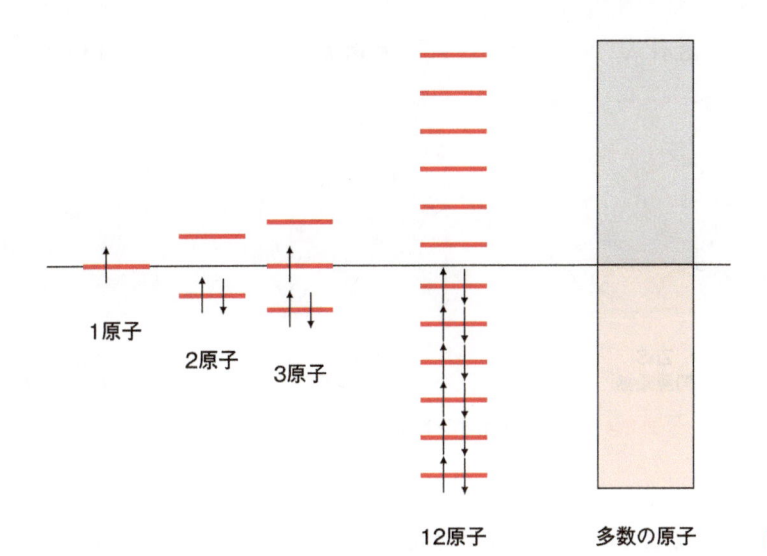

図9.3 バンドモデル

波長も飛び飛びである．発光も逆の過程であるため，波長は飛び飛びである．この波長が可視光領域であれば色がつく．しかし，金属内ではエネルギー準位は連続的なバンド構造に電子が満たされているため，どのような波長の光も吸収できず，色がなくすべての波長の光を跳ね返すと考えることができる．これが金属光沢の原因である．

また，電子が満たされている場所（価電子帯）と電気を流すのに適した場所（伝導帯）が接しているため，電圧をかけてわずかなエネルギーを与えるだけで電気を流すことができる．これが伝導性の原因となる．さらに，このような金属結合では，結合の方向性をもたないために曲げたり延ばしたりしても金属結合が切断されることがなく，すぐ近くにある原子と結合の相手を組み替えることができる．このため，金属では延性と展性が見られるのである．

9.5 イオン結晶

結晶にはさまざまな種類のものがある．金属結合によって構成される金属結晶，共有結合によって構成され巨大分子などと呼ばれる**共有結晶**（covalent crystal）のほか，イオン結合によって構成されている**イオン結晶**（ionic crystal）がある．図9.4には**立方晶系**（cubic system）の代表的なイオン結晶を示す．岩塩 NaCl と類似の構造をもつものとして CsI，LiF，FeO などがあり，これらは**岩塩型構造**（rock-salt structure）と呼ばれる．また，閃亜鉛鉱 ZnS やホタル石 CaF_2 なども代表的な結晶の形である．

これらの結晶を系統的に見て行こう．イオン結晶では通常，陰イオンの半径が陽イオンの半径より大きいことが多いので，陰イオンが最密充填をしてその隙間に陽イオンが入り込むと考えることができる．岩塩と閃亜鉛鉱の場合には，陰イオンが面心立方格子となり，ホタル石では陽イオンの Ca^{2+} が

立方晶系
結晶をつくる最小の構造単位が立方体の構造をしているものの総称．このほかに六方晶系や斜方晶系などがある．

5.64 Å　　　　5.41 Å　　　　5.46 Å　　　　4.12 Å

NaCl
岩塩

ZnS
閃亜鉛鉱

CaF₂
ホタル石

CsCl
塩化セシウム

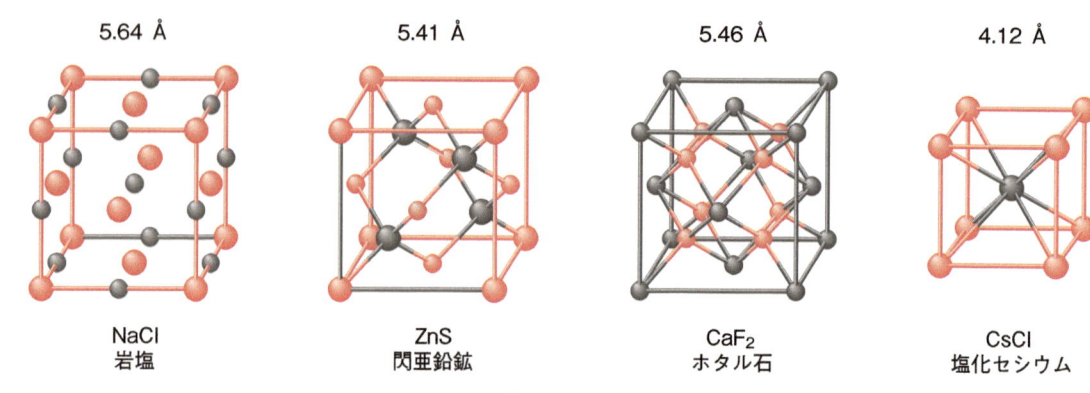

図9.4　代表的なイオン結晶

面心立方格子となっている．面心立方格子の隙間には2種類があり，四つの球に取りかこまれている四面体隙間と，六つの球に取りかこまれている八面体隙間がある（図9.5）．最密充填構造をしている大きな球の隙間はこの2種類だけであり，これは六方最密充填構造にも当てはまる．

　岩塩の場合には陰イオンが立方最密充填構造をとり，八面体隙間に陽イオンが入っている．四面体隙間は単位格子中に8個あるので，そのうちの半分だけに陽イオンが取り込まれると閃亜鉛鉱 ZnS となる．Ca^{2+} がつくる面心立方格子のすべての四面体隙間に F^- が取り込まれるとホタル石 CaF_2 となる．この他，最密充填構造として六方最密充填構造をもったものがある．また，塩化セシウム CsCl の場合には塩素がつくる単純立方格子の中心にセシウムが入り込んで，全体としては体心立方格子となる．Cs^+ は8個の Cl^- に取りかこまれている．

　陽イオンと陰イオンから構成されるイオン結晶では，サイズが異なる2種類の球を充填した構造と見なすことができ，それぞれの球の大きさの違いが構造を決めている．例として，岩塩型構造を考えてみよう．

　2種類の大きさの球を並べたときにどの部分がぶつかり合うかは，立体的に想像しなくてはならない．岩塩の場合には図9.6のような小さな立方体の

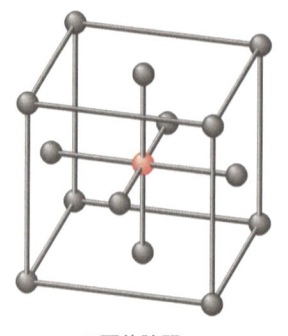

八面体隙間
六つと接する
6配位

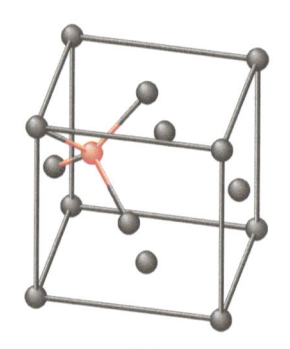

四面体隙間
四つと接する
4配位

図9.5　最密充填構造の隙間

岩塩型構造
6配位

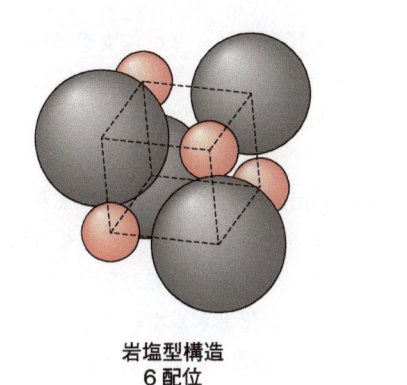

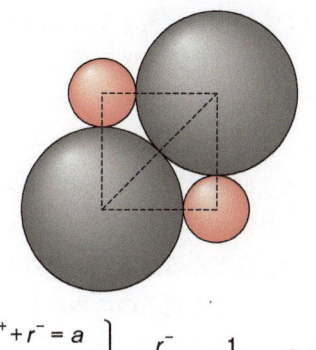

$$r^+ + r^- = a$$
$$2r^- = \sqrt{2}a$$
$$\frac{r^-}{r^+} = \frac{1}{\sqrt{2}-1} = 2.42$$

図9.6 最適なイオン半径比
黒大球は陰イオン，赤小球は陽イオンを示す．

部分を考え，陽イオンの半径を r^+ とし，陰イオンの半径を r^- とすると，図9.6のように配置したときに最もコンパクトになる．二つの原子間の距離を a と置いて，立方体の一つの面を考えると，二つの陰イオンは対角線上で接するときに最も密になる．この式を解くとイオン半径比 r^-/r^+ が2.42のときであることが導かれる．つまり，小さな陽イオンが陰イオン六つに取りかこまれる八面体隙間にちょうど入るためには，イオン半径比 r^-/r^+ が2.42であればよいことになる．同様に，閃亜鉛鉱型を考えて四面体隙間に陽イオンが入る場合を考えると，最適なイオン半径比 r^-/r^+ は4.44となる．

配位数と最適なイオン半径の比をまとめると表9.2のようになる．陰イオンに比べて陽イオンが大きくなるにつれて，陽イオンの表面積が大きくなるので，それだけたくさんの陰イオンと接することができる．実際に先に述べた Na^+ と Cl^- のイオン半径の値を使って計算すると，$1.81/1.02 = 1.77$ であり6配位と8配位の中間の値となり，必ずしも最適なイオン半径比ではないことがわかる．

9.6 イオン化エネルギー

イオン化エネルギー（ionization energy）とは，着目する原子から電子を一つ完全に取り外すために必要なエネルギーである．原子だけでなく分子に

表9.2 配位数と最適なイオン半径の比

配位数	最適なイオン半径比 r^-/r^+	代表的な化合物
8	1.37	CsCl（塩化セシウム）
6	2.42	NaCl（岩塩）
4	4.44	ZnS（閃亜鉛鉱）
3	6.45	BCl_3（三塩化ホウ素）

ついても同様に定義することができる．イオン化ポテンシャルとイオン化エンタルピーはほとんど同義であるが，エネルギーというときには絶対値しか示さない場合があるので，エネルギーの符号あるいは向きに注意する必要がある．そこで「必要なエネルギー」とすることで，原子に外からエネルギーを与えた向きを取っている．**エンタルピー**（enthalpy）には符号が含まれており，外部からエネルギーを与えられて着目する物質がエネルギーを受け取る場合に正となる．水素原子の場合には電子を一つしかもっておらず，ボーア模型で考えた電子のエネルギーがそのままイオン化エネルギーになる．電子のエネルギー E は，m を電子の質量，Z を原子番号，e を電荷素量，n を主量子数，ε_0 を真空中の誘電率，h をプランク定数として以下のようになる．

$$E = -\frac{mZ^2 e^4}{8n^2 \varepsilon_0^2 h^2} \tag{9.1}$$

これは水素原子では $Z=1$ であることを考慮すると3章の式（3.15）と同一の式である．基底状態では $n=1$ であるので，イオン化エネルギーの計算値は 1305 kJ·mol^{-1} となり，実測値の 1311 kJ·mol^{-1} とよい一致を示す．

ヘリウム原子の場合には $Z=2$ となり，原子核の電荷が2倍であるため，1s 軌道のエネルギーは4倍の 5220 kJ·mol^{-1} になりそうだが，実際には 2373 kJ·mol^{-1} と小さい値となる．これは中性の He 原子では電子が二つあるために電子どうしの反発が生じたためと考えることができる（8.5 節参照）．

さまざまな原子のイオン化エネルギーを比較してみると図 9.7(a) のようになる．全体としてノコギリの歯のようにギザギザになっていて，だんだん突起部分が小さくなっているようすがわかる．イオン化エネルギーと元素の周期表上の位置との関係を見てみると，同一周期内では原子番号の増大とともにイオン化エネルギーが大きくなっており，アルカリ金属で極小，希ガスで極大となっている．これは原子核の電荷（有効核電荷）が大きくなるので，電子を静電的に引きつける力が強くなることで理解できる．また，周期表で下に降りるほどイオン化エネルギーが小さくなる．これは主量子数が大きくなるほどその軌道のエネルギーが小さくなるためであり，原子のサイズが大きくなるために静電的な力が弱まるからである．

ただし，同一周期内で単調に増加しているわけではなく，部分的に不連続性が見られ，これは電子配置と密接に関連している．第2周期の元素 Li から Ne を拡大したものが図 9.7（b）である．Be と B では，B の原子番号が大きいにもかかわらずイオン化エネルギーが小さくなっている．これは B の電子配置が 1s^{2}2s^{2}2p^1 であり，p 軌道電子のほうが s 軌道電子よりも弱く結合しているためである．また，N と O のあいだでも不連続性が見られる．これは，2p 軌道の電子配置が N では 2p^3 と半分しか充填されていないが，O では 2p^4 であり四つの p 軌道電子のうちの二つは同じ軌道に存在して，電子ど

エンタルピー

エンタルピー H は，U を内部エネルギー，P を圧力，V を体積として $H = U + PV$ で定義される．これは物質がもっているエネルギーと外に対する仕事量を示す．外部から熱を受け取るとエンタルピーは増大し，外部に熱を与えるとエンタルピーは減少する．

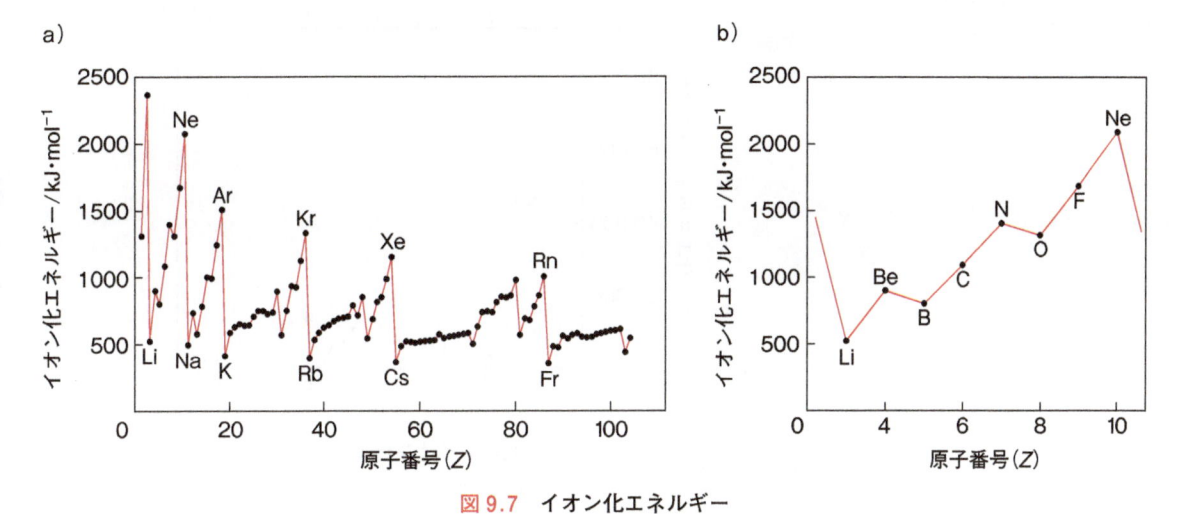

図9.7　イオン化エネルギー
a) 原子の第1イオン化エネルギー．b) 第2周期の第1イオン化エネルギー．

うしの静電的な反発を受けているためである．

ここまでは中性原子Aから電子を取り去る場合について述べてきたが，これをとくに**第1イオン化エネルギー**（first ionization energy）という．さらにA$^+$から電子を一つ取り去るのに必要なエネルギーを**第2イオン化エネルギー**（second ionization energy）と呼び，以下，順次A$^{(n-1)+}$から電子を一つずつ取り去るために必要なエネルギーは第nイオン化エネルギーとなる．たとえばO原子では原子番号が8であるので第8イオン化まであり，次のようになる．

   第1イオン化　　O → O$^+$ + e$^-$
   第2イオン化　　O$^+$ → O^{2+} + e$^-$
   第3イオン化　　O^{2+} → O^{3+} + e$^-$
     ⋮
   第8イオン化　　O^{7+} → O^{8+} + e$^-$

これらの第nイオン化エネルギーの変化を表したものが図9.8である．電子が少なくなるにつれてイオン化エネルギーが大きくなっていくのは，電子による静電反発が小さくなり，有効核電荷が大きくなるためである．とくに第7イオン化エネルギーで急激に大きくなっているが，これはO^{6+}の電子配置が1s^{2}であり，ここから主量子数が小さくなるためである．このように，イオン化エネルギーは電子配置を考えると容易に理解できる．

金属固体から電子を取り去るのに必要なエネルギーを**仕事関数**（work function）と呼び，仕事関数はイオン化エネルギーよりも常に小さい．それは，金属固体中の電子は自由電子として金属全体を動きまわっており，電子を引きつけておく力が弱いからである．

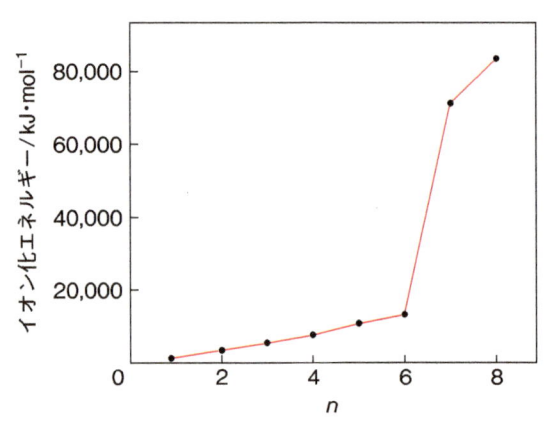

図9.8　酸素のイオン化エネルギー
横軸の n は第 n エネルギーを示す．

9.7　電子親和力

　電子親和力（electron affinity）は，原子に電子を一つ付着させたとき，つまり原子が電子を一つ受けとるときに生じるエネルギーである．ここで「生じるエネルギー」というのは，電子の付着によって外にエネルギーを放出する向きに考える．類似の言葉として**電子付着エンタルピー**（electron attachment enthalpy）がある．これは電子の付着によるエンタルピー変化であるので，エネルギーの向きに注意して考えればわかるように，電子親和力は電子付着エンタルピーの符号を逆にしたものに等しい．

　電子親和力はイオン化エネルギーと同様に有効核電荷を考えればよいので，一般に周期表の右上（主量子数が小さく，原子番号が大きい）にいくほど大きな値となる．しかし，電子親和力を直接測定することは難しく，実測データが揃っている原子は軽い（原子番号の小さい）元素のみである．最も電子親和力が大きいのは Cl の 348 kJ·mol^{-1} であり，F の 328 kJ·mol^{-1} よりも大きな値となる．これは F のサイズが小さく電子の静電反発がとくに大きくなってしまうためと説明できる．似た用語として化合物の結合を考える際に用いる**電気陰性度**（electronegativity）があるが，これは化合物中での電子の引きつけやすさを相対的に表したものであるので注意が必要である．電気陰性度が最も大きいのは F である．

● 章 末 問 題 ●

9.1　立方最密充填の空間充填率を計算で求めよ．

9.2　塩化セシウム型構造の最適なイオン半径比を求めよ．

9.3　ヨウ化セシウムの構造をイオン半径比から推定せよ．

9.4　H，H$^+$，H$^-$ の半径を比較し，そのようになる理由を説明せよ．

9.5　He 原子のイオン化エネルギーを 9.6 節で計算したが，これは中性 He 原子の実測値に比べて大きい値であった．ここで計算した値は何に対応しているかを説明せよ．

10 共有結合

10.1 共鳴混成体

化学結合の最も簡単な考え方に**電子対結合**（electron pair bond）がある。これは二つの原子が電子を1個ずつだしあって、2個の電子が対をつくることによって結合を形成すると考えるものである。

$$H\cdot + \cdot H \longrightarrow H:H$$

このような結合は**共有結合**（covalent bond）と呼ばれ、1916年にルイス[†]によって定義された。それによると、二つの原子が電子を共有し、それぞれの原子の電子配置が閉殻構造になって安定化すると考えられた。これが8電子則の考え方のもとになっている。ここでは最も簡単な分子である水素分子を例にして考えてみよう。

原子軌道を原子のなかでの電子の存在する場所と考えて、模式的に箱で示す。この箱には最大2個まで電子が入ることができる。実際には最もエネルギーの低い1s軌道に電子が1個だけ入っているのが水素原子ということになる。二つの水素原子が十分に離れて存在している場合にはまったく相互作用がないが、近づいていくと電子を交換するようになる。今、二つの水素原子に名前を付けて H_a と H_b として区別し、電子にも e_1 と e_2 と名前を付けて1番の電子と2番の電子を区別する。次のような二つの状態を考える。

状態1：H_a が e_1 をもち、H_b が e_2 をもっている
状態2：H_a が e_2 をもち、H_b が e_1 をもっている

実際には状態を区別することができないので、これら二つの状態は同じエネルギーをもっていると考えてよい。そして H_a と H_b が十分に近い距離に

[†] Gilbert Newton Lewis（1875〜1946）、アメリカの物理化学者．

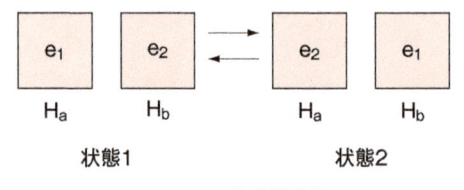

図 10.1　共鳴混成体

ある場合には，電子を交換して二つの極限状態のあいだを行き来するようになる．これを**共鳴混成体**（resonance hybrid）と呼び，二つの水素原子が結合する原因となる（図10.1）．このような共鳴の考え方はポーリング[†]によって1929年に提唱された．価電子の交換による結合は，価電子が互いに対をつくることによって結合する電子対結合の考え方と類似しているため，容易に理解できる．しかし，これだけでは，酸素分子が常磁性であることや，閉殻構造をもっている希ガスが化合物をつくることなどは説明できない．

これをもう少しだけ発展させて，原子軌道の考え方を取り入れて結合を考えてみよう．ここでは原子価結合法と分子軌道法について説明する．

[†] Linus Carl Pauling（1901～1994），アメリカの量子化学者，生化学者．1954年ノーベル化学賞，1962年ノーベル平和賞を受賞．

10.2　原子価結合法

原子価結合法（valence-bond method）は，原子軌道はそのままにして電子の交換だけで結合を説明しようとする考え方である．これは電子対結合と同じ考え方なので，理解しやすく親しみやすい．もう少し厳密に波動関数を解いて水素分子の結合をハイトラー[†]とロンドン[†]が1927年に説明した．ここでもまた，二つの水素原子を区別するために H_a，H_b として，それぞれの原子軌道を χ_a と χ_b と名前を付ける．具体的な波動関数の形は5章で説明した通りであるが，はじめから具体的な関数を代入して考える必要はない．電子にも1と2の番号を付けておくことにして，1番の電子が H_a にあるときを $\chi_a(1)$ と書くことにすると，水素分子全体の波動関数 Ψ は次のように書くことができる．

$$\Psi = c_1\chi_a(1)\chi_b(2) + c_2\chi_a(2)\chi_b(1) \tag{10.1}$$

[†] Walter Heinrich Heitler（1904～1981），ドイツの物理学者．

[†] Fritz Wolfgang London（1900～1954），ドイツの物理学者．

この式を言葉で表現すると，「1番の電子が H_a の周りをまわり，同時に2番の電子が H_b の周りをまわっている場合と，2番の電子が H_a の周りをまわり，同時に1番の電子が H_b の周りをまわっている場合がある」ということになる．ただし，係数の c_1 と c_2 は1番と2番の電子を入れ替えても区別がつかないことと，空間全体で1個の電子の存在確率が1になるように c_1 と c_2 を定めると，波動関数は次のような Ψ_S と Ψ_T の二つになる．もう少し詳しい計算の仕方は次節の分子軌道法での計算法と似ているので，ここでは省略する．

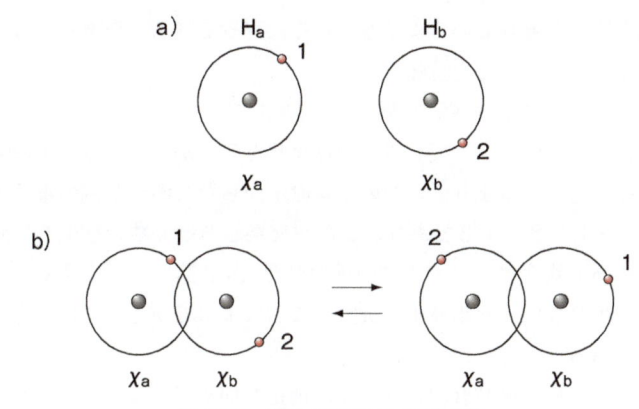

図10.2 重なり積分 S の模式図
a）$S=0$ のとき原子間の距離が十分に離れている．b）S が 0 以外のときは原子軌道が重なっている．

$$\Psi_\mathrm{S} = \frac{1}{\sqrt{2+2S^2}}\{\chi_\mathrm{a}(1)\chi_\mathrm{b}(2) + \chi_\mathrm{a}(2)\chi_\mathrm{b}(1)\}$$
$$\Psi_\mathrm{T} = \frac{1}{\sqrt{2-2S^2}}\{\chi_\mathrm{a}(1)\chi_\mathrm{b}(2) - \chi_\mathrm{a}(2)\chi_\mathrm{b}(1)\} \quad (10.2)$$

ここでの S は重なり積分で，原子軌道である χ_a と χ_b の重なりの程度を表すものであり，二つの原子が十分に離れている場合には $S=0$ となる（図10.2）．計算の結果は図10.3のようになり，水素原子の距離がある値のところでエネルギーは最小になり，これが水素の結合距離になる．つまり，ばら

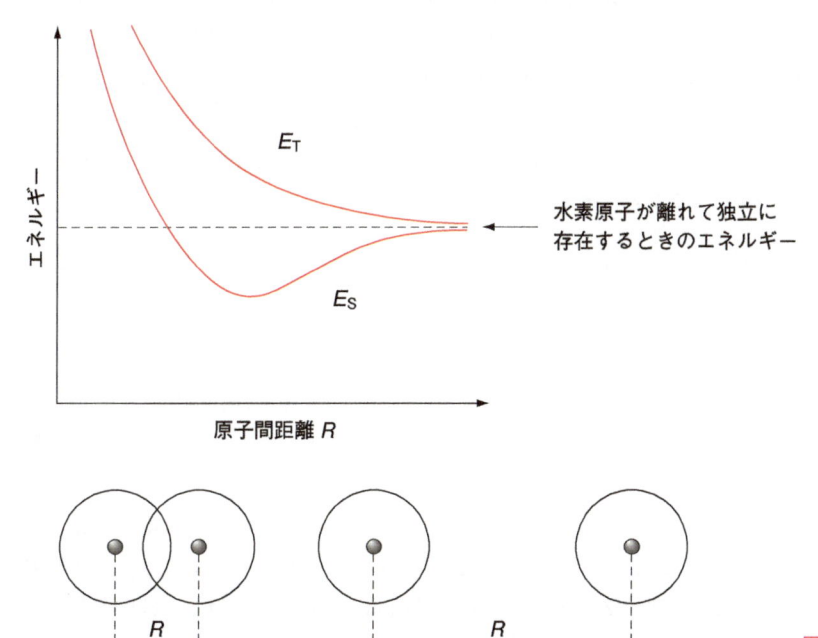

図10.3 原子間距離とエネルギー

ばらに水素原子が離れているよりも，近くに寄って電子を交換したほうが低いエネルギーになることを意味している．

ところで，波動関数が Ψ_S と Ψ_T の2種類でてきて，エネルギーの曲線もそれに対応して二つになってしまうのはなぜだろうか．これは電子のスピンによるものである．つまり，二つの水素原子からだしあう2個の電子のスピンが逆で，$+1/2$ と $-1/2$ であればこれが交換しあって結合を生じるが，同じスピンである場合には，パウリの排他原理（8.2節）から交換できないために結合が生じない．水素原子が近づくことによってかえって反発を生じてしまうのである．

ここで述べた原子価結合法にさらなる補正を加えて，より現実の水素分子の結合距離やエネルギーを示すことは可能である．しかし，かえって複雑になるため，分子軌道法によって考えるほうが一般的になっている．

10.3　分子軌道法

分子のなかでの電子のようすを表すためには，分子についてもシュレーディンガー方程式を同じようにつくり，これを解けばよいだろう．しかし，この方程式を厳密に解くとはできない．なぜなら，これは**三体問題**（three-boby problem）といって，一つの電子と二つの原子核が同時に静電的な力を受けているためである（図10.4）．数値計算で解くことは可能だが，解析的に解いて式にすることはできない．

原子核は電子に比べて質量が非常に大きいので，**ボルン-オッペンハイマー近似**（Born-Oppenheimer approximation）により水素分子のなかでは原子核の位置は固定されると見なして，どのような波動関数が成り立つかを考える．電子は二つの水素原子の周りにあって，どちらか一方にだけ存在するわけではない．分子のなかでの波動関数が分子軌道である（図10.5）．水素分子の分子軌道を Φ とすると，二つの水素原子の原子軌道を χ_a と χ_b として次のように表すことができる．

$$\Phi(1) = c_1\chi_a(1) + c_2\chi_b(1) \tag{10.3}$$

これは，原子軌道を**線形結合**（linear combination）することによって分子軌道を組み立てる考え方である．よくわかっている原子軌道を組み合わせることによって分子軌道を組みあげているので，原子価結合法とよく似ているが，電子を入れる前に，まず分子軌道を組みあげてしまうところに**分子軌道法**（molecular orbital method）の特徴がある．

どのようにしてこれを解いて Φ の形とエネルギー E を求めるかを見てみよう．シュレーディンガー方程式のエネルギーが最小になるように，未知の変数を決める**変分法**（calculus of variation）を使う．近似した波動関数を用いて得られるエネルギーの値はいつでも真の値よりも大きくなる（不安定に

三体問題
三つ以上のもののあいだで働く力（静電力や万有引力）を同時に考えるとき，微分や積分などを使って厳密な解が得られないこと．

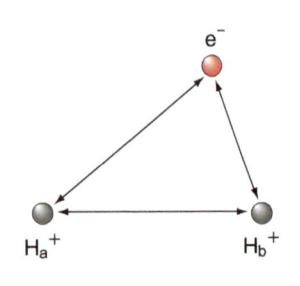

図 10.4　水素分子の静電的な力

ボルン-オッペンハイマー近似
原子が大きいために，電子の運動に比べれば静止しているように見えると考え，原子の運動を無視する近似法．

線形結合
関数を定数倍したり，加算，減算したりすることによって組み合わせること．

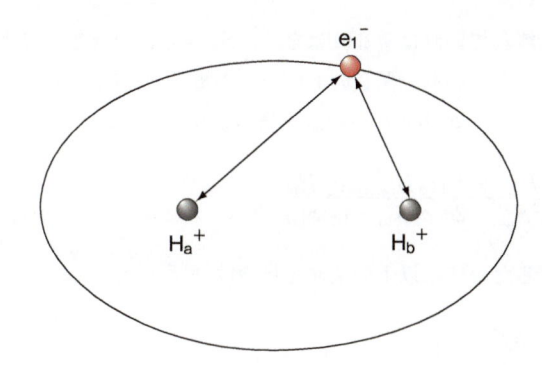

図 10.5 水素の分子軌道
二つの水素原子の原子軌道を線形結合することで式（10.3）を導ける．

なる）という原理を使って変数を変えていき，最小のエネルギーとなるようなところが最も真のエネルギーの値に近いと考える方法である．ここではc_1とc_2の値を決めることになる．

$$E\Phi = H\Phi \tag{10.4}$$

ここでHはハミルトニアンで，これがシュレーディンガー方程式であるが，このままでは関数の形のままなので，左からもう一度Φを作用[*1]させた後でτで積分して，割り算のできる数にする．このようにして，以下のようにエネルギーを求めることができる．

[*1] 本来は複素共訳Φ^*を作用させるがここでは簡略にするためΦとした．

$$E = \frac{\int \Phi H \Phi \mathrm{d}\tau}{\int \Phi \Phi \mathrm{d}\tau} \tag{10.5}$$

ここでτは空間を表す変数である．このΦに原子軌道χを代入してみよう．

$$\begin{aligned}E &= \frac{\int (c_1\chi_\mathrm{a} + c_2\chi_\mathrm{b}) H (c_1\chi_\mathrm{a} + c_2\chi_\mathrm{b}) \mathrm{d}\tau}{\int (c_1\chi_\mathrm{a} + c_2\chi_\mathrm{b})^2 \mathrm{d}\tau} \\ &= \frac{c_1^2 \int \chi_\mathrm{a} H \chi_\mathrm{a} \mathrm{d}\tau + 2c_1c_2 \int \chi_\mathrm{a} H \chi_\mathrm{b} \mathrm{d}\tau + c_2^2 \int \chi_\mathrm{b} H \chi_\mathrm{b} \mathrm{d}\tau}{c_1^2 \int \chi_\mathrm{a}^2 \mathrm{d}\tau + 2c_1c_2 \int \chi_\mathrm{a}\chi_\mathrm{b} \mathrm{d}\tau + c_2^2 \int \chi_\mathrm{b}^2 \mathrm{d}\tau}\end{aligned} \tag{10.6}$$

このままでは見づらいので次のように記号を定義する．

$$\begin{aligned}H_{ij} &= \int \chi_i H \chi_j \mathrm{d}\tau \\ S_{ij} &= \int \chi_i \chi_j \mathrm{d}\tau\end{aligned} \tag{10.7}$$

S_{ij}は前節で説明した重なり積分であり，二つの波動関数の重なりの程度を

表す．遠くに離れていれば重なりはなく，$S_{ij} = 0$ になってしまう．H_{ij} は共鳴積分であり，二つの波動関数のあいだでの電子の往来を示している．この H_{ij} と S_{ij} を用いて，エネルギーの式を書き直すと次のようになる．

$$E = \frac{c_1^2 H_{aa} + 2c_1 c_2 H_{ab} + c_2^2 H_{bb}}{c_1^2 S_{aa} + 2c_1 c_2 S_{ab} + c_2^2 S_{bb}} \tag{10.8}$$

E を最小にするためには以下の条件を見つければよい．

$$\frac{\partial E}{\partial c_1} = \frac{\partial E}{\partial c_2} = 0 \tag{10.9}$$

ここで $y = f(x)/g(x)$ のとき，次のように表せる．

$$y' = \frac{f'(x)\,g(x) - f(x)\,g'(x)}{g^2(x)} = \frac{1}{g(x)}\left\{f'(x) - \frac{f(x)}{g(x)} g'(x)\right\} \tag{10.10}$$

ここから，

$$\begin{aligned} E &= \frac{f(x)}{g(x)} \\ f(x) &= c_1^2 H_{aa} + 2c_1 c_2 H_{ab} + c_2^2 H_{bb} \\ g(x) &= c_1^2 S_{aa} + 2c_1 c_2 S_{ab} + c_2^2 S_{bb} \end{aligned} \tag{10.11}$$

と考えて，E の c_1 で偏微分が 0 であることは次のように表される．

$$\begin{aligned} (c_1 H_{aa} + c_2 H_{ab}) - (c_1 S_{aa} + c_2 S_{ab})E &= 0 \\ c_1(H_{aa} - S_{aa}E) + c_2(H_{ab} - S_{ab}E) &= 0 \end{aligned} \tag{10.12}$$

同様に，E を c_2 で偏微分しても次のようになる．

$$c_1(H_{ab} - S_{ab}E) + c_2(H_{bb} - S_{bb}E) = 0 \tag{10.13}$$

これを行列式で書く．

$$\begin{pmatrix} H_{aa} - S_{aa}E & H_{ab} - S_{ab}E \\ H_{ab} - S_{ab}E & H_{bb} - S_{bb}E \end{pmatrix} \begin{pmatrix} c_1 \\ c_2 \end{pmatrix} = \begin{pmatrix} 0 \\ 0 \end{pmatrix} \tag{10.14}$$

この行列が $c_1 = c_2 = 0$ 以外の解をもつためには，行列式が 0 である必要がある[*2]．つまり次の式が成り立つ．これを永年方程式という．

$$(H_{aa} - S_{aa}E)(H_{bb} - S_{bb}E) - (H_{ab} - S_{ab}E)^2 = 0 \tag{10.15}$$

電子の存在する確率は波動関数の 2 乗であって空間全体では一つになることから $S_{aa} = S_{bb} = 1$（重なり積分）である．これを**規格化**（normalization）という．また，χ_a と χ_b は区別がつかないことから $H_{aa} = H_{bb}$ である．このこ

*2 行列式の値が 0 でないときに逆行列が存在する．行列式が 0 の場合には逆行列が存在しない．

規 格 化
電子の存在確率が空間全体で 1 となるように波動関数の定数部分をそろえること．

10.3 分子軌道法

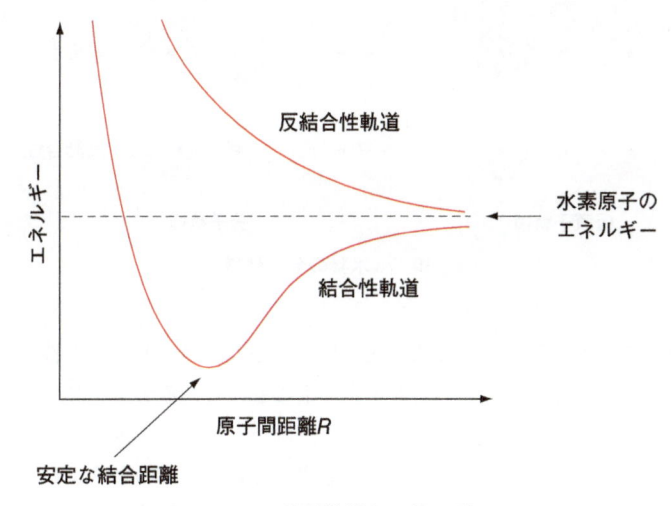

図 10.6 分子軌道とエネルギー

とをから次のようになる.

$$(H_{aa} - E)^2 = (H_{ab} - S_{ab}E)^2 \tag{10.16}$$

この関係式から E を求めると，解は二つある.

$$E = \frac{H_{aa} + H_{ab}}{1 + S_{ab}}, \quad \frac{H_{aa} - H_{ab}}{1 - S_{ab}} \tag{10.17}$$

これを式 (10.13) に代入すると $c_1 = c_2$ または $c_1 = -c_2$ となる．また，波動関数 Φ を全空間で積分して 1 になるように規格化すると，次のようになる.

$$\begin{aligned}\Phi_1(1) &= \frac{1}{\sqrt{2+2S_{ab}}}\{\chi_a(1)+\chi_b(1)\} \\ \Phi_2(1) &= \frac{1}{\sqrt{2-2S_{ab}}}\{\chi_a(1)-\chi_b(1)\}\end{aligned} \tag{10.18}$$

これらのエネルギーのグラフを書くと図 10.6 のようになり，安定な軌道と不安定な軌道に分かれる．安定な軌道が結合の源になっているのでこれを**結合性軌道** (bonding orbital) と呼び，不安定な軌道を**反結合性軌道** (antibonding orbital) という．

さて，ここまではまだ電子を 1 個しか入れておらず，H_2^+ の状態である．電子を 2 個入れると次のようになる.

$$\begin{aligned}\Phi &= \Phi(1)\Phi(2) \\ &= \frac{1}{2+2S}\{\chi_a(1)+\chi_b(1)\}\{\chi_a(2)+\chi_b(2)\} \\ &= \frac{1}{2+2S}[\{\chi_a(1)\chi_b(2)+\chi_a(2)\chi_b(1)\}+\{\chi_a(1)\chi_a(2)+\chi_b(2)\chi_b(1)\}]\end{aligned} \tag{10.19}$$

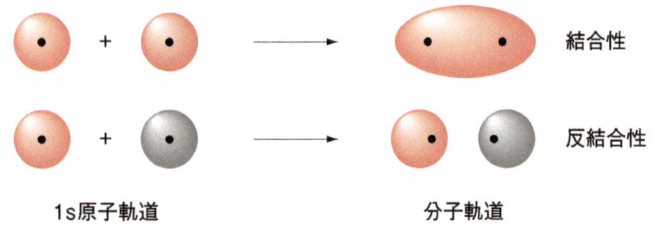

図 10.7　水素の分子軌道

[ ]中の第1項は原子価結合法の式（10.1）そのものであり，1番と2番の電子が交換することで生じる共有結合によるものであるが，第2項は1番と2番の電子が両方とも H_a にあるものと，両方とも H_b にあるものの組合せである．つまり，これはイオン結合[*3]を表している．このように分子軌道法で考えると，共有結合性ばかりでなく，イオン結合の状態も同時に考えていることになるので，理解しやすい．

次に，1s軌道の形と分子軌道の形を考えてみよう．図10.7に示したように，1s軌道は球形をしている．波動関数には位相があるので，ここでは赤色になっているところが正の位相を示すことにし，灰色は負の位相とする．二つの1s軌道を線形結合すると二つの分子軌道が形成されて，そのうち結合性軌道は足し算の形でそのまま重ね合わせるので，二つの原子核を取りかこむような形状になる．このように結合性軌道の形を立体的に見ると電子が二つの原子を結びつけていることが理解できる．

一方の分子軌道は，原子軌道の引き算の形になっている反結合性軌道である．これは波動関数の位相を反転させてから，足し算をするのと同じことになり，正の位相（赤色）と負の位相（灰色）を重ね合わせることに相当する．二つの水素原子の中央付近では正負の符号をもったものが重なり合うので，相殺されて波動関数の値が0になるところがある．そして，全体としては二つに分かれた形の分子軌道となる．これを「節（node）がある」と呼び，水素原子のあいだに電子の存在しない場所があることを示す．つまり，電子が二つの原子核を結びつける働きをせず，ばらばらに存在していた場合よりも不安定になってしまうことが形からもわかる．

波動関数を2乗したものが電子の存在確率に対応するので，波動関数の正負の符号（位相）は私たちが直接知ることができないものである．量子力学を考えた場合に電子の存在する状態を波の形で表すときにでてきた符号なので，分子軌道の形を考え，電子の存在確率を考えるうえではまったく区別することができない．静電的な電荷の符号の場合には逆の符号（正と負）が引きあうが，この波動関数の符号の場合には同じ符号のもの（正と正，または負と負）では強めあい，電子の存在確率が大きくなることを示している．

立体的に波動関数を書くと，波動関数の大きさは理解しにくいので，同じことを結合軸方向に輪切りにした波動関数で書いてみよう（図10.8）．横軸

[*3] $H_a^- - H_b^+$ と $H_a^+ - H_b^-$

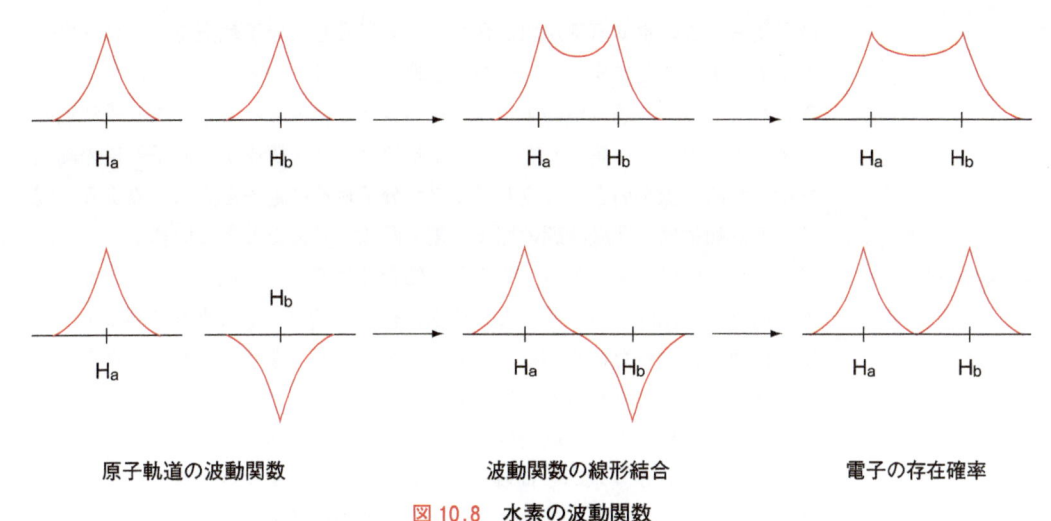

図 10.8 水素の波動関数
横軸は結合軸方向の位置，縦軸はその位置での波動関数の値．

は結合軸方向の位置を示し，縦軸はその位置での波動関数の値であり，上にいくと正，下方向が負となる．波動関数の値は原子核の位置で最も大きくなっている．二つの原子核の距離が十分に離れていると重なりはないが，近づいてくると二つの波動関数が強めあうようになる．これを2乗して電子の存在確率としても，形はほとんど同じで，原子核の中間に二つの原子核を静電的に結びつけている電子が存在している．一方，反結合性軌道の場合には，一方の波動関数の符号を逆転させてから加算することに相当し，中央で0の場所がある．電子密度はこれを2乗したものであるので，もちろん電子の存在確率が負になるところはなく，中間位置に電子の存在確率がない場所があり，反結合性である．

これまでに見てきたような分子軌道の形も重要であるが，化学で必要になるのは分子軌道のエネルギーである場合が多い．そこで，エネルギー準位を線で表して，原子軌道と分子軌道の位置関係を図示する場合が多い（図10.9）．二つの水素原子の1s軌道がそれぞれ一つずつあり，これをそれぞれ線で示す．この線が軌道一つに相当し，ここに電子が2個まで入るというよう

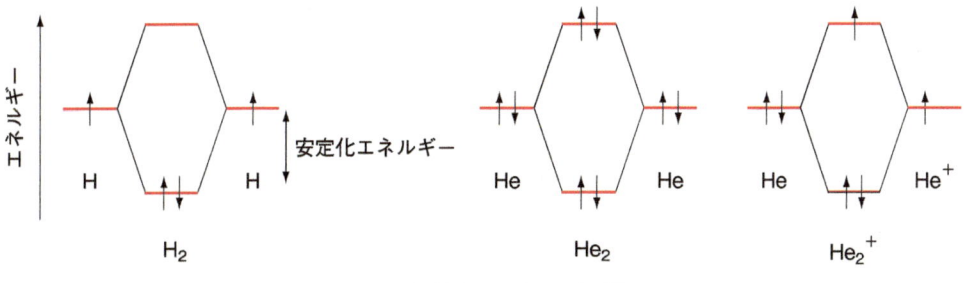

図 10.9 分子軌道のエネルギー準位図

に考える．この水素原子が組み合わさって形成した分子軌道を，これら原子の中央に書くことにする．二つの原子軌道からは二つの分子軌道ができ，組み合わせる前の原子軌道のエネルギーの合計と組み合わせられた分子軌道のエネルギーの合計は等しくなる．分子軌道とそれを構成する原子軌道の関係を示すために線を引き，こうしてできた分子軌道に電子を入れてみよう．電子が入る順番は，基底状態の原子の電子配置を考えたときと同様で，エネルギーの小さい場所から入る．すると，結合性軌道に二つ電子が入ったところで水素分子が完成する．もともと独立に存在していた水素原子にあるよりも，結合性軌道に入ったほうが電子のエネルギーは低くなり，これが結合をつくることによって得られる安定性である．

仮想的にヘリウムの二原子分子を考えてみよう．通常ヘリウムは結合をつくることはないが，水素と同様に1s原子軌道を組み合わせることで，分子軌道を考えることができる．ここに合計4個の電子を入れていくと，結合性軌道に2個と反結合性軌道に2個入ることになる．しかし，このエネルギーの合計はもともと原子がばらばらに存在している場合とまったく同じことになり，エネルギー的には安定とならないので，そもそもヘリウム原子は結合しないということが説明できる．それではHe_2^+ではどうなるであろうか．この場合には結合性軌道に電子が2個あるが，反結合性軌道には1個しか電子がないので，全体としては結合性軌道の電子1個分で安定になることがわかる．このようなHe_2^+は実際に存在する．

● 章 末 問 題 ●

10.1 Li_2の2s軌道について分子軌道のエネルギー準位図を示せ．

10.2 H_2^-を考えると，結合の強さは水素分子に比べてどのようになるかを考えよ．

10.3 原子価結合法と分子軌道法の考え方の違いを水素分子を例にして説明せよ．

10.4 水素原子よりも大きい中性原子のシュレーディンガー方程式を微分や積分などを使って厳密に解くことは不可能である．この理由を説明せよ．

10.5 水素分子の原子間距離が短くなるとエネルギーは不安定になる．この理由を説明せよ．

11 分子軌道法の使い方

11.1 p軌道の分子軌道

　分子軌道法の原理については，水素分子を例にして10章の共有結合で説明した．この章では分子軌道法を使って，もう少しだけ複雑な分子について考えてみよう．s軌道は方向性がない球形をしているので，原子軌道の線形結合は比較的単純であった．しかし，p軌道では方向性を考慮しながら線形結合する必要がある．p軌道はp_x, p_y, p_zの3種類があり，互いに直交している．座標軸を図11.1のように取って考えることにする．波動関数の位相[*1]の正と負を区別するために，正を赤色，負を灰色で示している．

[*1] 位相（phase）については10.3節を参照．

　p_xとp_xを組み合わせると，二つの分子軌道ができる（図11.1）．同位相のローブを加え合わせてできる分子軌道は，正の領域と負の領域がそれぞれ横

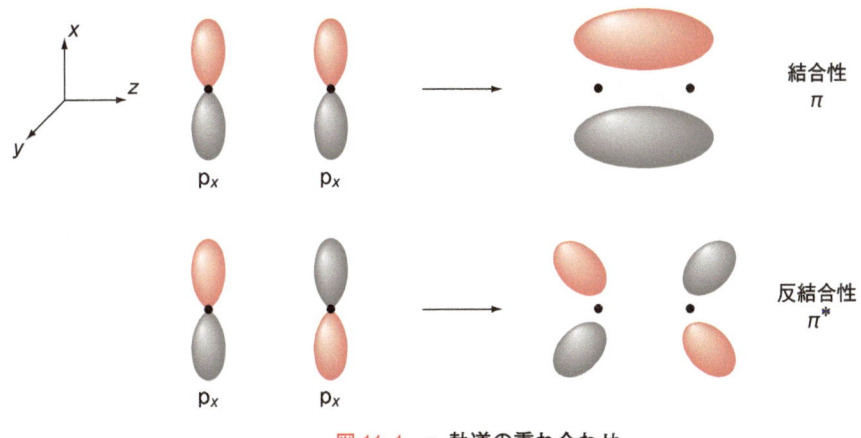

図 11.1　p_x軌道の重ね合わせ
図中のπ, π^*は11.2節で説明する．

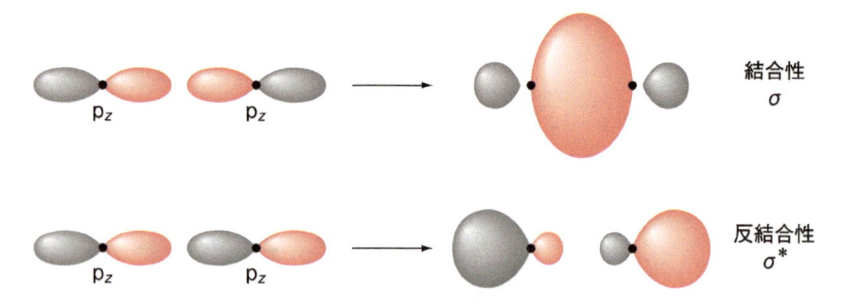

図 11.2　p_z 軌道の重ね合わせ
座標軸は図 11.1 と同じ．図中の σ, σ^* は 11.2 節で説明する．

方向から重なるので，互いに強め合うことになり，二つの原子核の上下に高い電子密度をもった領域ができる．これが**結合性軌道**（bonding orbital）である．もう一つの組合せは，同位相のローブを引き算する形になるので，一方の波動関数の位相を逆転させてから重ね合わせる．横方向から重なるときには符号が逆のものが重なるので，打ち消し合ってゼロとなる領域ができる．原子のあいだには電子の存在確率のない場所があるため，これは**反結合性軌道**（antibonding orbital）となる．p_y-p_y の組合せでは p_x-p_x の分子軌道を z 軸周りに 90°回転させたものとなるので，形自体は変わらず方向が変わるだけである．

最後に残った p_z-p_z の組合せではこれらと少し様子が異なり，原子軌道の形が結合する方向に向いているため重なりが大きくなる（図 11.2）．向かい合う場所での波動関数の位相が同じ場合は強め合って結合性軌道をつくることになるが，反対の位相の場合は原子間で弱め合って反結合性軌道となる．

この他にも，p_x-p_y の組合せや，p_x-p_z の組合せなどもあると考えるかもしれないが，p_x-p_y の場合には互いに直交した形をもっているため重なることはできず，p_x-p_z の組合せでは重なり合うところで位相が逆転しているため，結合性と反結合性の部分を同時につくることになって分子軌道を形成することはできない．このため，p_x-p_y や p_x-p_z を考える必要はない（図 11.3）．

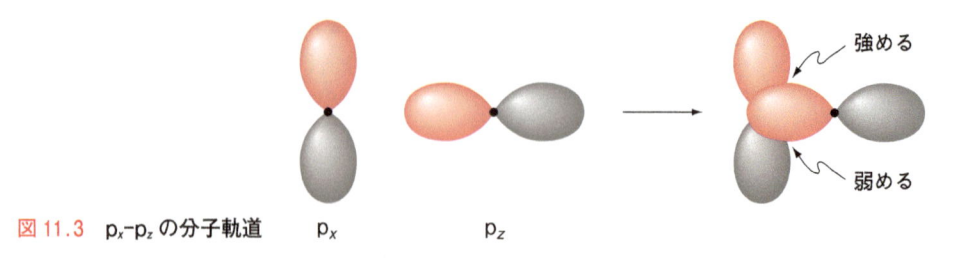

図 11.3　p_x-p_z の分子軌道

11.2　σ 結合と π 結合

p_x-p_x と p_y-p_y がつくる結合性分子軌道の形を見ると，原子のあいだに電

図 11.4 σ結合とπ結合

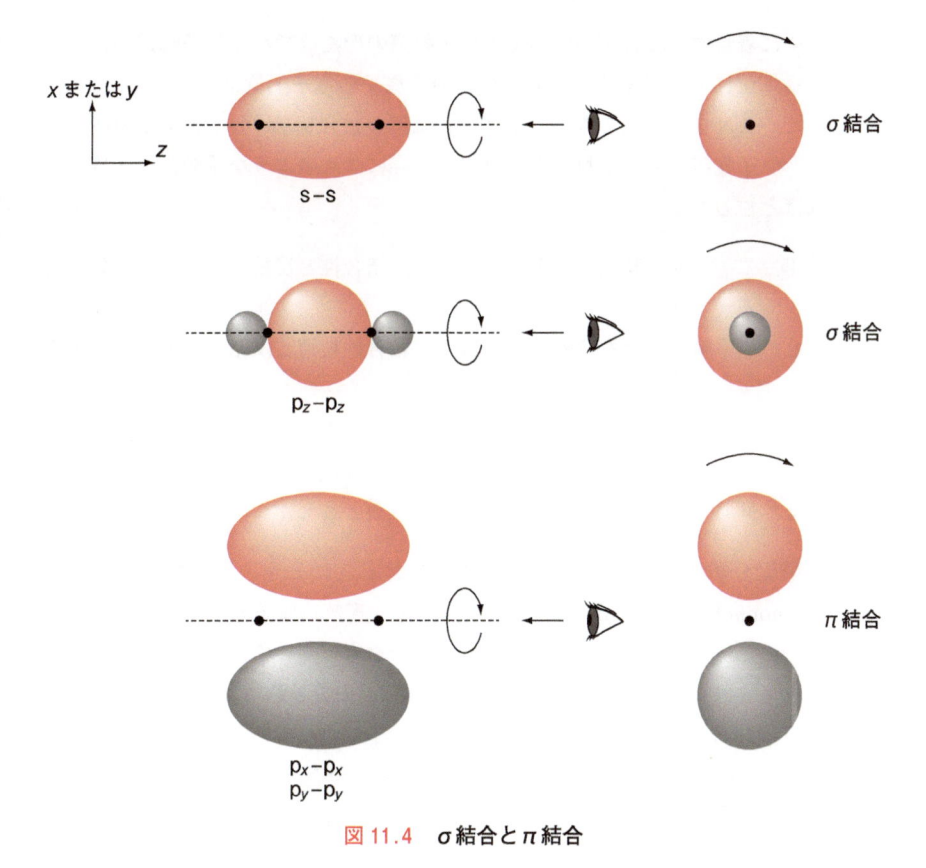

子の存在確率がほとんどない場所がある．それでも電子は二つの原子を結びつける位置に存在している．このような形の違いを区別するために，対称性に着目して結合に名前を付けている．

　2原子間の結合軸方向から見て分子軌道を回転させて分子軌道の形を考えると理解しやすい（図11.4）．結合軸周りの回転によって波動関数の位相も形も変わらないものが **σ結合**（σ bond）である．これまでに説明してきた分子軌道では，s–s と p_z–p_z が σ 結合となる．また，結合軸周りに180°回転させると，分子軌道の位相は逆転するが形は同じになるものがあり，これを π 結合という．p_x–p_x と p_y–p_y の分子軌道は **π結合**（π bond）となる．さらに結合軸周りに90°回転させると，分子軌道の位相が逆転して形が同じものを **δ結合**（δ bond）と呼ぶが，このような結合は遷移金属元素のd軌道を使った場合に現れる．分子軌道の記号として σ, π などに，さらに ＊（アステリスク）を右上に付ける場合があり，これは反結合性軌道を示す．

11.3　酸素分子の分子軌道

　具体的な分子として酸素分子を考えてみよう．化学ではとくにエネルギー

準位に着目する場合が多いので，分子軌道の形だけでなく分子軌道のエネルギー準位にも着目する．基底状態の酸素原子の電子配置は $1s^2 2s^2 2p^4$ であるので，これまでに見てきたs軌道とp軌道の組合せだけ分子軌道が説明できる．原子軌道から分子軌道を組み立てる際には次のような手順に従えば，それほど難しくない．

1．二つの原子軌道を組み合わせると，結合性と反結合性の二つの分子軌道ができる．
2．原子軌道の重なりが大きいほど，結合性軌道と反結合性軌道のエネルギーは大きく分裂する．
3．結合性軌道と反結合性軌道のエネルギーの重心は，もとの原子軌道のエネルギーと一致する．
4．同じエネルギーをもっている原子軌道どうしがよく相互作用する．

酸素分子のように同じ元素によって構成される分子を**等核二原子分子**（homonuclear diatomic molecule）と呼ぶ．等核二原子分子では，二つの原子の同じ原子軌道どうしが同じエネルギーをもっているため，これらの組合せを考えればよいので単純である．酸素分子の分子軌道は図11.5のようになる．1s-1sや2s-2sの組合せは，水素分子で見たものと同じである．酸素原子の2p軌道は三つの軌道が同じエネルギー準位となって区別がつかない．これを**縮重**（degeneracy）という（7.2節）．p_z-p_z は，p_x-p_x や p_y-p_y に比べ

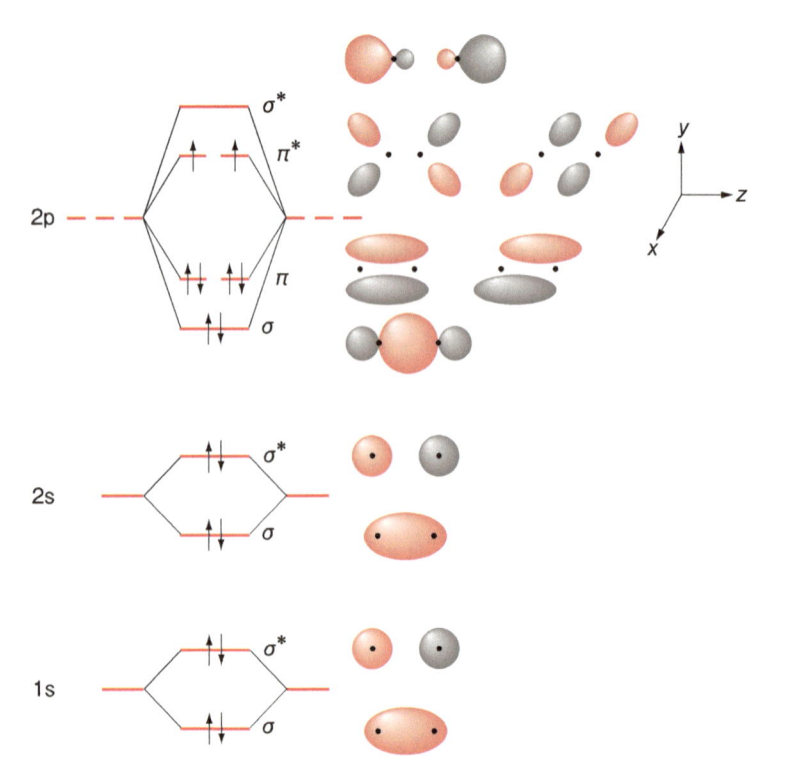

図11.5　酸素分子の分子軌道

て空間的に重なりが大きいため，できあがった分子軌道の結合性，反結合性の分裂幅は大きくなる．p_x-p_x と p_y-p_y は重なり方が同じであるため，ちょうど同じ分裂幅となり，分子軌道も縮重している．ただしこれらは z 軸周りに $90°$ 方向がずれている．分子軌道の形を考えると σ, π, σ^*, π^* などの記号を付けることができる．

こうしてできあがった分子軌道に，エネルギーの低い準位から順番に電子を 16 個入れてみよう．最もエネルギーの高い準位では π^* が二つ並んでいるので，フントの規則（8.3節）に従って，一つずつスピンの向きをそろえて充填する．このように結合性軌道ばかりではなく，反結合性軌道にも電子が満たされている．結合していない単独の原子の場合とエネルギーについて比較すると，結合性軌道はエネルギーが低いため電子は安定化しているが，反結合性軌道に電子が入ることによってエネルギーが高くなり，電子の安定性は相殺されてしまう．

酸素分子の場合，結合性軌道にある電子の数は 10 個，反結合性軌道にある電子の数は 6 個であり，正味 4 個の電子で酸素分子の結合が生じていることになる．ここではすべての電子を勘定に入れたが，結合性軌道と反結合性軌道の数に差が生じるのはいつでも価電子のところであり，それより内側では結合性軌道にある電子の数と反結合性軌道にある電子の数は一致するので勘定に入れなくてもよい．

電子対結合の考え方を使うと，結合に使われた 4 個の電子を対として考えることが可能で，4 電子 ÷ 2 = 2 対となる．これを**結合次数**（bond order）と呼び，酸素分子の結合次数は 2 次である．ただし，あとで説明するように必ずしも電子対ができるとは限らず，結合に使われた電子数だけで結合次数は決められている．酸素分子の結合は二重結合であり，これは結合次数の考え方と一致する．10 章で解説した水素分子の場合には，結合性軌道に 2 個の電子があるのみで，結合次数は 1 次となり単結合であることと一致する．分子軌道を使うと，イオンについても考えることができる．たとえば O_2^{2+} では中性の O_2 から電子を 2 個取り除けばよい．反結合性の軌道から電子を取り除くので，結合次数は 3 次となり，電子を取り除くことによって結合はかえって強くなる．

もう少し詳しく，酸素分子の分子軌道を見てみる．電子の入っている軌道のなかで最も上の軌道は π^* 軌道で 2 個の電子が入っており，スピンは同じ向きである．これは同じエネルギーをもった π^* 軌道が二つ存在し縮重しているためフントの規則によって，なるべく同じ向きのスピンをもって別べつの軌道に入るためである．つまり，対を形成していない電子を 2 個もっていることになる．スピンは量子化されているため $s = +1/2$, $-1/2$ の二つしかなく，自転の方向が二つあると考えることができる．電荷をもった粒子が自転しているので磁場が生じており，電子自体が小さな磁石として働き，その向きは上向きと下向きの二つしかない．電子スピンが対をつくっている場

合には，向きの異なる棒磁石が対となって磁場を打ち消し合う．しかし，対をつくっていない電子の場合には磁場が生じている．

分子の場合，電子スピンの合計 S を考えてみると磁性（磁石としての性質）がわかりやすい．すべての電子が対をなしていれば $S = 0$ であり，不対電子があれば $S > 0$ である．電子のスピンがあれば常磁性と呼び，磁石に引き寄せられる性質がある．電子のスピンがなければ反磁性と呼び，磁石には引き寄せられない性質がある．酸素分子では不対電子を 2 個もっており（$S = 1$），常磁性となることがわかる．このことは，スピンの影響を考慮していないルイス式や原子価結合法ではうまく説明することができない．分子軌道法には，このような分子の性質を簡単に説明できる利点もある．酸素分子の常磁性としての性質は弱く，空気中では熱運動のほうが大きいために磁石に引き寄せられることはないが，低温にして液体になると磁石に引き寄せられるようになる．一方，水素分子は 2 個の電子が対をつくっており（$S = 0$），反磁性で磁石に引き寄せられることはない．また，O_2^{2+} でも反磁性になる．

11.4 その他の等核二原子分子

これまで，等核二原子分子として水素分子と酸素分子について見てきたが，その他の等核二原子分子軌道について考えてみよう．窒素分子でも酸素分子と同様に分子軌道をつくることができる．ただし，実際には出発点となる原子軌道のエネルギー準位の位置や間隔が異なるため，できあがった分子軌道には多少の補正が必要となる．

窒素の場合には 2s と 2p のエネルギー差が小さくなり，2s-2s の反結合性

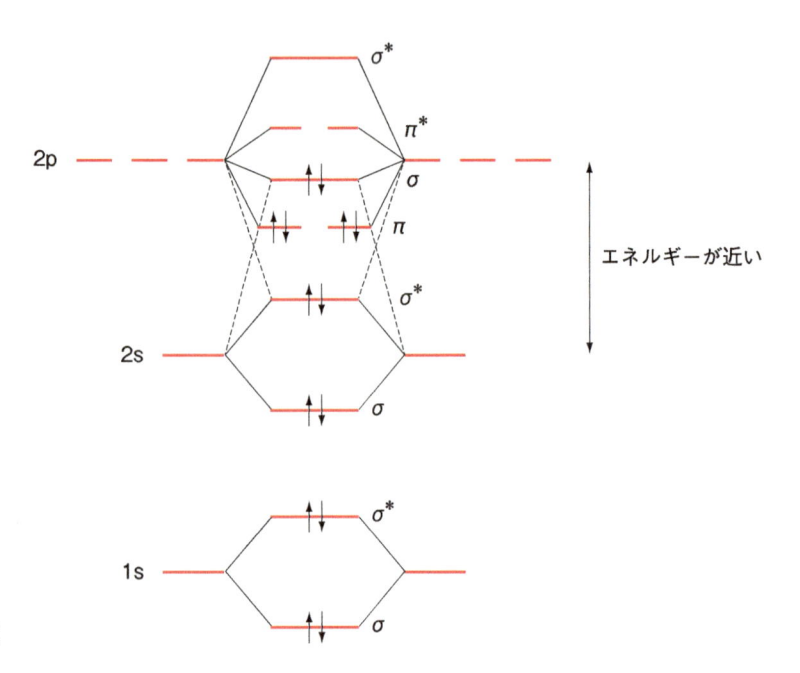

図 11.6 窒素分子の分子軌道

軌道 σ^* と，p_z-p_z の結合性軌道 σ が重なり合ってしまい，これらの分子軌道どうしがさらに混ざり合って分裂することになる．このため，2pで形成される σ と π が逆転している（図11.6）．厳密には純粋な2p-2pの結合だけではなく2s軌道の成分もわずかに入っているので，図11.6ではこの関係を点線で示している．ここに電子を14個入れていくと電子の入っている最も上位の分子軌道は σ 軌道である．

窒素分子には不対電子がなく，$S=0$ であって，反磁性であることが容易にわかる．また，結合性軌道にある電子の数は10個，反結合性軌道にある電子の数は4個であり，正味6個の電子で結合しているため，結合次数は3次であることも容易にわかる．さらに N_2 がイオン化して N_2^+ となると，結合性軌道から電子を取り除くので不安定になる．O_2^+ では O_2 より結合が強まることとは逆である．その他の等核二原子分子も同様に考えることができ，結合次数や磁性を判別できる．

11.5 異核二原子分子

原子の種類が異なる二原子分子を**異核二原子分子**（heteronuclear diatomic molecule）と呼ぶ．異核二原子分子として最も簡単な LiH を考えてみよう（図11.7）．Hの電子配置 $1s^1$ と Li の電子配置 $1s^2 2s^1$ を組み合わせればよいが，もともとの原子軌道のエネルギーが異なることに注意する必要がある．Li は H に比べて原子番号が大きく，有効核電荷が大きい．そのために原子軌道のエネルギー準位は全体に下側へシフトしており，Hの1s軌道のエネ

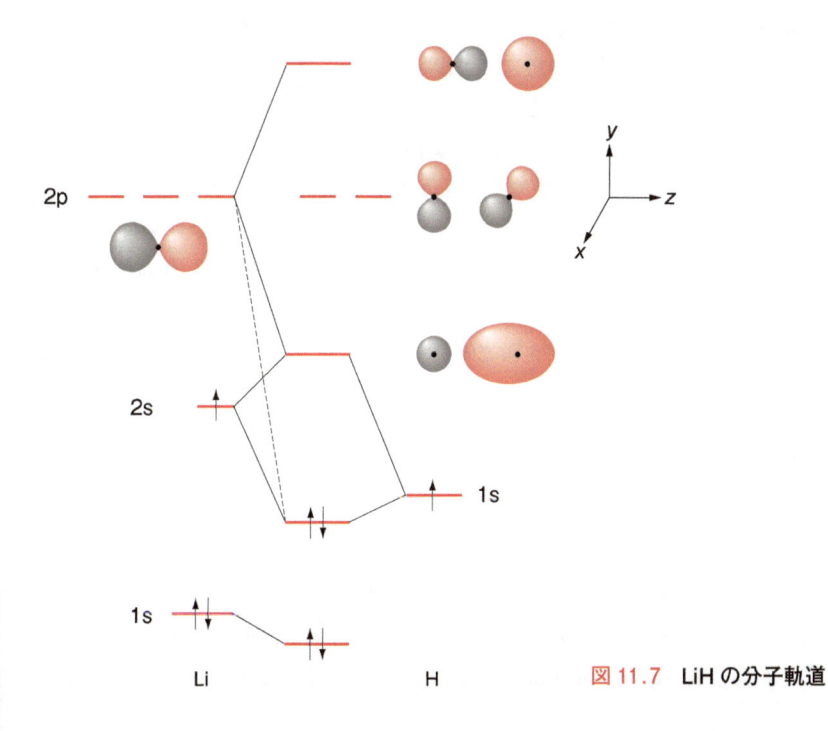

図 11.7　LiH の分子軌道

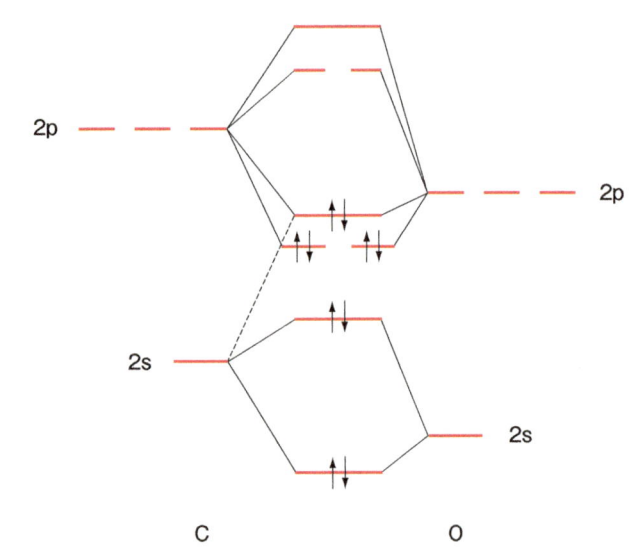

図 11.8 CO の分子軌道

ルギー準位は Li の 2s 軌道に近くなっている．このため H の 1s 軌道は Li の 2s 軌道と組み合わされて分子軌道をつくる．大きさは異なるが，s 軌道どうしの結合であるため理解しやすい．

しかし，H の 1s 軌道の一部は，Li の p 軌道とも結合する．この場合 Li-H の結合軸方向に向いた p 軌道とだけ組み合わされ，s-p の結合性軌道と反結合性軌道に分裂する．また残った二つの p 軌道は結合軸とは直交しており，s 軌道とは重なりをもたないため同じエネルギー準位のままであり，結合には一切関与していない．このような軌道を**非結合性軌道**（non-bonding orbital）と呼ぶ．異核二原子分子では，もとになる原子軌道のエネルギー準位が違うため，原子軌道の組合せが複雑になる．また，この分子軌道のエネルギー差から価電子の偏りを示すことができる．つまり Li-H の場合には H のほうに電子が偏るため，形式的には Li^+ と H^- と表すことができる．分子軌道からもわかるように，完全に電子が H に移動しているわけではないので，これは形式的な電荷である．このことについては次の 12 章でも説明する．

一酸化炭素 CO を考えてみると，窒素分子と**等電子構造**（isoelectronic structure）であるので，分子軌道も類似している（図 11.8）．ただし，O の原子番号が大きいために有効核電荷が大きく，原子軌道のエネルギー準位は下にずれている．できあがった分子軌道の形はほとんど窒素の場合と同じだが，電子はやや O のほうに多く分配されている．

11.6 水の分子軌道

次に三原子から構成される水分子の分子軌道を考えよう．三原子の軌道を組み合わせるのはやや複雑だが，水の場合には二つの H の 1s 軌道を組み合わせた**群軌道**（group orbital）を先につくって，これと O 原子を組み合わせ

等電子構造
構成される原子数と価電子数の合計が互いに同じ分子．N_2 と CO，BN と CC などはこれに相当する．

群軌道
複数の軌道をあらかじめ組み合わせておくもので，対称性を利用して単純化して考えることができるようになる．

ると理解しやすい．群軌道とは二つの1s軌道の位相が「正-正」と「正-負」の二つの軌道のことであり，これをもとにして全体の分子軌道を組み立てている．

　水分子は折れ曲がり構造をしていることはよく知られている．図11.9に示すように座標軸をとると，p_x軌道は群軌道の1s（正-負）と組み合わされ，結合性軌道と反結合性軌道に分裂する．また，p_z軌道は1s（正-正）と組み合わされ，同様に二つに分裂する．残りのp_y軌道は二つのHの方向には向いていないので，非結合性軌道となる．実際にはOの2s軌道もわずかにHと組み合わされているが，ここでは寄与の大きい成分だけを示した．電子を10個充填させると図11.9のようになり[*2]，電子がOに偏った結合を生じることが理解できる．結合性軌道に入っている電子は4個である．このように，水分子は折れ曲がることによってp_x軌道とp_z軌道を使って結合することができる．

　仮想的に水分子が直線構造であった場合を考えてみよう．Hの1s群軌道（正-負）と組み合わされるのはp_x軌道だけなので，図11.10に示すような分裂を示す．組合せに使われなかった，p_yとp_zはそのまま非結合性軌道になる．また，H群軌道の（正-正）も結合するp軌道がなく，非結合である．電子を10個充填させると図11.10のようになり，結合性軌道に入っている

＊2　図中ではOの1sに入る2個の電子は省略している．

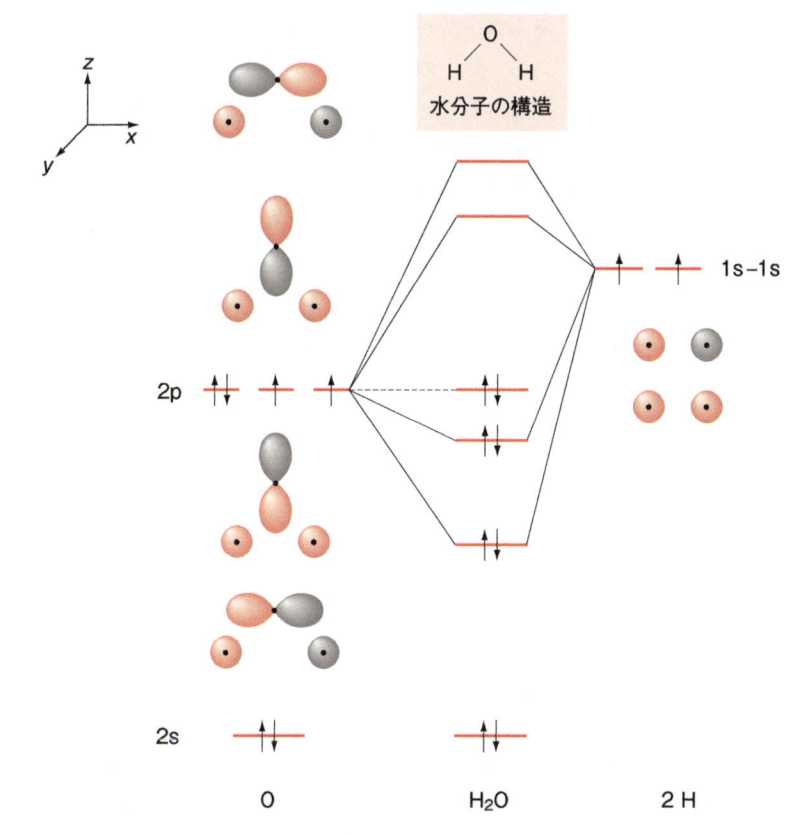

図11.9　水分子の分子軌道

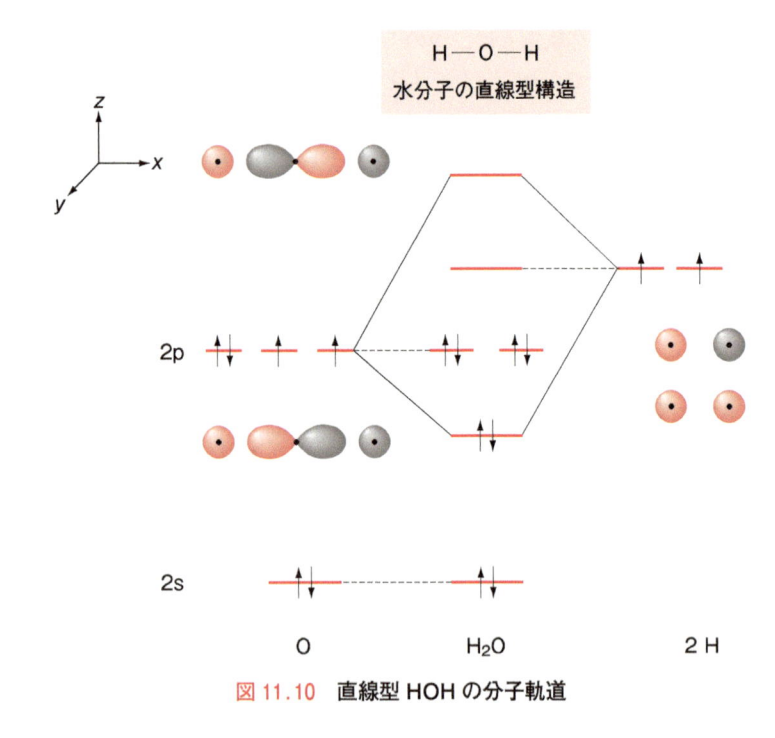

図 11.10 直線型 HOH の分子軌道

電子は 2 個だけである．折れ曲がり構造の分子軌道と見比べると，折れ曲がったほうが結合性軌道にある電子数が多いことがわかる．これが，水分子の折れ曲がり構造の原因である．以上のように，分子軌道法を使っても水の構造をうまく説明することができる．

さらに大きな分子でも分子軌道法によって構造や結合を説明することは可能である．近年では計算機の能力が向上したおかげで，かなり大きな分子でも分子軌道法の計算を行うことができるようになり，さまざまな物性を詳細に理解することが可能になったばかりでなく，未知の化合物の物性を予想することにも役立っている．計算機が答えをだしてくれるようになっても，計算結果が正しいかどうかの判断や結果の理解には，分子軌道法の基本をきちんと理解することが重要である．

●章末問題●

11.1 酸素，過酸化物イオン，超酸化物イオンの結合次数を求めよ．

11.2 B_2 の分子軌道のエネルギー準位は N_2 のものと類似の構造をもっている．B_2 の結合次数と磁性を推定せよ．

11.3 図 11.8 に示した一酸化炭素の分子軌道の概形を書き，それぞれに σ, σ^*, π, π^* などの記号をつけよ．

11.4 水分子の分子軌道のつくり方を参考にして，二水素化ベリリウム BeH_2 の分子軌道を考えよ．

11.5 通常の酸素分子は常磁性であるが，電子を少しだけ励起するだけで反磁性になる．この酸素は一重項酸素と呼ばれ，活性酸素である．図 11.5 に示した酸素分子の分子軌道をもとに，どのように電子を移動させれば反磁性になるかを考えよ．

12 結合の性格を決めるもの

12.1 極 性

　水と油はほとんど混ざらないことはよく知られている．水分子は電荷の偏りがあるため互いに引きつけ合う力をもっているが，油は電荷の偏りが少ないので互いに引きつけ合う力が弱い．このため，水分子どうしは集合しやすくなり，油はそれから排除されてしまうので，水と油は均一に混合しないと考えることができる．これが溶媒の種類によって物質（溶質）の溶けやすさが異なる原因である．

　電荷の偏りを**極性**（polarity）と呼び，その偏りの程度を示したものが**双極子モーメント**（dipole moment）である．双極子モーメントは，正と負の電荷がどれだけ離れているかによって定義される（図12.1）．SI 単位系では[C·m]であるが，デバイ[D]*1 という単位もよく用いられる．電荷（q）とその電荷の分離の長さ（l）に比例して双極子モーメント（d）が大きくなるという単純な式で表すことができる．双極子モーメントが大きいと，**誘電率**（permittivity）や**屈折率**（refractive index）も大きくなる．

　二原子分子である NaCl を例に，実際の分子で双極子モーメントを考えて

*1　1D = 3.3356 × 10⁻³⁰ C·m.

誘電率
物質が電場のなかで一定の方向に整列しようとする程度を示したもの．誘電率が大きいほど整列しようとする力が大きくなる．

屈折率
光が物質のなかで進む速さが異なるため，ある物質からほかの物質に進むときに光が屈折する．光の進む速度は，進む物質の誘電率によって異なる．

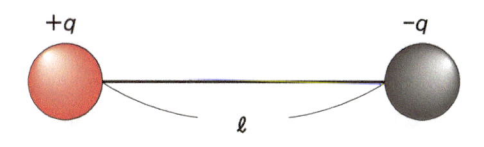

双極子モーメント(d) ＝ 電荷(q) × 長さ(l)
　　　　[C·m]　　　　　　[C]　　　　[m]

図 12.1　双極子モーメント

図 12.2 NaCl の双極子モーメント

完全にNa^+とCl^-となっていると仮定した場合、双極子モーメントは$3.78×10^{-29}$ C·mである.

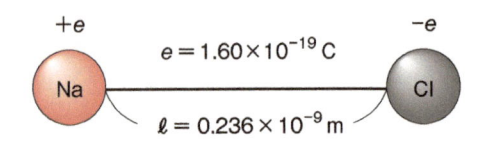

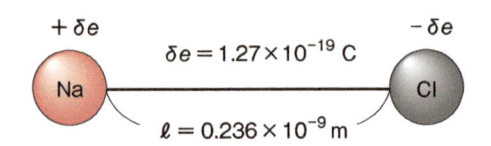

双極子モーメントの実測値は$3.00×10^{-29}$ C·mである.

分極

正負の電荷が別べつの方向に移動することによって生じる電荷の偏り. $\delta+$ や $\delta-$ で原子の分極を示す. δ は偏った電荷の大きさを電荷素量に対する割合で示したもので0から1までの値をとる. $\delta = 1$ のときはNa^+やCl^-に対応し, $\delta = 0$ のときは分極がないことに対応する.

電荷素量

電荷の最小単位で, 電子の電荷に等しい. 素電荷ともいう.

みよう. NaとClの結合距離lは0.236 nmで双極子モーメントdの実測値は$3.00 × 10^{-29}$ C·mである. NaCl分子は$Na^{\delta+}$と$Cl^{\delta-}$に**分極**（polarization）しているとすれば, 電荷の絶対値δeは以下のようになる.

$$\delta e = \frac{d}{l} = \frac{3.00×10^{-29}\,\text{C·m}}{0.236×10^{-9}\,\text{m}} = 1.27×10^{-19}\,\text{C} \quad (12.1)$$

電荷素量（elementary charge）が$1.60 × 10^{-19}$ Cであるので, $\delta = 0.79$と計算される. NaとClのあいだで完全な1個の電子の受け渡しが行われてNa^+とCl^-になり, これらが静電的に引き合ったイオン結合によってNaClが形成していると仮定した場合の79%のモーメントしかもたないことになる（図12.2）. つまりNa-Cl間であってもイオン結合性は79%しかなく, 残りの21%は共有結合であるという解釈も可能である.

酸素分子のような等核二原子分子では電荷の偏りはなく完全な共有結合であるが, 完全なイオン結合だけで構成される結合はなく, どのような結合でも必ず共有結合性を含んでいる. 化合物中では, 電子が1点に局在化せず原子間に分布して化学結合が生じていることは, これまでの化学結合の説明からも理解できるであろう.

双極子モーメントは, 分子の形にも強く影響を受ける. 折れ曲がり構造をした水分子のO-H間ではOが電子を引きつけて負の電荷を帯び, その分Hが正の電荷を帯びている. 水分子のH-O-Hの角度は104°であるので, 分子全体としては双極子モーメントをもっている（図12.3）. これに対し, 二

図 12.3 水と二酸化炭素の双極子モーメント
図中の数字は電気陰性度.

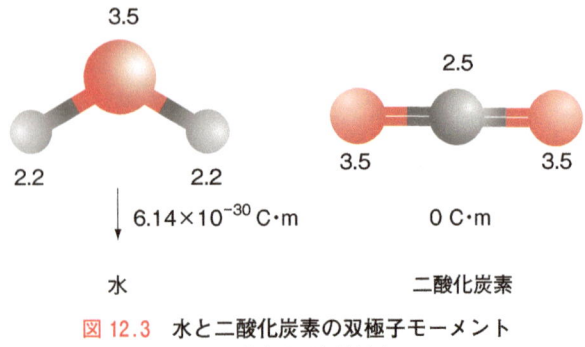

酸化炭素でも C–O 間には電荷の偏りがあるものの，O–C–O は直線であるため，二つの C–O 間の電荷の偏りが互いに打ち消し合い，分子全体としては双極子モーメントをもっていない．このため，二酸化炭素分子どうしはファンデルワールス力しか働かず，互いに引きつけ合う力が弱いために常温では気体となっている．

12.2 電気陰性度

異なる種類の原子が結合する場合には，必ず電荷の偏りが生じる．化合物中で電子を引きつける能力を相対的に示したものが，**電気陰性度**（electronegativity）である．電気陰性度は，原子から電子を引き離すために必要なエネルギーを示したイオン化エネルギー（9.6 節）や，電子を原子に付着させたときに生じるエネルギーを示した電子親和力（9.7 節）などのように，原子固有の正確な物理量として測定できるものではない．電気陰性度は結合のなかでの電子の引きつけやすさを定性的に示した値であり，単位はない．そもそも原子に固有の値になる保証がなく，結合の相手や結合の数によって変化するものである．

ここで A と B のあいだの結合を考えてみよう（図 12.4）．A が電子を引きつけやすく，A⁻-B⁺ となっていると考えると，B を B⁺ にするために B のイオン化エネルギー I_B が必要となるが，A が A⁻ となって電子親和力 E_A だけエネルギーを放出する．つまり A–B から A⁻-B⁺ となって結合に極性を生じるためには $I_B - E_A$ のエネルギーが必要であることになる．逆に，A⁺-B⁻ となるためには $I_A - E_B$ のエネルギーが必要となる．どちらに電子が引き寄せられるかは A と B の電気陰性度の大きさによって決まるので，仮に A の電気陰性度が大きく，A⁻-B⁺ であるとするとエネルギーの関係は $I_B - E_A < I_A - E_B$ となり，これは $I_B + E_B < I_A + E_A$ と変形することができる．電気陰性度を次のように定義すれば，$\chi_B < \chi_A$ という関係で表すことができて，これは原子固有の値となる．

$$\chi = \frac{I + E}{2} \tag{12.2}$$

ただしこれは，結合が完全なイオン結合で，電子が完全に 1 個移動したとすることを前提にしている．これがマリケン†の電気陰性度の定義である．電気陰性度自体には単位はないが，I と E には電子ボルト単位［eV］で表した数値を用いる．

マリケンの電気陰性度は，**HOMO**（highest occupied molecular orbital）と **LUMO**（lowest unoccupied molecular orbital）のエネルギー準位の平均値と考えることができる（図 12.5）．原子は化合物中で電荷が正になったり負になったりするときがあり，正になった場合には電子が取られにくく（イ

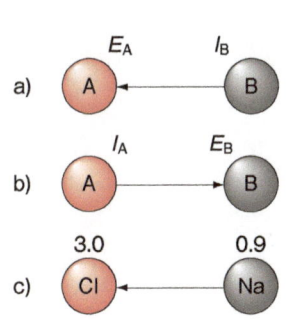

図 12.4 電気陰性度
矢印は電子の移動を示す．a) 電子が B から A に移動し，A⁻-B⁺ となるとき $I_B - E_A$ のエネルギーが必要．b) A⁺-B⁻ となるとき $I_A - E_B$ のエネルギーが必要．c) 実際の NaCl 分子では電気陰性度の大きい Cl に電子が引き寄せられる．図中の数字はそれぞれの電気陰性度．

† Robert Sanderson Mulliken (1896～1986)，アメリカの化学者．1966 年ノーベル化学賞を受賞．

HOMO
最高被占軌道の略称で，電子が入っている分子軌道のなかで最もエネルギー準位が高いもの．反応に使われる電子は，この軌道に入っている場合が多い．

LUMO
最低空軌道の略称で，電子が入っていない分子軌道のなかで最もエネルギー準位が低いもの．反応によってこの軌道に電子が入ってくる場合が多い．

図 12.5　エネルギーの関係

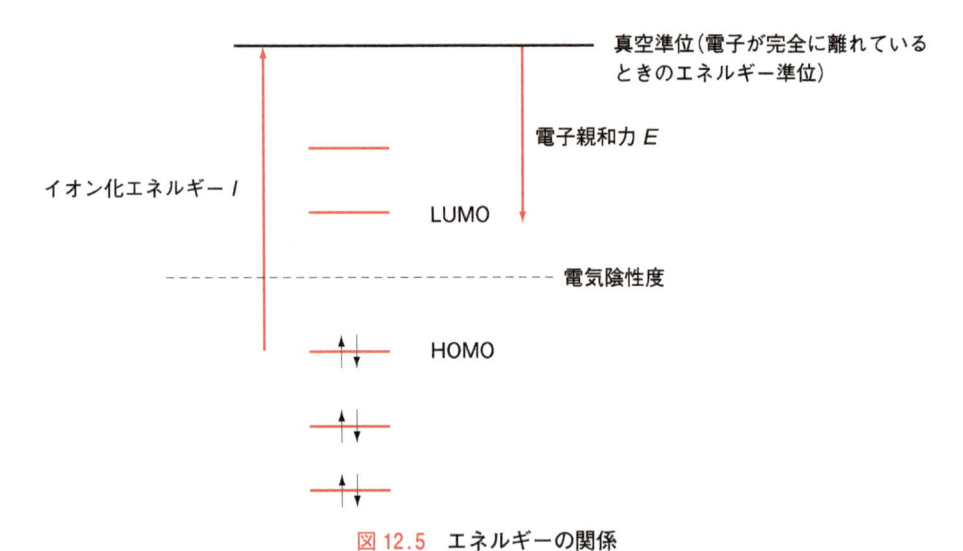

オン化エネルギーが大きい），負になった場合には電子を引きつけやすい（電子親和力が大きい）という性質を同時に示したものと考えることもできる．この定義で電気陰性度の値を求めるためには，電子親和力の値が必要となる．しかし，電子親和力を実測することは一般に難しく，ハロゲンなどでは実測できるが，測定値がない原子も多い．マリケンの電気陰性度は，原理的には理解しやすいが，値が定められる元素が限られている点が不便である．

極性があることによって結合が強まることを使って，電気陰性度を定義したのがポーリング[†]の電気陰性度である．二つの原子 A と B の結合エネルギーを $D(\mathrm{AB})$ と書くことにすると，$D(\mathrm{AB})$ は，電荷の偏りのない A-A の結合エネルギー $D(\mathrm{AA})$ と B-B の結合エネルギー $D(\mathrm{BB})$ の平均よりも常に大きくなる．相乗平均をとって以下のように定義する．

$$\Delta = D(\mathrm{AB}) - \sqrt{D(\mathrm{AA}) \times D(\mathrm{BB})} \qquad (12.3)$$

この差 Δ が電荷の偏り，つまり電気陰性度の差によるものであると考えて，次のように定義する．

$$\begin{aligned}|\chi_\mathrm{A} - \chi_\mathrm{B}| &= 0.208\sqrt{\Delta} \\ &= 0.208\sqrt{D(\mathrm{AB}) - \sqrt{D(\mathrm{AA}) \times D(\mathrm{BB})}}\end{aligned} \qquad (12.4)$$

ここで用いた結合エネルギーの単位は [kcal·mol^{-1}] であるので，マリケンの電気陰性度で用いた [eV] に合わせるために，ここでは単位変換のための係数として 0.208 を掛けている．この定義では電気陰性度の差だけを決定することができるので，数多くの化合物の結合エネルギーの値が必要である．

有効核電荷にもとづいたオールレッド-ロコウ[†]の電気陰性度もよく用いられている（図 12.6）．

[†] Linus Carl Pauling, 10.1 節を参照．

カロリー
熱量の単位 [cal] で 1 cal は 1 g の水の温度を 1 ℃ 上昇させるのに必要な熱量．国際単位系（SI）では使われていない．
1 cal = 4.184 J

[†] Albert Louis Allred（1931～）と Eugene George Rochow（1909～2002）．ともにアメリカの化学者．

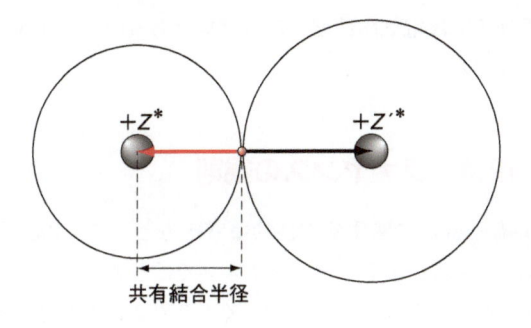

図 12.6 オールレッド-ロコウの電気陰性度
二つの原子の中間にある電子が，静電的にどちらに引き寄せられるかを説明する考え方である．原子間の距離はさまざまな組合せで変化してしまい，電子の位置を確定することはできないが，原子核からのおおよその距離として共有結合半径を用いている．

$$\chi = 0.744 + 0.359 \frac{Z^*}{r^2} \tag{12.5}$$

ここで，r は共有結合半径を Å 単位で表した数で，Z^* は有効核電荷である．係数の 0.744 や 0.359 はマリケンの電気陰性度と値が近くなるように合わせるための数字である．この他にもいくつかの定義があるが，電気陰性度を使う場合には同じ定義の値どうしを比較するように注意すべきである．

水素原子は +1，0，-1 の価数をとる HCl，H_2，LiH などのさまざまな化合物が知られており，結合の相手によって価数が異なる．実際にこの電荷を分子中で完全にもっているわけではない．通常，価数は形式価数を示しており，形式価数は単純に電気陰性度の大小で決めているだけであるので，注意が必要である．

12.3　イオン結合と共有結合

原子どうしの結合で電気陰性度の差が大きい場合には**イオン結合**（ionic bond）であり，小さい場合には**共有結合**（covalent bond）という．異なる元素間での結合には必ず電気陰性度の差があるため，電気陰性度の大きいほうに電子の負電荷が偏るが，差が小さい場合には共有結合ということになっている．目安としては，電気陰性度の差が 1.7 以上であればイオン結合，それ以下は共有結合になっている．

先に示した，分子の極性を電気陰性度の差から見積もることも可能である．具体的な例として，二原子分子の NaCl を見てみよう．Na と Cl の電気陰性度はそれぞれ $\chi_{Na} = 0.9$ と $\chi_{Cl} = 3.0$ であり，電子は Cl のほうに引き寄せられている．これらの電気陰性度の差は $\chi_{Cl} - \chi_{Na} = 2.1$ と大きな値となり，明らかにイオン結合性を示す．イオン結合性の割合 α と電気陰性度の差 $(\chi_a - \chi_b)$ には次のような関係がある．

$$\alpha = 1 - \exp\{-0.25(\chi_a - \chi_b)^2\} \tag{12.6}$$

二原子分子の NaCl の値を代入すると $\alpha = 0.7$ となり，双極子モーメントの実測値から求めた値とおおよそ一致することがわかる．当然，完全な共有

結合をもつ等核二原子分子では電気陰性度の差はゼロであるので，イオン結合性の割合 α の値もゼロとなる．

12.4 ファヤンスの規則

イオン性化合物の共有結合性に関する定性的な考え方として，1923年に提唱されたファヤンス[†]の規則がある．大きなイオンではイオン中でも分極率が大きくなり，電子の分布にひずみが生じやすくなるために共有結合性が強くなるとする考え方である．イオンの分極率が大きくなるのは，次のような場合である．

陽イオン：電荷が大きく，サイズが小さい
陰イオン：電荷が大きく，サイズが大きい

球形を仮定したイオン中でさらに電荷の偏りが生じるとするのはやや不自然であるが，この章のはじめに説明したように，イオンの中心に電荷が局在化しているとした完全なイオン結合性では現実の双極子モーメントを説明できない．そこでこれは，LiI や NaF のような二原子分子では，電子が分子全体に分布して共有結合性をもつようになる現象を，イオン中での電荷の偏り（分極）で説明しようとする考え方である．図 12.7 にはそれぞれのイオンのイオン半径と電気陰性度の値を示した．電気陰性度の差からそれぞれの分子のイオン結合の割合を求めると，$\alpha_{\text{LiI}} = 0.4$ と $\alpha_{\text{NaF}} = 0.9$ と計算される．陽イオンの場合には同じ価数であればサイズが小さいほど電荷密度が高く電子を一方向に引きつけやすくなるため，陰イオン側の電子を分極しやすくなる．陰イオンの場合にはサイズが大きく，電子が弱く引きつけられているほうが陰イオンのひずみが生じやすいと考えることができる．陰イオン中での分極が起これば，それだけイオン結合性が弱まり共有結合性が大きくなる．図 12.7 に示すように Li$^+$ のほうが Na$^+$ よりも電荷密度が高いために電子を引きつけやすく，I$^-$ のほうが F$^-$ より分極しやすいために共有結合性が大きくなっていることがわかる．

[†] Kazimierz Fajans (1887～1975)．アメリカの物理化学者．

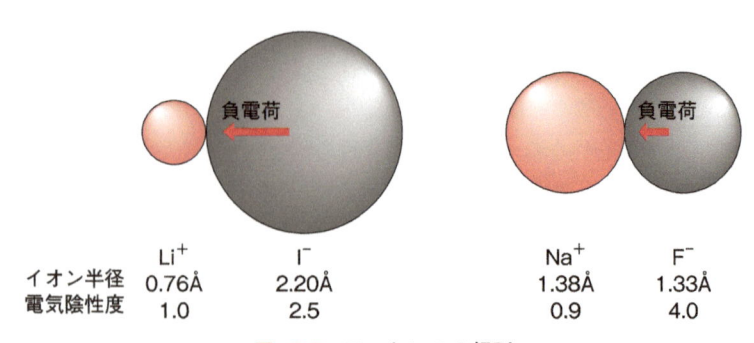

	Li$^+$	I$^-$	Na$^+$	F$^-$
イオン半径	0.76Å	2.20Å	1.38Å	1.33Å
電気陰性度	1.0	2.5	0.9	4.0

図 12.7 ファヤンスの規則

12.5 水素結合

　水素結合（hydrogen bond）は，水やフッ化水素など水素原子を含む化合物に見られる結合である．共有結合やイオン結合に比べると結合が弱いが，ファンデルワールス力よりもはるかに強い結合である．結合のエネルギーはファンデルワールス力では $1\,\mathrm{kJ\cdot mol^{-1}}$ 程度であるのに対し，水素結合では $40\,\mathrm{kJ\cdot mol^{-1}}$ 程度になる．

　最も強い水素結合をもつ分子はフッ化水素 HF であり，その分子は気相でも 6 分子程度が水素結合によって連結した構造をしている．一つの HF 分子は二つの水素結合をもつことができる．一方，水分子 H_2O は 1 分子あたり四つの水素結合をもつため，1 分子あたりの水素結合では水分子のほうがフッ化水素よりも強くなる（図 12.8）．水分子は分極し，水素が正の電荷，酸素が負の電荷をもっているために，分子間で静電的に引き合って水素結合がつくられると説明されることが多いが，水素結合はきちんとした方向性をもった結合である．酸素原子の不対電子からほかの分子の O-H 結合の反結合性軌道へ電子を受け渡すことによって生じる弱い結合が水素結合であるため，結合に対して O-H と O の孤立電子対は直線上に並ぶ．このような明確な方向性をもっているため，氷のなかでの水分子は，酸素に着目するとダイヤモンド構造をもつためかさ高くなる（図 12.9）．酸素原子を見れば正四面体構造になっているが，水素原子が結合している分子の向きに規則性はない．

　固体が液体よりも比重が小さいために浮くという水の特殊な性質は，規則正しい水素結合による配列のためである．温度を上昇させていくに従って水分子の振動が大きくなり，水素結合を切断して液体になるとかさ高い結晶構造が乱れるために比重が小さくなる．氷のなかでの水分子は 4 個の水分子と接しているので，**配位数**（coordination number）は 4 である．一方，液体の水中での平均的な配位数は 4.4 程度に上昇する．水は液体になっても部分的

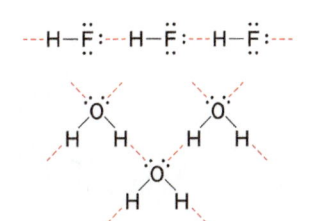

図 12.8 HF と H_2O の水素結合

配 位 数
着目する原子（分子）を取りかこむ原子（分子）の数．配位化合物での配位している原子の数を指す場合が多い．

包　接
化合物のなかに空間があり，その空間とサイズが合う原子（分子）が取り込まれる現象．明確な化学結合をしているわけではないが，安定な化合物をつくる．

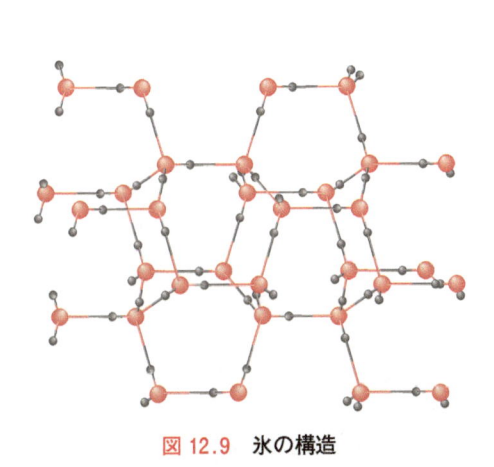

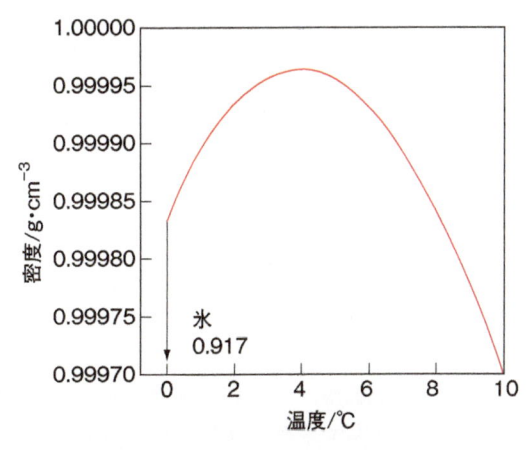

図 12.9 氷の構造

図 12.10 温度による水の密度変化

図 12.11　DNA 中に見られる塩基の水素結合

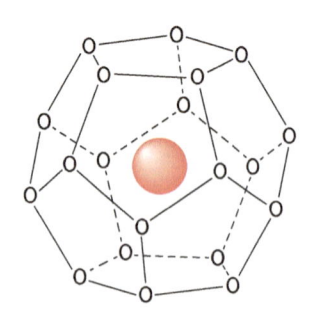

図 12.12　メタンハイドレートの例
水分子のつくる正 12 面体構造のなかにメタン分子が包接されている．正 12 面体の頂点位置に酸素があり，辺上にある水素は省略している．中央の球はメタン分子を示す．

に水素結合をもっており，低温ではとくにその水素結合の数が多いためかえって比重が小さくなる．一般に液体は高温になるほど膨張して比重が小さくなる傾向があるが，水の場合にはこれらの競合が見られ，4℃で最も水の密度が高くなっている（図 12.10）．水のなかで見られる水素結合は常に相手を変えているので，水分子の集合体がそのままの形で液中を移動しているわけではない．

　水素結合はさまざまなところで見られ，とくに生体物質中で重要な役割をはたしている．DNA の二重らせんを結びつけているアデニン（A）とチミン（T）のあいだには二つの水素結合があり，グアニン（G）とシトシン（C）のあいだには三つの水素結合がある（図 12.11）．情報の伝達や転写には，これらの水素結合が不可欠となっている．また，タンパク質の立体構造を見る際に，アミノ酸の一次元配列のほかに，らせん型をした立体構造も重要である．このらせん構造を形成しているのはタンパク質中での水素結合である．また，メタンハイドレートは水分子のつくる水素結合ネットワークのなかに，メタン分子が**包接**（inclusion）された構造をもっている（図 12.12）．

● 章 末 問 題 ●

12.1　水素と酸素の電気陰性度の値と水の構造を使って，水の双極子モーメントを求めよ．

12.2　ハロゲン化水素のなかで共有結合性の強いものはどれか．理由を述べよ．

12.3　HF の核間距離は 0.92 Å で，双極子モーメントは 6.6×10^{-30} C·m である．HF のイオン結合性の割合を計算せよ．

12.4　ポーリングの電気陰性度は式（12.4）で表され，マリケンの電気陰性度の値に合わせるために係数 0.208 が使われている．それぞれの値のもとになるエネルギーの単位は [kcal·mol^{-1}] と [eV] であることを考慮して，係数の値が合理的であることを確かめよ．

12.5　水の密度が最も高いのは 4℃であるが，もしも水分子の水素結合がもっと強いと仮定すると，この温度はどのように変化すると考えられるか．

13 混成軌道

13.1 混成軌道の考え方

　H_2 や NaCl など単純な分子ではルイス式や 8 電子則（オクテット則）を使って構造を説明できることが多いが，複雑な構造をもった化合物の結合を説明するのは難しいことがある．これまでに，原子価結合法よりも分子軌道法のほうが多くの情報を提供してくれることを説明してきた．はじめから分子軌道法を用いてすべての原子を含んだ分子軌道をつくればよいが，巨大な分子のシュレーディンガー方程式をそのまま解くことはできない．近年では計算機を用いて厳密な量子化学計算が可能になってきているものの，それでも原子価結合法を使って分子の構造の概略を理解するほうが，ものごとの本質を見極めるのに役立つ場合が多い．

　ただし，分子の構造を原子価結合法で説明するためには，どうしても原子軌道の方向性を加工して分子に合わせる必要が生じる．このために原子軌道を混ぜ合わせて新しい軌道をつくるのが，**混成軌道**（hybrid orbital）の考え方である．混成軌道は，一つの原子に属する原子軌道を組み合わせるだけであって，ほかの原子に帰属する原子軌道と結合させるわけではない．原子間の結合には原子価結合法の考え方にもとづいて，価電子の交換だけで説明する方法がとられる．ここでは，具体的な分子を例にして，混成軌道を説明する．

13.2 sp 混成

　原子価結合法は原子軌道をそのままにして，価電子の交換だけで結合を考える方法であった．例として単純な直線型分子の BeH_2 を考えてみよう．Be 原子の電子配置は $1s^2 2s^2$ であるので，2 個の 2s 軌道電子が価電子である．

図 13.1 Be の原子軌道

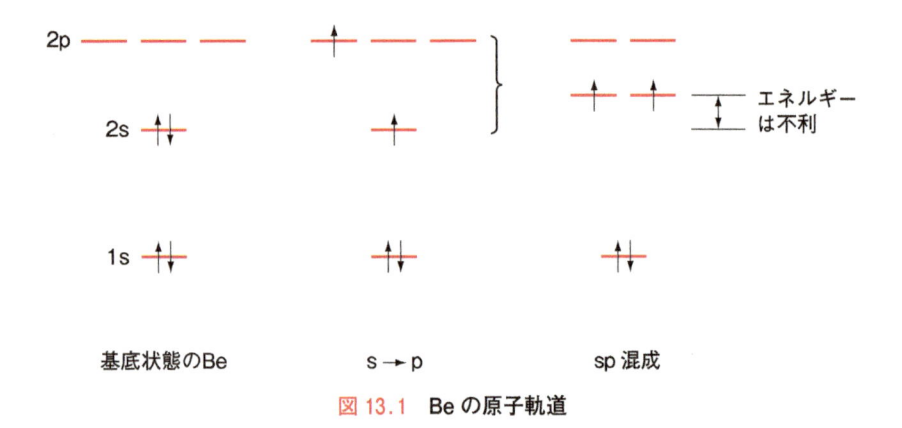

しかし，このままだと対を形成していない電子はなく，どこにも結合の余地がなくなってしまう．そこで 2s 軌道にある電子のうちの一つを，空の 2p 軌道に電子を入れて $1s^2 2s^1 2p^1$ の電子配置にすると，Be に不対電子が 2 個できて，これを使って二つの H 原子と価電子を共有して電子対をつくることが可能となり，二か所で結合できそうである．しかしこれでは，一つの p 軌道電子と H 原子は結合できても，もう一つの H 原子は s 軌道電子と直接結合して，方向が定まらないことになる．分子を直線型にするためには，s と p の両方の電子は等価[*1]になるはずである（図 13.1）．

そこで，Be 原子の 2s 軌道と 2p 軌道を混成[*2]するように考えてみる．s と p を混成した軌道は sp 混成軌道であり，重ね合わせ方によって向きが異なる二つの等価な軌道となる．このようにしてできた二つの sp 混成軌道が，それぞれ H 原子と価電子を交換して結合をつくると，直線型の BeH_2 の構造ができあがる（図 13.2）．

原子軌道として s と p に分かれていたものを混成するので，当然 sp 混成軌道をつくるほうがエネルギーとしては不利になる．しかし，このように sp 混成軌道をつくることにより，はじめて二つの H 原子が結合できることになるので，その結合生成によって最終的には安定な分子を形成することができる．

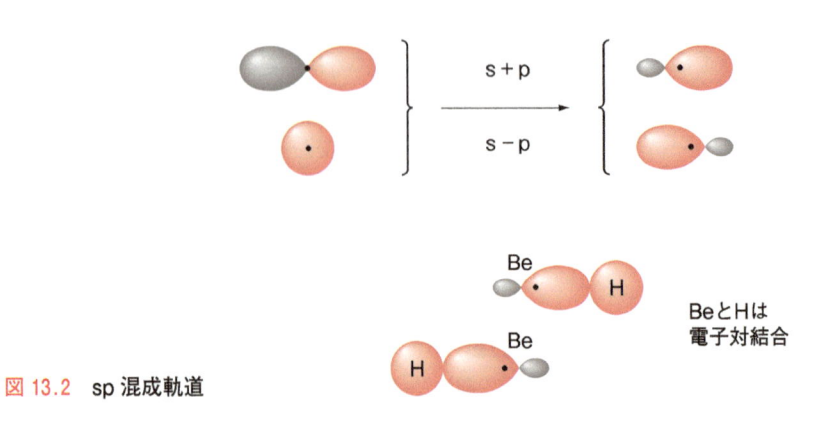

[*1] ここでいう等価とは，エネルギー・大きさ・形が同じで，向きだけが異なるものを意味する．

[*2] 混成とは，2s と 2p を混ぜ合わせて新たに等価な二つの混成軌道をつくることである．

図 13.2 sp 混成軌道

しかしここで注意してほしいことは，結合の途中で原子自体がどのようにして混成するかを決めているわけではないことである．できあがった分子を説明するために，混成軌道という考え方を使って人間が解釈しているだけである．実際には，分子全体のシュレディンガー方程式の解として得られる分子軌道に途中まで近づけ，それでも最終的には原子価結合法で説明しようとする，つじつまを合わせるために考えられた方法ともいえる．原子軌道にできるだけ手を加えたくないが，それではできあがった分子の構造を説明することができない．そのため，一つの原子のなかで部分的に原子軌道を組み合わせて実際の分子軌道に近づけておいて，最後の結合生成のところで価電子の交換による結合の概念を利用するために考えられたのが混成軌道である．

混成軌道と分子軌道の対応を見てみよう．3原子分子の分子軌道は2原子分子に比べるとやや難しいが，図13.3の右側のように分子の対称性を考えて右側にHの2原子からなる群軌道を書き，これが左側のBeと結合すると考えるとわかりやすい．Beの2s軌道と二つのH原子は，その波動関数の位相が揃う場合と揃わない場合があり，それぞれ結合性軌道と反結合性軌道をつくっていることがわかる．また，Beの2p軌道も二つのH原子とやはり結合性軌道と反結合性軌道をつくっている．これらの結合性軌道に6個の電子が入って直線型のHBeHが安定に存在している．

エネルギーの関係に着目して混成軌道の考え方を説明すると，図13.3の左側のようになる．まずBe原子のなかだけで2sと2pを混成してsp混成軌道を二つつくり，それと二つのH原子の1s軌道と組み合わせる．これらsp混成軌道は原子軌道に比べて不安定になってしまうが，sp混成軌道が二つのHからなる群軌道と結合し，二つの結合性軌道と二つの反結合性軌道をつくる．この最終的な分子軌道は，図13.3の右側の混成軌道の考え方を使わないものと同じである．混成軌道を使うと分子軌道の形を想像するのは

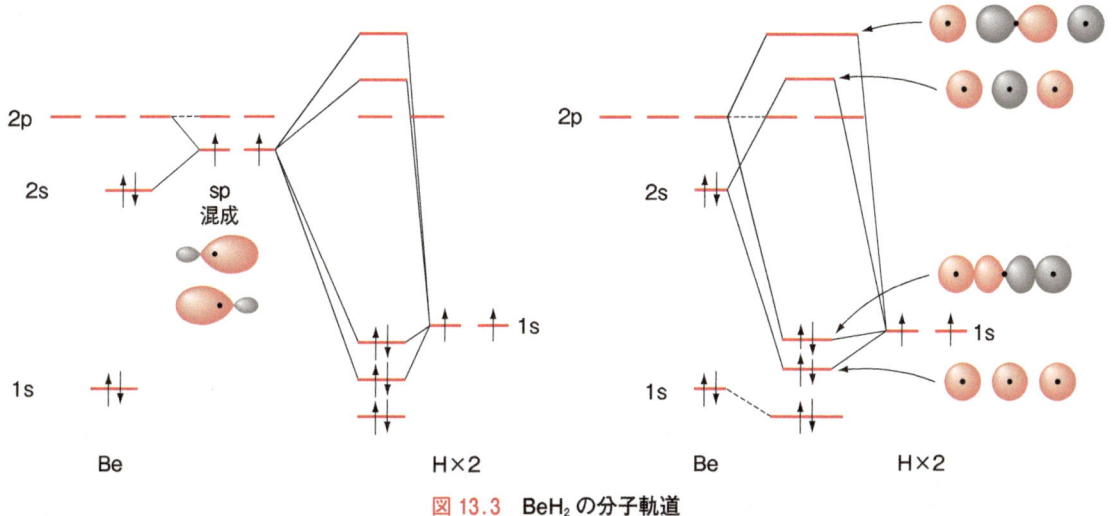

図 13.3 BeH$_2$ の分子軌道

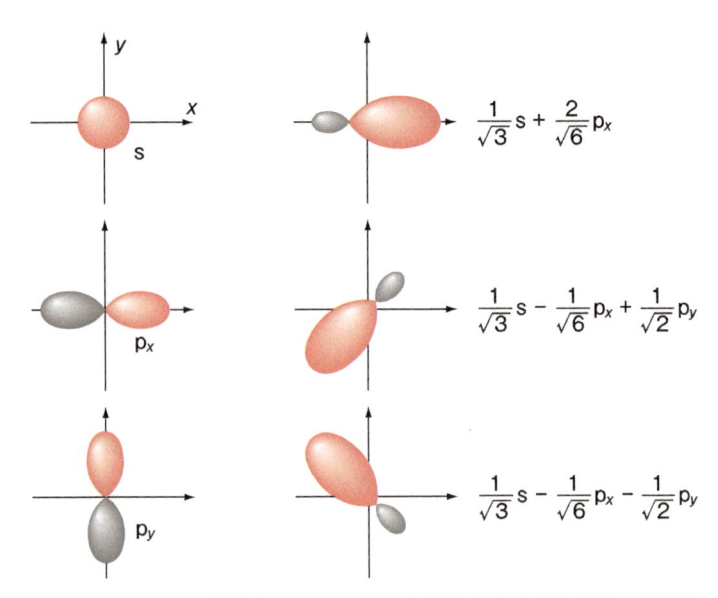

$\frac{1}{\sqrt{3}}s + \frac{2}{\sqrt{6}}p_x$

$\frac{1}{\sqrt{3}}s - \frac{1}{\sqrt{6}}p_x + \frac{1}{\sqrt{2}}p_y$

$\frac{1}{\sqrt{3}}s - \frac{1}{\sqrt{6}}p_x - \frac{1}{\sqrt{2}}p_y$

図 13.4 一つの s 軌道と二つの p 軌道を混成させてできる三つの軌道

かえってわかりにくくなってしまうが，結果としては同じ分子軌道に行き着く．

13.3 sp² 混成

次に，BCl_3 を例にして sp² 混成軌道を考えてみよう．B の基底状態の電子配置は $1s^2 2s^2 2p^1$ であるが，対を形成していない電子は 2p 軌道の 1 個だけであり，三つの Cl を結合させることはできない．そこで $1s^2 2s^1 2p^2$ に再配列し，s 軌道一つと p 軌道二つを混成させて等価な三つの軌道をつくる（図 13.4）．この場合，三つの原子軌道を混成させるための係数が多少複雑になるが，三つの軌道を等価に混成して，完成した軌道の大きさも等価になるようにするための係数である．次に示すように，組み合わせると等価な三つの混成軌道ができる．これによって，混成に使われた二つの p 軌道（p_x と p_y）がつくる面内（xy 平面）に，互いに 120°ずつずれた軌道ができあがる（図 13.5）．この三つの sp² 混成軌道がそれぞれ Cl 原子と電子対結合をするので，分子全体の形は平面三角形型となる．

ホルムアルデヒド CH_2O も sp² 混成軌道によって説明することができる（図 13.6）．C 原子の基底状態の電子配置は $1s^2 2s^2 2p^2$ であるが，二つの H 原子と一つの O 原子と結合するように sp² 混成をする．このとき 2p 軌道一つだけは sp² 混成に使われない．結合した O 原子に着目すると基底状態の電子配置は $1s^2 2s^2 2p^4$ であり，2p 軌道電子のうち 2 個が対を形成していない．このうちの一つを使って C の sp² 混成軌道と結合していることになる．C 原子と O 原子の 2p 軌道には，それぞれまだ結合に使われていない電子が 1 個ず

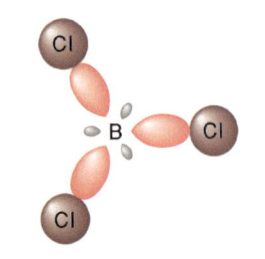

図 13.5 混成された三つの sp² 軌道の位置と BCl_3 の形

p_z 軌道が π 結合をつくる

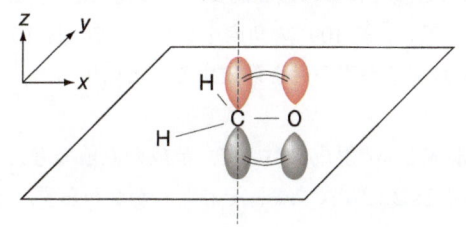

図 13.6 ホルムアルデヒドの構造

つ残っている．これらの 2p 軌道は C–O の結合に対して垂直の方向を向いているものが残されており，これが 2p–2p による π 結合を生成するため，C=O になっていると説明できる．混成軌道で結合できるのは σ 結合だけであり，π 結合などの多重結合は別に取り扱わなくてはならない．

13.4 sp³ 混成

さて，CH_4 分子の構造を考えてみよう．C 原子の基底状態 $1s^2 2s^2 2p^2$ から混成軌道をつくるために，$1s^2 2s^1 2p^3$ に電子配置を入れ替える．ここまでは sp^2 の場合と同様だが，今度は s 軌道一つと p 軌道三つをすべて混成させる

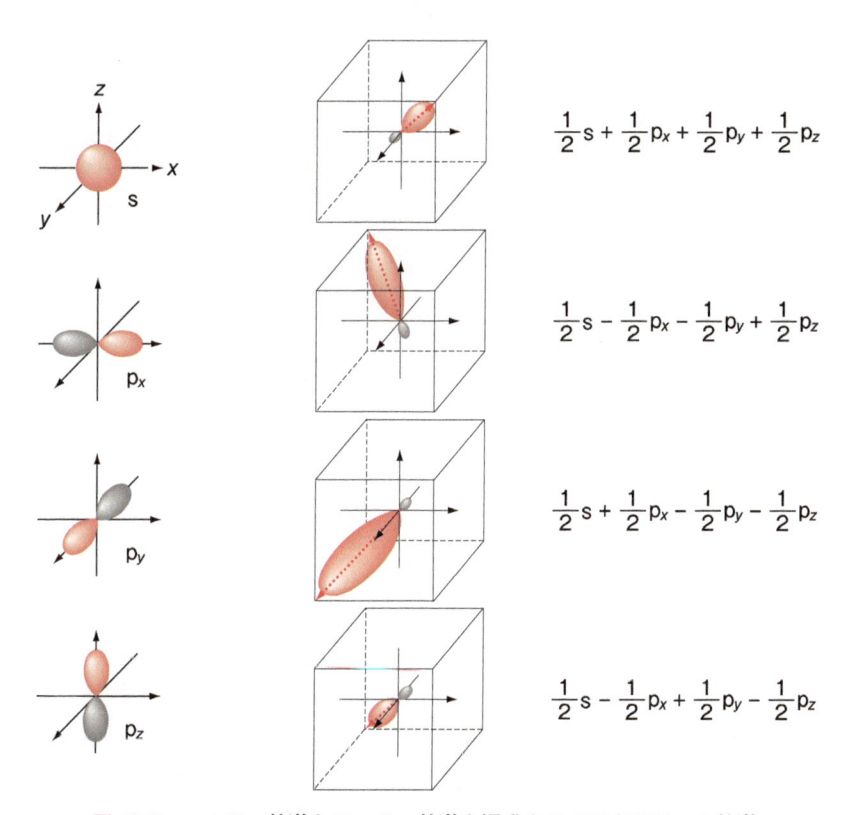

$$\frac{1}{2}s + \frac{1}{2}p_x + \frac{1}{2}p_y + \frac{1}{2}p_z$$

$$\frac{1}{2}s - \frac{1}{2}p_x - \frac{1}{2}p_y + \frac{1}{2}p_z$$

$$\frac{1}{2}s + \frac{1}{2}p_x - \frac{1}{2}p_y - \frac{1}{2}p_z$$

$$\frac{1}{2}s - \frac{1}{2}p_x + \frac{1}{2}p_y - \frac{1}{2}p_z$$

図 13.7 一つの s 軌道と三つの p 軌道を混成させてできる四つの軌道

約109°

図 13.8 混成された四つのsp³軌道の位置

（図 13.7）．これによって得られる等価な四つの sp³ 混成軌道は，正四面体の頂点を向くように互いに約 109°の角度をなしている（図 13.8）．この混成軌道と H 原子の不対電子が電子対を形成することによって，四つの結合が生じると考える．

C 原子の sp² 混成と sp³ 混成において，混成の直前で考えるべき電子配置は両者とも共通で $1s^2 2s^1 2p^3$ である．それにもかかわらず，sp² 混成になる場合と sp³ 混成になる場合があり，これらをどのように区別したらよいであろうか．C 原子だけに着目していてもこれらを区別することはできず，完成したあとの分子の形を知っていなければ判断できない．混成軌道の考え方は，既知の分子の構造を原子結合法で説明することはできるが，混成軌道だけから構造を推定することはできない．また，混成軌道をつくることはエネルギーとして不利になるが，分子として結合をつくると結果的にエネルギーは有利になる．メタンの場合，C 原子の 2s から 2p に電子を一つ昇位させて sp³ 混成を形成するのは，明らかにエネルギーとして不利であるが，その結果 C–H 結合を四つつくることにより安定化する（図 13.9）．このように混成をつくる過程は，目的とする分子の形に合わせるために仮想的につくったものである．

NH₃ も sp³ 混成して四つの混成軌道のうち三つを H 原子との結合に用いられるが，残りの一つは孤立電子対に使われている（図 13.10）．H₂O では O 原子でやはり sp³ 混成軌道をつくり，二つの H 原子と 2 個の孤立電子対に四つの混成軌道が使われている．このため，H₂O 分子の折れ曲がり角度は 109°に近い，105°となっている（図 13.11）．同様に H₂S を考えても折れ曲

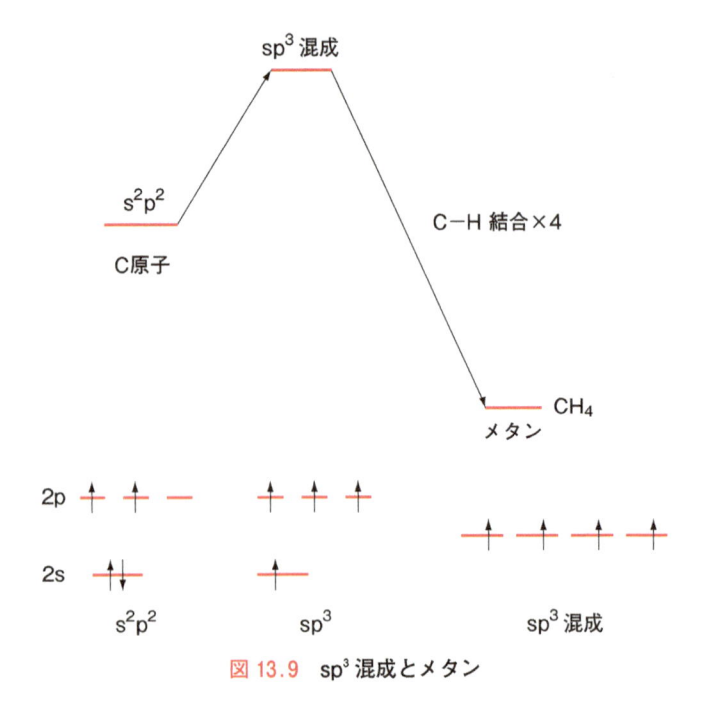

図 13.9 sp³ 混成とメタン

がり角度は109°に近くなりそうだが，実際には92°である．S原子の電子配置は$1s^22s^22p^63s^23p^4$であり，3sと3pが混成しそうだが，実際にはこれらの原子軌道のエネルギー差が大きすぎるため，混成しづらくなっている．これにより不対電子をもっている二つの3p軌道でそのままH原子と電子対結合をするため，角度がほぼ90°となる．

このように，いつでも混成軌道をつくるとは限らず，実際には分子をつくったときの安定性で構造が決まる．2s-2p間でのみ混成軌道が見られるかというと，そうとも限らず，場合によっては3s，3p，3dあるいは3d，4s，4p間で混成してできるsp^3d^2混成やd^2sp^3混成なども存在する．これらは遷移金属錯体の6配位の構造を説明するために用いられる（14.6節を参照）．

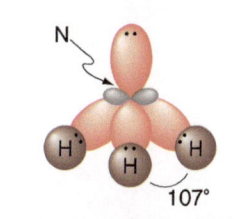

図13.10 アンモニアの構造

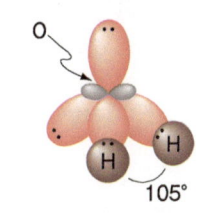

図13.11 水の構造

13.5 VSEPR

電子が対を形成していることを前提にして，その電子対が互いに反発するように立体構造をつくると考えるのが **VSEPR**（valence shell electron pair repulsion, **原子価殻電子対反発**）である．これは分子の構造を説明するために用いられ，混成軌道よりもさらに単純化した方法である．混成軌道の説明で使った分子をそのまま用いて説明してみよう．BeH_2のBeは価電子を2個もち，Hは価電子が1個であるので，ルイス式で書くと次のようになり，Beの周りには2対の結合電子対がある．

$$H:Be:H$$

この電子対が互いに反発するので，この分子は直線型になり，sp混成軌道と同様に実際の分子をうまく説明することができる．

BCl_3でも同様に三つの結合電子対が互いに反発するため，平面三角形型となる（図13.12）．しかし，CH_2Oの場合には注意が必要である．電子対を考えるときにはσ結合の電子対のみを考える．π結合に使われている電子対は反発には関与しないので，考慮に入れてはならない．つまりCの周りには3対の電子対のみがあるので，平面三角形型となる（図13.13）．

CH_4が正四面体型になることやNH_3が三角錐型になることもVSEPRで容易に説明できる．化合物が単結合のみで結合する場合には，VSEPRは簡便に立体構造を推定するための有力な手段となる．たとえば超原子価化合物（15.6節で説明する）であるSF_6の場合，Sの周囲には六つの電子対がある．これは12電子になってしまうので，当然8電子則は満たさない．このような場合であっても，SF_6は六つの電子対がすべて離れるため正八面体型となる（図13.14）．

VSEPRは多様な立体構造を説明できるための有力な方法であるが，その限界も理解して用いるべきである．σ結合だけで構成されている分子の構造はよく当てはめることができるが，多重結合を含んだ場合にはそれを電子対

図13.12 三塩化ホウ素

図13.13 ホルムアルデヒド

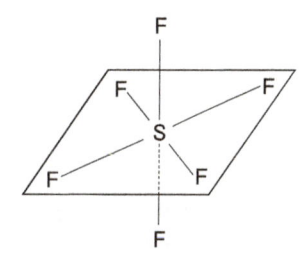

図13.14 六フッ化硫黄

表 13.1　電子対の数と立体構造の関係

電子対の数	2	3	4	5	6	7
立体構造	直線	三角形	正四面体	三角両錐	八面体	五角両錐

に含めずに数える.

VESPRから構造を推定するための手順は次の通りである.

1. 単結合のルイス式を書き，電子対（孤立電子対と結合電子対）の数を数える．多重結合がある場合にはそれらを除いて電子対を数える.
2. 電子対が最も反発を避けるような立体構造を決める．おおよその対応は表 13.1 に示す.
3. 電子対の反発のなかで，孤立電子対の反発が結合電子対に比べて大きい[*3]ことを考慮して，電子対を割り振る.

*3　反発の大きさは以下のようになる．孤立電子対-孤立電子対＞孤立電子対-結合電子対＞結合電子対-結合電子対.

具体的な例として，水分子を考えてみよう．酸素には6個の価電子があり，二つの水素原子と結合しているので，合計8個の価電子があり，電子対の数は4組である．電子対は反発するので正四面体構造となる（図13.15）．ルイス式からも明らかなように，結合電子対と孤立電子対がそれぞれ2組ずつからなっているので，水分子の折れ曲がり構造が導かれる．

次に XeF_4 を考えてみよう．XeF_4 は1962年に発見された希ガスを含んだ化合物であり，空気中では反応性に富むが結晶固体として取りだすことのできる化合物である．Xeは希ガス原子のなかでも大きな原子であるため，化合物を比較的つくりやすい．Xe原子は閉殻構造であるため，結合には方向性がないように考えてしまいやすいが，VSEPRで順を追って考えてみよう．

Xeには8個の価電子があり，これが4個のF原子と結合しているので，Xeの周囲には合計12個の電子がある．つまり，電子対の合計は6組であるので，八面体構造に4組の結合性電子対と2組の孤立電子対を割り振ればよい．孤立電子対どうしの反発が最も強いことを考慮すると，図13.16に示すような平面四角形型の構造が導かれる．実際のX線構造解析からも XeF_4 は平面四角形であることがわかっている．

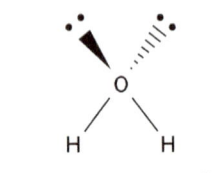

図 13.15　水分子の構造

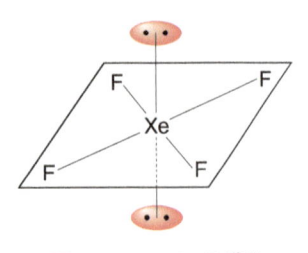

図 13.16　XeF_4 の構造

章末問題

13.1　BrF_5 の構造をVSEPRによって推定せよ.

13.2　亜硝酸イオン NO_2^- の構造を混成軌道によって説明せよ.

13.3　三塩化リン PCl_3 と五塩化リン PCl_5 の構造をVSEPRで推定せよ.

13.4　三塩化リン PCl_3 の構造を混成軌道の考え方で説明せよ.

13.5　五塩化リン PCl_5 の構造を混成軌道で使って説明しようとすると，d軌道の影響を考慮する必要が生じる．どのような混成軌道になるかを考えよ.

13.6　炭素の同素体であるダイヤモンドとグラファイトの結合を混成軌道により説明せよ.

14 配位結合

14.1 配位結合とは

水中で水分子（H_2O）は，一部解離して水素イオン（プロトン，H^+）と水酸化物イオン（OH^-）を生じる.

$$H_2O \longrightarrow H^+ + OH^-$$

プロトンは電子をもたず陽子1個そのものであるため正電荷であり，一方の水酸化物イオンは電子1個を過剰にもつことで結合や電子数が保たれる負電荷である．そこで上の反応式を逆にとらえると，プロトンと水酸化物イオンがクーロン力によってイオン結合し，水分子が形成されると見なすこともできる．ところが，13章の混成軌道でも説明したように，水分子の酸素原子と水素原子のあいだの共有結合は，酸素原子と水素原子からそれぞれ1個ずつの電子を用いた単結合であり，酸素原子上には孤立電子対が2組存在する（図14.1）.

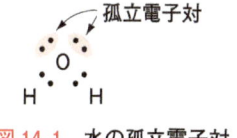

図 14.1　水の孤立電子対

さて，水中でプロトンが水素イオン単独で存在することは少なく，水分子と結合して**オキソニウムイオン**（oxonium ion, H_3O^+）を形成することが知られている．この場合，電子をもたない正電荷のプロトンと孤立電子対をもつ中性の水分子のあいだの結合は，電子の数から考えると，水分子の孤立電子対をプロトンの空の軌道が受け入れていると見なすことができる．つまり，上述のイオン結合でも通常の共有結合でもないと予想される．このように，結合に必要な電子対が結合に関与する一方の原子からのみ提供される結合を**配位結合**（coordinate bond）という．配位結合は孤立電子対の供与体（H_3O^+の例では水分子）と受容体（プロトン）のあいだに形成されることから，**供与体-受容体結合**（donor-acceptor bond）とも呼ばれる．

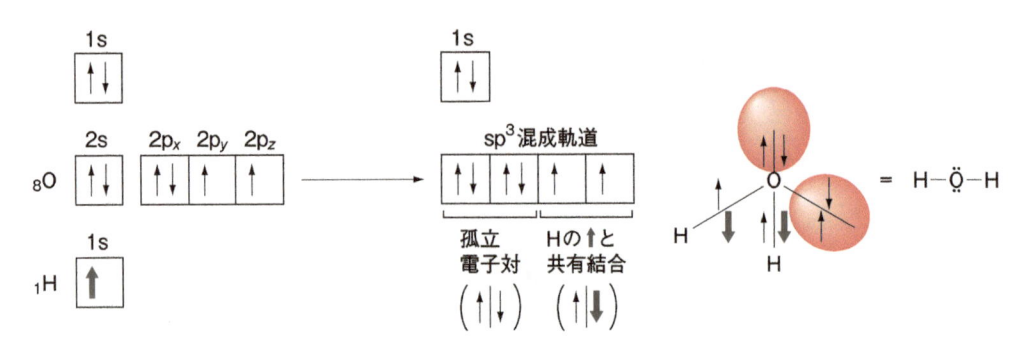

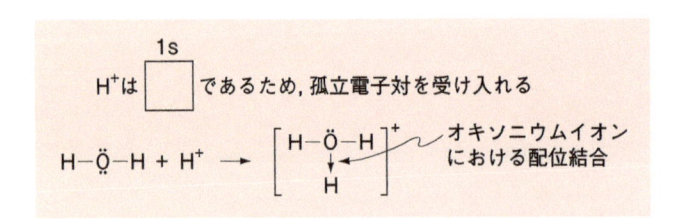

図 14.2　オキソニウムイオンにおける配位結合

　それでは，オキソニウムイオン H_3O^+ の配位結合について詳しく考えてみよう．図 14.2 に示すように酸素原子の電子配置は $1s^2 2s^2 2p^4$ であるが，$2s^2 2p_x^2 2p_y^1 2p_z^1$ として sp^3 混成軌道となり，$2p_y^1 2p_z^1$ の不対電子と水素原子の $1s^1$ 不対電子（電子1個を受け入れる余地あり）で共有結合をつくる．すると，$2s^2 2p_x^2$ に相当する2組の孤立電子対が残り，立体的には正四面体の頂点から共有結合間が狭まり孤立電子対間が広がった分子の形をとる．さらに，中性の水素原子から1個の電子を取り除いたプロトンは $1s^0$ 電子配置と見なすことができて，2個の電子（1組の孤立電子対）を受容する余地がある．これにより酸素原子上の孤立電子対が供与され，配位結合によって H_3O^+ イオンが生じると説明できる．いったん配位結合が形成されると，三つの O-H 結合は等価で区別できないため，H_3O^+ イオンの立体構造は，水素原子がつくる正三角形の頂点に酸素原子とその延長上に孤立電子対が存在するものと予想される．

　典型元素からなる化合物で孤立電子対の供与体と受容体のあいだで配位結合が形成される同様の例は多数ある．たとえば図 14.3 に示す**配位化合物**（coordination compound）ように，正四面体型構造をとる $[NH_4]^+$ イオンは，アンモニアの窒素原子上の1組の孤立電子対がプロトンに供与されて，結果的に四つの等価な N-H 共有結合を形成することになる．また，$[BCl_3][NH_3]$ は，BCl_3 のホウ素が sp^2 混成して最外殻電子が6個あるため，混成に使われなかった空の 2p 軌道に2個の電子（1組の孤立電子対）を受容する余地がある．そこにアンモニアの孤立電子対が供与され，配位結合を形成すると理解できる．

配位化合物
孤立電子対の供与体と受容体による配位結合を含む化合物の総称．典型元素にはアンモニウムイオン（アンモニアが供与体，プロトンが受容体）などがあるが，金属イオンと有機配位子からなる金属錯体とほぼ同義である．

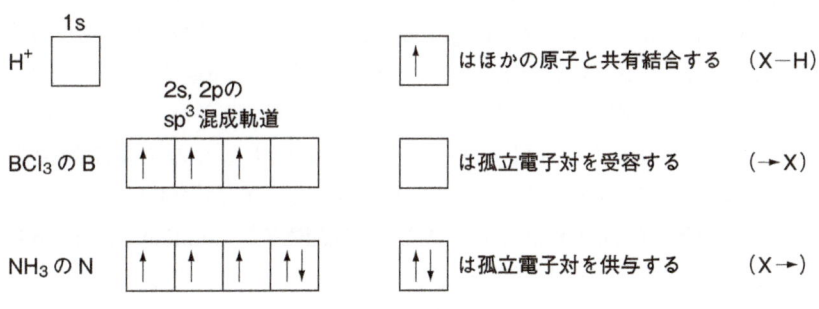

図 14.3　配位結合をもつ化合物の例

14.2　金属錯体とおもな配位子の例

水分子が配位結合を形成するとき，孤立電子対を受容できる化学種は，さらに電子 2 個（以上）を受け入れる余地があれば，典型元素に限らず遷移金属元素のカチオンであってもよい．たとえば図 14.4 に示す $[Co(NH_3)_6]^{3+}$ や $[Fe(H_2O)_6]^{3+}$ などのように，中心の遷移金属イオンが周囲の原子（団）やイオンから孤立電子対を供与されて配位結合を形成する．これによって生じる化学種を**金属錯体**（metal complex）という．一般に遷移金属イオンは水溶液中で単独で存在することはほとんどなく，$[Fe(H_2O)_6]^{3+}$ などのように水を配位した金属錯体（アコ錯体）を錯形成していることが多い．

アンモニア分子や水分子のように，金属錯体のなかで金属に電子対を与える原子（団）やイオンを**配位子**（ligand）という．配位子はアニオンだけでなく中性のものがあり，金属錯体としては負電荷，中性，正電荷いずれのものも知られている．一つの中心金属に結合した配位原子の数を**配位数**（coordination number）という．上述のように電荷ではなく孤立電子対の受容によるため，

金属錯体
中心の金属（イオン）に，いくつかの非金属原子（または原子団）が孤立電子対を供与する配位結合を形成して配位した化学種．電荷が中性でないものは錯塩（または錯イオン）とも呼ばれる．

図 14.4　金属錯体の例

アセチルアセトナト　　　　エチレンジアミン

図 14.5　キレート配位子

実例としていずれも六配位である Fe(Ⅲ) の $[Fe(CN)_6]^{3-}$ と Fe(Ⅱ) の $[Fe(CN)_6]^{4-}$ が存在するように，金属イオンの価数と配位数は直接的な関係がない．また，図 14.5 に示すように，配位子（分子，単原子分子，イオン）の構造中に孤立電子対を供与できる可能性のある配位原子が複数あるものも多く存在する．一つの配位原子で金属に結合するものを **単座配位子**（monodentate ligand）と呼び，複数の配位原子で金属に結合しているものを **キレート配位子**（chelate ligand），または **多座配位子**[*1]（multidentate ligand）と呼ぶ．一般にキレート配位子は金属イオンと適切な員数の環をつくると，同じ種類の配位原子の単座配位子よりも形成される金属錯体の安定度が大きい．したがって，$[Cu(NH_3)_6]^{2+}$ を配位子置換して $[Cu(en)_3]^{2+}$（en = NH_2-CH_2-CH_2-NH_2，エチレンジアミン）が生じるが，$[Cu(en)_3]^{2+}$ から $[Cu(NH_3)_6]^{2+}$ への系中の分子数が減るような配位子交換反応は，進行しにくい．

*1　金属に結合する配位原子の数が二つのときは二座配位子，三つのときは三座配位子と呼ばれる．

キレート配位子
金属錯体の配位子で，一つ（または複数の）の金属イオンと同一配位子分子中の二つ以上の原子で配位結合を形成しているもの．配位子には EDTA など多数の例が知られている．

14.3　結晶場理論

水溶液中の六配位八面体型 $[M(H_2O)_6]^{n+}$ 錯体は，金属イオンの種類や価数によってさまざまな色を示す．このような理由を金属-配位原子間の結合

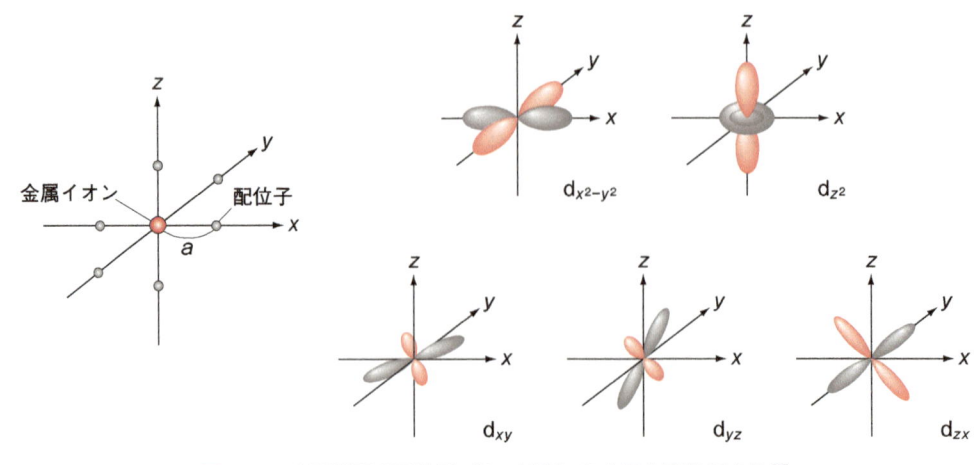

図 14.6　六配位正八面体型（Oh 対称）の金属と配位子の位置

金属イオンは原点 (0, 0, 0) にある．配位子は x, y, z 軸上に距離 a で ($\pm a$, 0, 0), (0, $\pm a$, 0), (0, 0, $\pm a$) の位置に存在する．これにより，配位子が近づいてくる方向には金属イオンの $d_{x^2-y^2}$, d_{z^2} 軌道が向いているのでこれらは大きな反発を受ける．

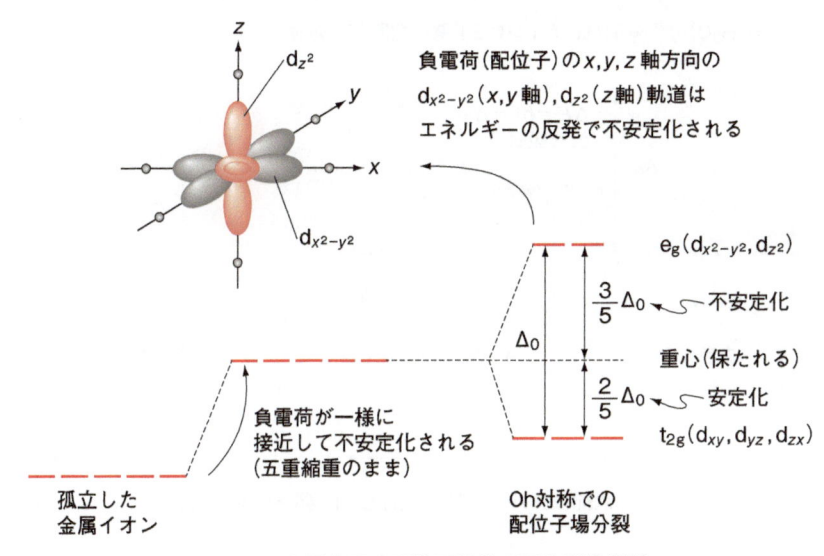

図 14.7　六配位正八面体型錯体の配位子場分裂

を説明する**結晶場理論**（crystal field theory）の観点から説明する．

　図 14.6 に示すように，金属イオンを原点にして，六つの水配位子の酸素原子を x，y，z 軸の正と負の同じ座標におく．このとき，配位子は負の点電荷と見なし，金属イオンが受ける静電的な場が d 電子状態に及ぼす影響を考える．孤立した金属イオンでは，五つの d 軌道が縮重している．ここで，六つの負電荷が一様に接近してくると，縮重を保ったまま一様に五つの d 軌道のエネルギーは不安定化される．さらに金属-配位原子間に結合が形成されるまで距離が近づく．すると，五つの d 軌道の縮重が解け，配位原子の負電荷が接近する x，y，z 軸方向に電子雲が広がる $d_{x^2-y^2}$ 軌道と d_{z^2} 軌道は，反発を受けるためにエネルギーが二重縮重したまま不安定化される．一方，配位原子が直接する方向ではない x，y，z 軸のあいだの方向に電子雲が広がる d_{xy} 軌道，d_{yz} 軌道，d_{zx} 軌道は反発を受けない．そのため五つの d 軌道を合計したエネルギーの重心は保たれるので，相対的にもとの五重縮重した d 軌道から比べると三重縮重したまま安定化する．対称性を表す記号を用いると，Oh 対称の六配位八面体型錯体では，不安定化された二重縮重の $d_{x^2-y^2}$ 軌道と d_{z^2} 軌道は e_g 軌道，安定化された三重縮重の d_{xy} 軌道，d_{yz} 軌道，d_{zx} 軌道は t_{2g} 軌道と呼ぶ．e_g 軌道と t_{2g} 軌道の分裂幅を Δ_0（または 10 Dq）で表すと，もとのエネルギーの重心から e_g 軌道と t_{2g} 軌道の分裂幅は，それぞれ $3/5\Delta_0$（または 6 Dq）と $2/5\Delta_0$（または 4 Dq）になる（図 14.7）．

14.4　分光化学系列

　ここで，水溶液中の六配位八面体型 $[M(H_2O)_6]^{n+}$ 錯体がさまざまな色を示すメカニズムを説明する．例として図 14.8 に示す $[Ti(H_2O)_6]^{3+}$ 錯体をあ

結晶場理論

たとえば六配位八面体型の金属錯体において，配位子の孤立電子対を点電荷と見なし，中心金属イオンの d 軌道と静電的に反発する方向の $d_{x^2-y^2}$，d_{z^2} 軌道が不安定化し，反発しない d_{xy}，d_{yz}，d_{zx} 軌道との分裂様式を示す理論．

Δ_0 と Dq

六配位八面体型錯体の配位子場分裂（t_{2g} 軌道と e_g 軌道のエネルギー差）の大きさは Δ_0 で表されるが，$\Delta_0 = 10$ Dq で関係づけられる Dq $(= qe^2\langle a^4\rangle/6R^5)$ 単位で表すと，重心と t_{2g} 軌道のエネルギー差は $2/5\Delta_0 = 4$ Dq，重心と e_g 軌道のエネルギー差は $3/5\Delta_0 = 6$ Dq となる（図 14.7）．D $(= 35qe^2/4R^5)$ と q $(= 2\langle a^4\rangle/105)$ はそれぞれ，d 電子と配位子の電荷間静電反発や距離に依存するエネルギーの値を示している．

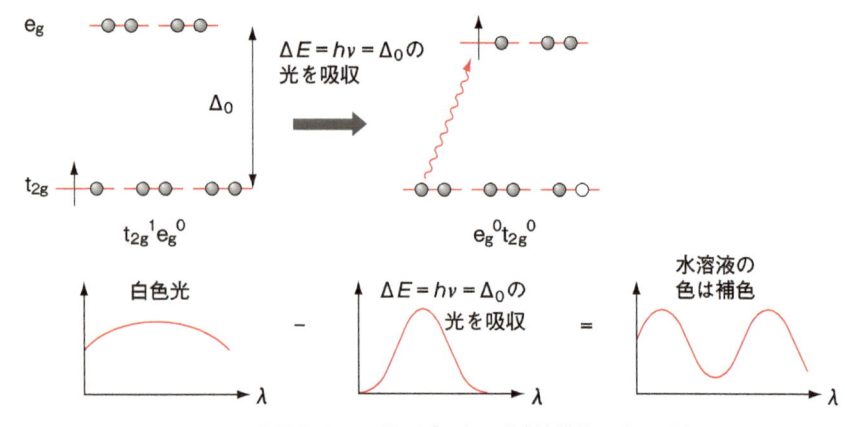

[Ti(H₂O)₆]³⁺ ➡ Ti(Ⅲ)イオンは3d¹電子配置(Oh 対称)

図 14.8　六配位正八面体型 [Ti(H$_2$O)$_6$]$^{3+}$錯体の光の吸収

d-d 吸収帯
金属錯体が配位子場分裂した結果，エネルギー準位の低い状態の d 電子が，遷移エネルギーに相当する波長の光を吸収して励起状態になり d-d 遷移を起こす．これによって電子スペクトルに現れるピーク（バンド）のことを指す．

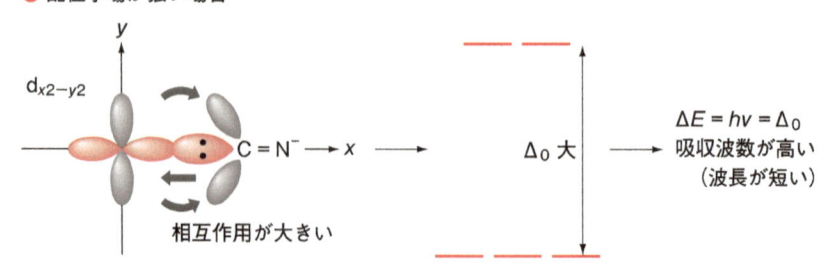

げる．Ti(Ⅲ)イオンは 3d 電子を 1 個もつ．配位子場分裂した d 軌道の場合もエネルギーの低い軌道から順に電子は占められていくので，エネルギーの低い t_{2g} 軌道のどれか一つに入った $t_{2g}^1 e_g^0$ 電子配置となる．配位子場分裂の結果生じる 10 Dq の軌道間の t_{2g} 軌道と e_g 軌道のあいだのエネルギー差に相当する波長の光が吸収されると，エネルギーの高い e_g 軌道に電子が遷移して，$t_{2g}^0 e_g^1$ 電子配置となる．このように配位子場分裂した d 軌道のあいだの電子遷移を **d-d 遷移** (d-d transition) という．このとき **d-d 吸収帯** (d-d absorption band) にある波長の光が吸収され，その光の補色である赤色が，[Ti(H$_2$O)$_6$]$^{3+}$ 錯体の水溶液の色として人間の目に見えることになる．

● 配位子場が強い場合

● 配位子場が弱い場合

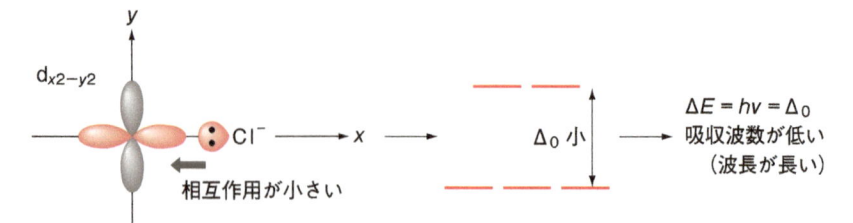

図 14.9　配位子場の強さと配位子場分裂

ところで，同じ金属イオンを含む錯体でも，配位子によって水溶液中の色が異なることが知られている．紫外可視吸収スペクトルの吸収極大波長が短くなる配位子ほど，配位子場分裂のエネルギー（10 Dq）が大きくなり，金属イオンに強い場の影響を及ぼしているといえる（図14.9）．このような配位子場の強さの順に配位子を並べたものを**分光化学系列**（spectrochemical series）と呼び，おもな配位子は次の序列になる[*2]．

$$CO \geqq CN^- > NO_2^- > en > NH_3 > H_2O > ox^{2-} > OH^- > F^- > NO_3^- > Cl^-$$

配位子場の強さは配位子によるので，同じ配位数や立体構造であれば六配位八面体型以外の金属錯体でも同様の傾向を示すといえる．四配位四面体型や四配位平面型錯体の配位子場分裂様式は，複雑な条件が関与するので，ここでは述べないことにする．

14.5 高スピンと低スピン

Ti(III)イオンは3d 電子を1個だけもつが，第一遷移金属イオンでは3d 軌道が完全に満たされる10個まで電子をもつことができる．とくに，不対電子の有無は金属錯体の磁性と密接な関係があり，不対電子をもつ場合は**常磁性**（paramagnetism），不対電子がない場合は**反磁性**（diamagnetism）となる．また，不対電子の数がn個であるときに，磁気天秤などで実験的に測定できる磁気モーメントの値は，$\sqrt{n(n+2)}$（B.M.）として求めることができる．

配位子場分裂したd軌道の場合でも，電子の数が増えるにつれてフントの規則（8.3節）に従い電子が占められる．各d電子数における，不対電子がなるべく少ない電子配置，不対電子数，磁気モーメントは表14.1のように

表 14.1 配位子場分裂が大きいときのd電子の磁気モーメント

d電子数	電子配置	不対電子数 n	磁気モーメント (B.M.)
0	$t_{2g}^0 e_g^0$	0	$\sqrt{0(0+2)} = 0$
1	$t_{2g}^1 e_g^0$	1	$\sqrt{1(1+2)} = 1.73$
2	$t_{2g}^2 e_g^0$	2	$\sqrt{2(2+2)} = 2.83$
3	$t_{2g}^3 e_g^0$	3	$\sqrt{3(3+2)} = 3.87$
4	$t_{2g}^4 e_g^0$	2	$\sqrt{2(2+2)} = 2.83$
5	$t_{2g}^5 e_g^0$	1	$\sqrt{1(1+2)} = 1.73$
6	$t_{2g}^6 e_g^0$	0	$\sqrt{0(0+2)} = 0$
7	$t_{2g}^6 e_g^1$	1	$\sqrt{1(1+2)} = 1.73$
8	$t_{2g}^6 e_g^2$	2	$\sqrt{2(2+2)} = 2.83$
9	$t_{2g}^6 e_g^3$	1	$\sqrt{1(1+2)} = 1.73$
10	$t_{2g}^6 e_g^4$	0	$\sqrt{0(0+2)} = 0$

[*2] en はエチレンジアミン，ox^{2-} はシュウ酸イオンである．

† 槌田龍太郎（1903～1962），日本の無機化学者．長岡半太郎と同じ大阪帝国大学教授をつとめた．分光化学系列の提唱のほか，原子価殻電子対反発則（VSEPR）をナイホルムやガレスピーとは独立に先に提唱した．

分光化学系列
槌田龍太郎によりまとめられた，金属錯体の d-d 遷移の波長によって決められた，大きな配位子場分裂を与える配位子の順位．配位子場の強さは，孤立電子対のσ供与とπ軌道の電子の占有や空などにより影響を受ける．

常磁性と反磁性
常磁性体は磁場に引き込まれる力が働き，反磁性体は磁場から反発する力が働く．磁性の要因となる不対電子は金属イオンのほか，有機ラジカル，酸素などにもある．

B. M.（ボーア磁子）
電子の磁気モーメントの定数 μ_B は，電気素量 e，プランク定数 h，電子の質量 m_e を用いて定義すると，SI単位系では $\mu_B = eh/4m_e$ となる．物質の有効磁気モーメント μ_{eff} は，電子1個の磁気双極子モーメントの大きさを基準として B.M. 単位で表せば，$\mu_{eff} = \mu/\mu_B$ となる．

表 14.2 配位子場分裂が小さいときの d 電子の磁気モーメント

d電子数	電子配置	不対電子数 n	磁気モーメント (B. M.)
4	$t_{2g}^3 e_g^1$	4	$\sqrt{4(4+2)} = 4.90$
5	$t_{2g}^3 e_g^2$	5	$\sqrt{5(5+2)} = 5.92$
6	$t_{2g}^4 e_g^2$	4	$\sqrt{4(4+2)} = 4.90$
7	$t_{2g}^5 e_g^2$	3	$\sqrt{3(3+2)} = 3.87$

なる.ところが,配位子場の強さや温度などの条件によって,$d^4 \sim d^7$ の金属錯体では上記より大きな磁気モーメントを示すものが知られており,実験結果に合う不対電子数や電子配置を表 14.2 のように考えることができる.

これは図 14.10 に示すように,配位子場が強く配位子場分裂が大きいとき,第 4 の電子は e_g 軌道に入るために必要な大きな(熱などの)エネルギーを獲得できず t_{2g} 軌道へ入るため電子対になる.一方,配位子場分裂が小さいとき,t_{2g} 軌道が三つとも電子で満たされたあとに第 4 の電子が比較的小さなエネルギー障壁でエネルギー準位の高い t_{2g} 軌道に不対電子として入ることができるため,磁気モーメントに違いが見られるのである.このように,不対電子の少ない電子配置を**低スピン**(low spin),不対電子の多い電子配置を**高スピン**(high spin)という.

14.6 d 軌道を含む混成軌道

金属錯体の磁性に関連する低スピンと高スピンなどの電子配置と配位結合

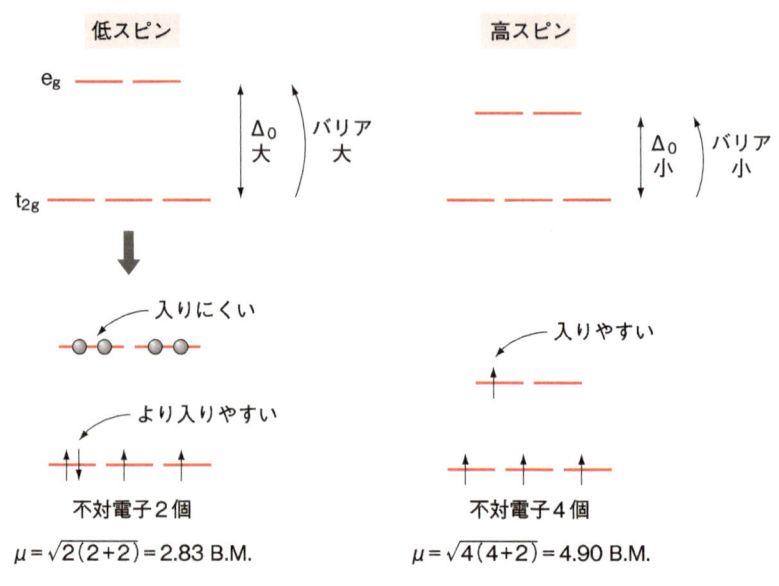

図 14.10 六配位八面体型 d^4 錯体での低スピンと高スピン

低スピン: $\mu = \sqrt{2(2+2)} = 2.83$ B.M.,不対電子 2 個

高スピン: $\mu = \sqrt{4(4+2)} = 4.90$ B.M.,不対電子 4 個

様式については，原子価結合法を用いても考えることができる．まず Ni(Ⅱ)錯体を例にして考えてみよう．Ni(Ⅱ)錯体は d 電子を 8 個もつ $3d^84s^0$ 電子配置で，3 組の電子対と 2 個の不対電子が五つの d 軌道に一つずつ入っており $d^2d^2d^2d^1d^1$ と表せる．中性の Ni 原子が $3d^84s^2$ 電子配置で $d^2d^2d^2d^1d^14s^2$ と表せるので，両方を比較すると，エネルギー準位の最も高い 4s 軌道の電子が 2 個失われたものといえる．

さて，配位子場の強いシアニドイオン（CN^-）が四配位平面型錯体 $[Ni(CN)_4]^{2-}$ をつくり，一方，配位子場が中程度のアンミン（NH_3）が六配位八面体型錯体 $[Ni(NH_3)_6]^{2+}$ をつくるとき，図 14.11 に示すような 3d 電子状態になる．いずれの配位子の場合でも，金属に供与する孤立電子対はエネルギー準位の高い軌道を用いた混成軌道に 2 個ずつ対をなして入る．そして金属の 3d 電子は磁性測定で明らかになるような不対電子数をとりつつ，エネルギー準位の低い軌道に入る．$[Ni(NH_3)_6]^{2+}$ 錯体の混成軌道は，3d 軌道が電子対と不対電子で五つともすべて使われるので，その上にある 4s，4p，4d 軌道から 6 組の孤立電子対を収容できるように sp^3d^2 混成軌道となっている．一方，$[Ni(CN)_4]^{2-}$ 錯体の混成軌道は，3d 軌道が 4 組の電子対で使われるが，まだ一つ空いている．そのため，その 3d 軌道から上にある 4s，4p 軌道まで 4 組の孤立電子対を収容できるように，dsp^2 混成軌道となっている．

$[Ni(NH_3)_6]^{2+}$ 錯体のように不対電子で 3d 軌道が五つともすべて使われる場合，六配位八面体型で配位子から供与される 6 組の孤立電子対を収容する混成軌道は，4s 軌道と 4p 軌道のほかに 3d 軌道より外側の 4d 軌道を用いた sp^3d^2 混成軌道となる．それに対して，すべて電子対を形成するなどして電子数の都合で空の 3d 軌道が残っている場合には，（外側にある 4d 軌道でなく）その内側にある 3d 軌道と 4s 軌道，4p 軌道を用いた d^2sp^3 混成軌道になる．高スピンでよく見られる前者を外軌道錯体，低スピンでよく見られる後者を内軌道錯体と呼ぶこともあるが，現在はあまり使われない名称である．

なお，実験から求められる磁気モーメントと不対電子数など磁性をもとに電子状態や結合を議論するには，混成軌道が有用である．しかし，実験から

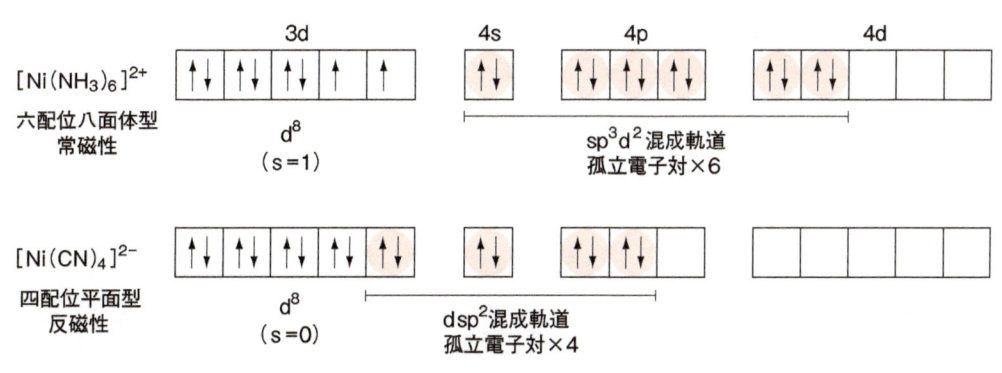

図 14.11　sp^3d^2 混成軌道（$[Ni(NH_3)_6]^{2+}$）と dsp^2 混成軌道（$[Ni(CN)_4]^{2-}$）

図 14.12　ヘムの構造

得られた紫外可視吸収スペクトルのd-d遷移を解釈する場合などには不向きで，先ほどの結晶場理論や分子軌道法を用いる説明が適している．金属錯体の電子状態を議論する理論的枠組みは歴史的発展を含めてさまざまあるが，その現象に適用できる理論を選ぶことが必要である．

14.7　ヘムと生物無機化学

金属錯体は化学的に合成したものだけでなく，天然に存在する鉱物や生体内にも含まれている．**金属タンパク質**（metalloprotein）と呼ばれるポリペプチドを構成するアミノ酸残基に金属イオンが結合していたり，**補因子**（cofactor）と呼ばれる低分子金属錯体がポリペプチドに埋め込まれたりして，生体内での化学反応の触媒や物質運搬における活性中心となる金属イオンを

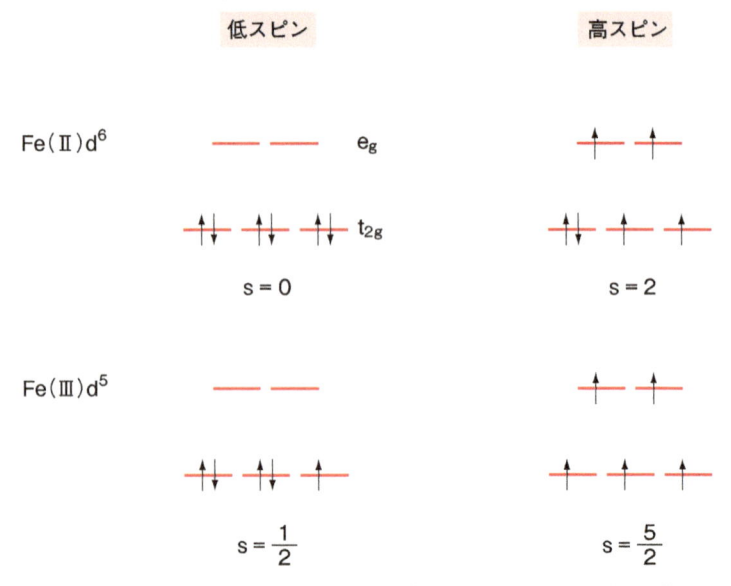

図 14.13　Oh対称のFe(II)とFe(III)の低スピン，高スピン状態

含んだタンパク質が知られている．代表的な金属タンパク質として，ポルフィリン誘導体を配位子とする鉄錯体の補因子であるヘム（図14.12）を含むヘムタンパク質がある．これは**ヘモグロビン**（hemoglobin）や**ミオグロビン**（myoglobin）など分子状酸素の運搬や還元などの機能をもつ．

　ヘムは，中心の鉄イオンの環状平面四座配位子であるポルフィリンと，上下の空いた軸配位座にアミノ酸残基の窒素原子や硫黄原子，あるいは分子状酸素などの反応基質を配位することができる．反応サイクルにおけるそれぞれの中間体の段階ごとに，また基質の着脱によっても，鉄イオンの酸化数やスピン状態が変化する[*3]．先述したように，Fe(Ⅲ)はd^5電子配置，Fe(Ⅱ)はd^6電子配置である．ヘモグロビンが酸素を運搬する際に，分子状酸素と結合する前にはFe(Ⅱ)の高スピン状態をとるが，結合したあとにはFe(Ⅲ)の低スピン状態をとる（図14.13）．一方，一酸化炭素と結合するときはFe(Ⅱ)の低スピン状態をとる．なお，配位子場の強さは，分光化学系列が示す配位子固有のものでなく，結合距離にも依存する．このように，鉄イオンの電子状態は軸配位子の有無や種類によってさまざまに変化する．

ヘモグロビン
赤血球に含まれる鉄ポルフィリンを補酵素として，グロビンをアポ酵素として構成される4サブユニットからなる金属タンパク質．酸素運搬を担い，低酸素濃度下で鉄と酸素が1:1で結合すると，赤色のオキシヘモグロビンとなる．

ミオグロビン
ヘム鉄を含む金属タンパク質で酸素結合能がある．分子量は約18,000で，単量体構造をとっている．筋細胞などに多く含まれて，酸素を貯蔵する機能をもつ．周囲の酸素分圧が低いときに結合した酸素分子を放出する．

[*3] 一時的にFe(Ⅳ)やFe(Ⅴ)など高酸化数の中間体となることも知られている．

●章末問題●

14.1 次の記述は正しいか誤りかを理由とともに答えよ．

（1）正八面体の金属錯体では，中心金属イオンのd軌道のエネルギー準位はd_{xy}，d_{yz}，d_{zx}に比べ$d_{x^2-y^2}$やd_{z^2}のほうが高い．

（2）d軌道を分裂させる力は，CN^-やCO配位子より，Cl^-のほうが小さい．

（3）光学活性六配位金属錯体$[M(en)_3]^{2+}$の配位子enは，二座配位子である．

（4）アニオン配位子がなければ，アニオン金属錯体（錯イオン）を形成できない．

（5）配位子場の強い配位子は，弱い配位子よりも，金属錯体のd-d吸収帯を長波長側にシフトさせる．

15 多重結合と電子欠損

15.1 二重結合

二重結合(double bond)や**三重結合**(triple bond)などの**多重結合**(multiple bond)は，CやNなどの軽い元素間で生成しやすく有機化合物で見られることが多い．エチレンC_2H_4のC–C間で形成されている二重結合のうち一つは，二つのCのsp^2混成軌道どうしによる結合であり，C–C結合軸方向に伸びている**σ結合**（σ bond）である（図15.1）．当然，残りのsp^2混成軌道はHとの結合に使われている．Cにはsp^2混成に使われずに残ったp軌道があり，これはsp^2混成軌道と直交している．このp軌道どうしが重なり合うことによって**π結合**（π bond）を形成する．このように二重結合はいつでもσ結合とπ結合の組合せで構成されている．

単結合とは異なり，二重結合では結合軸周りでの回転を起こすことはない．なぜなら，π結合を構成するためには二つのp軌道が同一方向を向いている必要があり，これが $=CH_2$（メチレン基）の回転に伴ってずれてしまうとπ

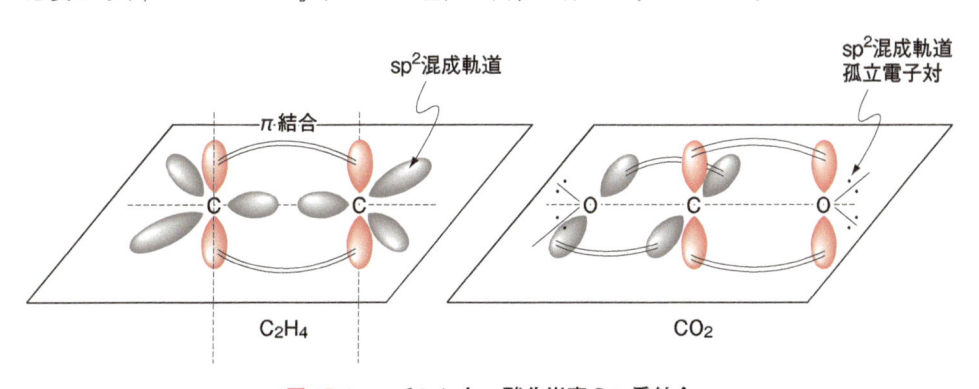

図 15.1　エチレンと二酸化炭素の二重結合

— 143 —

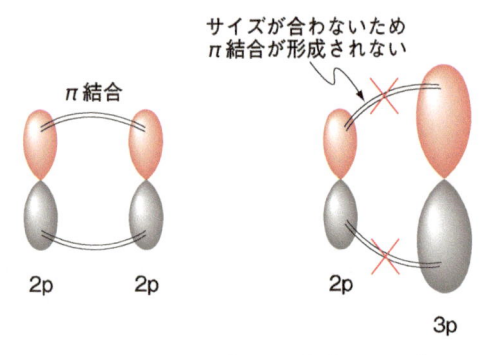

図 15.2　2p 軌道と 3p 軌道のサイズ

結合が壊れてしまうためである．

　二酸化炭素 CO_2 の場合には，C が sp 混成軌道をつくって二つの O と σ 結合をしている（図 15.1）．このとき O は sp^2 混成軌道をつくり，1 個の電子は C との結合に使われ，4 個の電子は 2 組の孤立電子対となって sp^2 混成軌道を占めている．O の残り 1 個の電子は，C の sp 混成に使われなかった p 軌道にある．同様に C にも二つの p 軌道が残っており，これが二つの O とそれぞれ π 結合する．したがって，C を中心とした二つの π 結合の軌道は互いに 90°傾いていることになる．実際には，これらの二つの二重結合の向きは区別できない．

　二重結合の π 結合は，C＝C，C＝O，N＝O など 2p 軌道どうしでつくられる場合がほとんどで，C＝S や C＝Si などといった 2p 軌道とそれより大きな 3p 軌道と二重結合をつくることは難しい．これは p 軌道の大きさが異なるために，π 結合をつくりにくいからである（図 15.2）．

　アセチレン C_2H_2 は三重結合をもっている．C に着目すると sp 混成をして，炭素原子間で σ 結合を形成し，残った直交する二つの p 軌道を使って二つの π 結合形成をしている（図 15.3）．**結合次数**（bond order）が大きくなるほど結合距離は短くなり，結合が強くなることがわかる．また，窒素分子 N_2 の結合も三重結合であり，強い結合をもつため，N−N 結合距離は二重結合の C＝C や O＝O 距離よりも短くなっている．ただし，O＝O の二重結合の性質

> **結合次数**
> 原子間で電子が対をつくることによって結合すると考えたとき，その電子対の数を結合次数という（11.3 節）．単結合，二重結合，三重結合の結合次数はそれぞれ 1 次，2 次，3 次となり結合の本数に対応する．分子軌道法では，結合性軌道にある電子数と反結合性軌道にある電子数の差の半分が結合次数に対応する．結合次数は必ずしも整数ではなく，たとえば，結合に使われている電子の数が 3 個の場合の結合次数は 1.5 次となる．

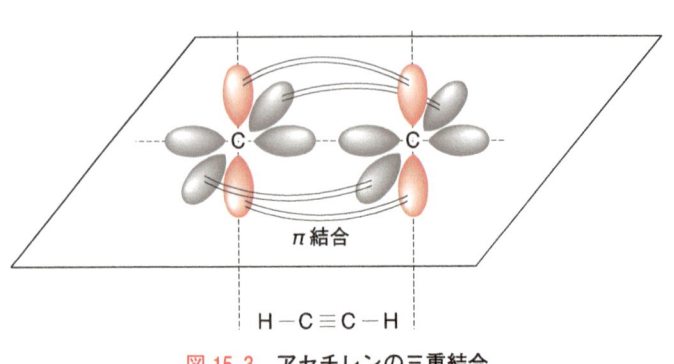

図 15.3　アセチレンの三重結合

表 15.1 結合の多重度，結合長，結合エネルギーの関係

結合	結合長 (Å)	エネルギー (kJ·mol^{-1})
H_3C-CH_3	1.53	346
$H_2C=CH_2$	1.34	602
$HC≡CH$	1.21	835
H_2N-NH_2	1.45	247
$HN=NH$	1.25	418
$N≡N$	1.10	942
$(O-O)^{2-}$	1.49	204
$(O\dot{=}O)^-$ (1.5次)	1.35	395
$O=O$	1.21	495
$(O\dot{=}O)^+$ (2.5次)	1.12	625

O_2^- の結合次数は 1.5 であり，整数ではない．これは結合に使われている電子の数が 3 個であることを示している．酸素分子の分子軌道（図 11.5）に電子を 1 個加えると反結合性の π^* に入るため，不安定となり正味 3 個の電子で結合することになる．O_2^+ の場合には π^* から電子を 1 個取り除くために結合次数は 2.5 となる．

は，二つの結合性 π 軌道を一つの反結合性 π^* 軌道が相殺することによって正味の二重結合となっているので，窒素や炭素の二重結合とは性格が異なる．

15.2 多重結合と結合長

多重結合では，単結合に比べて結合に使われている電子の数が多いため，結合エネルギーが大きい．結合性軌道にある電子の数と反結合性軌道にある電子の数の差が大きく，また結合の多重度が大きくなるにつれて結合の長さは短くなる．表 15.1 には炭素，窒素，酸素について結合の多重度と結合長，結合エネルギーの関係を示した．11.3 節で示した酸素の電子数の変化によって結合次数が変わり，結合長や結合エネルギーが変化するようすがわかる．

窒素は，結合次数が変わることによって結合エネルギーの変化がとくに大きい原子である．N_2 は三重結合で非常に安定な分子であるが，ヒドラジン H_2NNH_2 は N-N 間が単結合であるために分解しやすく，ロケット燃料などにも用いられる化合物である．ただし，ヒドラジンはエチレンのような平面構造をしているわけではなく，N には孤立電子対があり，ねじ曲がった構造をしていることも反応性に大きく寄与している（図 15.4）．

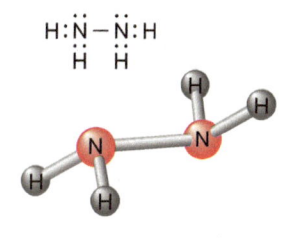

図 15.4 ヒドラジン

15.3 非局在化

オゾン O_3 の構造を例に考えてみよう．オゾンは酸素 O_2 への紫外光照射や放電などでつくりだすことができる分子であり，大気中にも存在する．オゾンのなかですべての O が **8 電子則**（octet rule）を満たすようにすると，図

8 電子則
オクテット則とも呼ばれ，着目する原子の周囲の電子数が閉殻構造になると安定になる．このほかに，遷移元素の場合には 18 電子則となる．

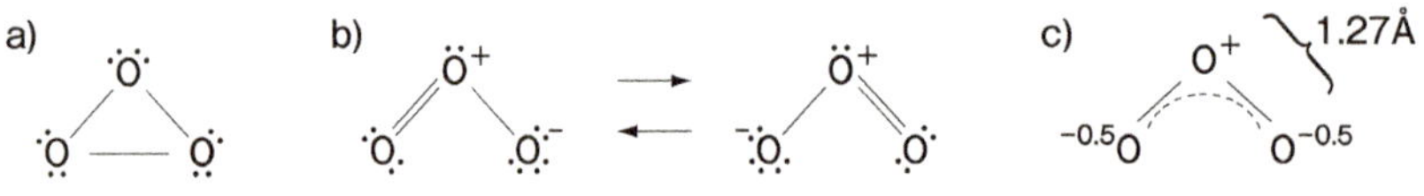

図 15.5 オゾンの構造
a）8電子則を満たす構造，b）極限構造の相互変換，c）極限構造を平均した構造．

15.5 (a) に示すような正三角形型の構造が推定される．しかし，実測からはオゾンが折れ曲がり構造であることがわかっており，これを考慮して8電子則を満たすように工夫して構造を推定すると，二通りの構造が考えられる（図 15.5b）．一つは，電荷が分離してしまい，二重結合と単結合では結合長が異なるので左右対称ではない構造である．もう一方の構造は，単結合と二重結合の位置を入れ替えた状態であり，これらを**極限構造**（canonical structure）という．これらの構造が相互変換するため，実際には区別ができないと考えるのが共鳴の考え方である．現在ではフェムト秒単位で分子の構造を測定することが可能で，本当にこのような変換があるかどうかを測定できるようになっている．その結果，これらの極限構造が相互変換しているわけではなく，これらの平均の構造を取っていることが明らかにされている．つまり，電荷は分離して局在化せずに平均的な値をとり，結合長も二重結合と単結合の中間の値である 1.27 Å となる（図 15.5c）．共鳴は分子の構造を説明するときに，ルイス式や8電子則を仮想的に用いるためのものであり，本当にこれらの極限構造が存在するわけではない．このように電荷や結合状態が偏って存在せずに平均化していることを**非局在化**（delocalization）という．

C=C 二重結合を二つもつ 1,3-ブタジエンを考えてみよう．1,3-ブタジエンは図 15.6 (a) のような構造をしているが，中央の単結合の結合距離は 1.48 Å であって，単結合と二重結合の中間の値である（図 15.6b）．これは図 15.6 (c, d) に示すようなブタジエンのもう二つの極限構造をつくり，その共鳴構造を考えることによって説明できる．つまり，二重結合が三つの C-C 結合のあいだで非局在化している．これについては次の分子軌道法でも説明する．

ベンゼンでも，非局在化によってエネルギーが安定化する．ベンゼンはケクレ式で三つの二重結合と三つの単結合の組合せで書くことができて，これらの構造のあいだを共鳴していると説明するのが，電子対結合の考え方である（図 15.7a）．シクロヘキセンの水素付加反応の生成熱は $\Delta H = -119.5 \text{ kJ·mol}^{-1}$ であり，ベンゼンをケクレ式のように二重結合が三つある構造だと仮定すると，水素付加反応の生成熱は 3 倍の $\Delta H = -358.5 \text{ kJ·mol}^{-1}$ と予想される．しかし，ベンゼンからシクロヘキサンへの実際の反応では $\Delta H = -208.2 \text{ kJ·mol}^{-1}$ であり，さらに安定化していることが理解できる（図 15.7b）．この原因は**共役二重結合**（conjugated double bond）であり，二重結合の非局在化である．ベンゼンの分子軌道のうちの一

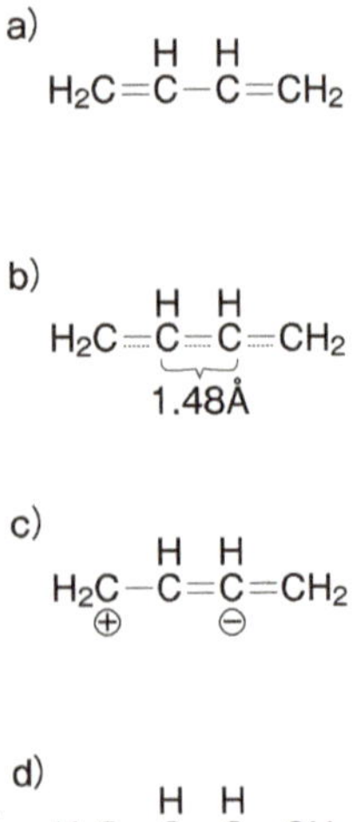

図 15.6 1,3-ブタジエン
a）簡略構造式，b）二重結合が非局在化した構造式，c）とd）極限構造．

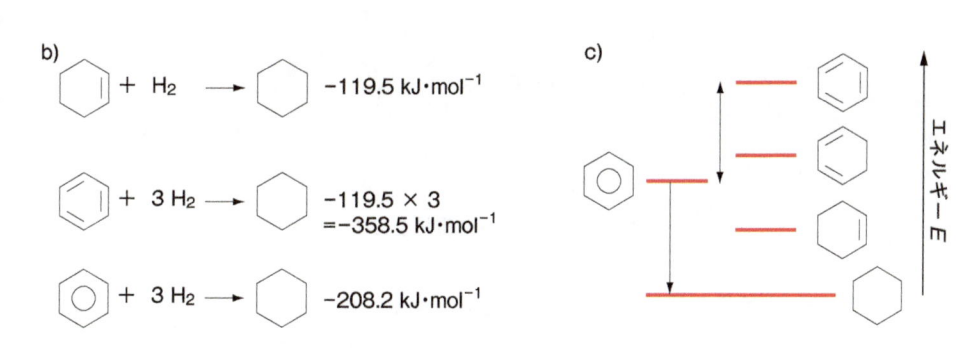

図 15.7 ベンゼン
a) ケクレ式, b) 水素付加反応の生成熱, c) 分子構造.

つを図 15.8 に示す. このように六員環の面に垂直な六つの p 軌道がすべて同等に結合している. 実際, 炭素間の結合はすべて同じで 1.40 Å であり, 単結合と二重結合の中間の値を示している.

グラファイトは, 炭素が平面状に結合してできる巨大分子である. 層間にはファンデルワールス力のみが働いているが, 一つの層のあいだには垂直方向の p 軌道があり, これらも非局在化して一つの軌道をつくっているため, 電気伝導性が見られる.

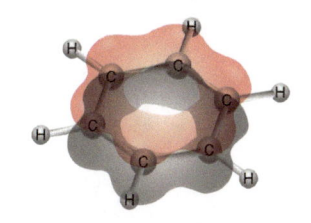

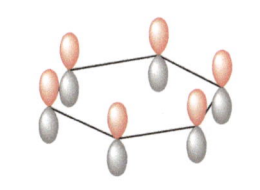

図 15.8 ベンゼンのπ共役

15.4 分子軌道法による説明

有機化合物の π 結合を説明するために, 分子軌道の考え方を近似によって単純化した手法が**ヒュッケル**[†]**法** (Hückel method) である. π 軌道の分子軌道を Φ, 二つの炭素原子の 2p 軌道を χ_a, χ_b とおくと, 次のように書くことができる.

$$\Phi = c_1\chi_a + c_2\chi_b \tag{15.1}$$

これは水素分子の分子軌道で見た式 (10.3) とまったく同じである. これも変分法の考え方を使って, 同様に c_1 と c_2 を求めることができる. 結局, 次の行列式を満たすようにすればよいことになる. 式の導き方や記号の意味は 10 章を見直してほしい.

$$\begin{pmatrix} H_{aa} - S_{aa}E & H_{ab} - S_{ab}E \\ H_{ab} - S_{ab}E & H_{bb} - S_{bb}E \end{pmatrix} \begin{pmatrix} c_1 \\ c_2 \end{pmatrix} = \begin{pmatrix} 0 \\ 0 \end{pmatrix} \tag{15.2}$$

p 軌道について自分自身の重なり積分 (S_{aa} と S_{bb}) が 1 であること (規格化) は 10 章で述べたときと同じだが, ヒュッケル法では, 二つの異なる炭素原

[†] Erich Armand Joseph Hückel (1896～1980), ドイツの物理化学者.

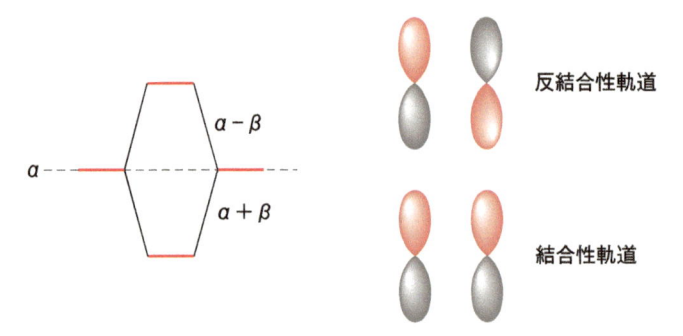

図 15.9　エチレン二重結合のエネルギー準位

子のp軌道の重なり積分（S_{ab}）を0にする．本来，二つの軌道が十分に離れていないと重なり積分が0にはならないが，計算を簡単にするための近似として0にして考える．そのほか，クーロン積分（H_{aa}とH_{bb}）をαとし，共鳴積分（H_{ab}）をβとおく．クーロン積分αは2p軌道のエネルギーに等しく，共鳴積分βは二つの軌道間の電子の往来の程度を表す．すると対応する行列式は次のように単純になる．

$$\begin{vmatrix} \alpha - E & \beta \\ \beta & \alpha - E \end{vmatrix} = 0 \tag{15.3}$$

これから，

$$(\alpha - E)^2 - \beta^2 = 0 \tag{15.4}$$

となり，$E = \alpha \pm \beta$と導くことができる．これがπ結合の結合性軌道と反結合性軌道のエネルギーである（図15.9）．この結合性軌道に電子が2個入るのでエネルギーは$(\alpha+\beta) \times 2$となり，結合をつくらない場合の2αに比べて2βだけ安定になる．エチレンのような二重結合を一つしかもたない分子の場合には，重なり積分を0にしたことによって単純になった以外，あまり恩恵がない．しかし，この考え方を使うと，さらに大きな分子で**π共役**（π conjugation）を説明することが可能である．

次に，図15.6で示した二重結合を二つもつ1,3-ブタジエンについて考えてみよう．ここで説明のために，左からC原子に記号をつけてそれぞれC_a，C_b，C_c，C_dとする．すべてのCはsp^{3}混成をして，互いにσ結合している．そして，C_aとC_b，C_cとC_dのあいだでは残りのp軌道がπ結合をしていると説明できる．これは分子中での電子の振る舞いを原子軌道にもとづいて説明する原子価結合法（10.2節）の考え方である．

同じことを分子軌道法によって説明してみよう．π電子で用いられるヒュッケル法の近似を使うことにする．炭素のπ結合に使われた炭素の結合方向に垂直なp軌道の原子軌道をχ_a，χ_b，χ_c，χ_dとすれば，エチレンと同様に次のように表すことができる．

$$\Phi = c_1\chi_a + c_2\chi_b + c_3\chi_c + c_4\chi_d \tag{15.5}$$

ここでもすべての軌道のクーロン積分 α は等しく，共鳴積分 β は隣り合う軌道どうしではすべて同じ値をとり，隣り合わない軌道間では共鳴積分 β は 0 であるという近似を行う．すると，以下の行列式となる．

$$\begin{vmatrix} \alpha-E & \beta & 0 & 0 \\ \beta & \alpha-E & \beta & 0 \\ 0 & \beta & \alpha-E & \beta \\ 0 & 0 & \beta & \alpha-E \end{vmatrix} = 0 \tag{15.6}$$

4 行 4 列の行列式は簡単ではないが，この式を解くと次のようになる．まず，λ を次のようにおく．

$$\lambda = \frac{E-\alpha}{\beta} \tag{15.7}$$

すると，行列式は，

$$\lambda^4 - 3\lambda^2 + 1 = 0 \tag{15.8}$$

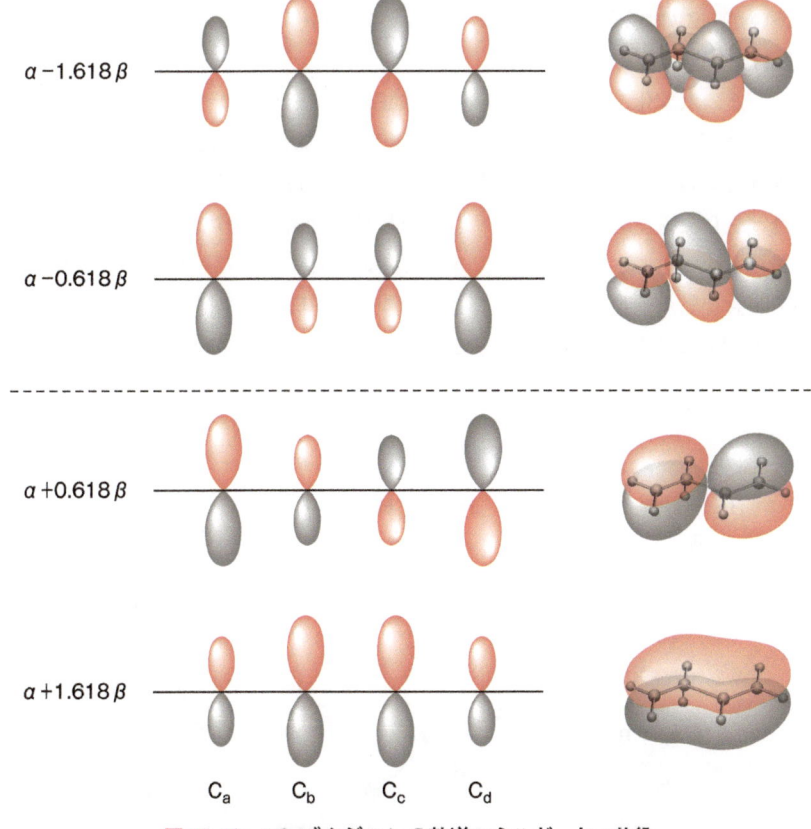

図 15.10　1,3-ブタジエンの軌道エネルギーと π 共役

となり，答えは $\lambda = \pm 1.618, \pm 0.618$ である．エネルギーは $E = \alpha + \lambda\beta$ であるので，ブタジエンでは四つの準位が得られる．これに電子が四つ配置するので，エネルギーは $(\alpha + 0.62\beta) \times 2 + (\alpha + 1.62\beta) \times 2 = 4\alpha + 4.48\beta$ となる．エチレンで示したように，二重結合一つあたり 2β だけ安定化するため，ブタジエンが二重結合を二つもつと考えた場合は 4β だけ安定化することになる．しかし，式 (15.5) のような分子軌道を考えることにより，さらに 0.48β だけ余分に安定化していることになる．これが共鳴エネルギーに相当する．もっとも，ヒュッケル法の近似をよく考え直してみれば，C_b と C_c の重なり積分を $S_{bc} = 1$ としているので，最初から C_b と C_c のあいだの π 結合を前提としているともいえる．

ヒュッケル法の近似は非常に荒い近似であるが，有機分子の π 共役を表すには非常に有力である．分子軌道法を使うと，共鳴や極限構造などといった架空の状態を考えることなく，π 共役を明快に示すことができる．よく知られているベンゼンの共役についても，同様に考えることができる（図15.8）．

15.5 電子欠損分子

多くの分子の結合は電子対結合で説明できる．8電子則が成り立つ場合が多いが，この法則でうまく説明できない分子も存在する．例としてジボラン B_2H_6 を考えてみよう．

一連の水素化ホウ素はボランとも呼ばれ，ジボランはそのなかで最も小さいB原子を二つもつ分子である．ジボランは気体で存在する分子であるが，空気と非常によく反応し発火性がある．図15.11のように B_2H_6 は水素が橋掛けをした構造をもっている．無理やり電子対結合を当てはめて2個の電子が対を形成して1本の結合ができると考えると，二つの三水素化ホウ素の分子が会合した構造として見ることもできるが，Hの架橋構造は説明できない．図15.11に示すような架橋構造となるためには8本の結合が必要となり，二つの原子を2個の電子で結合させていると考えると16個の電子が必要とな

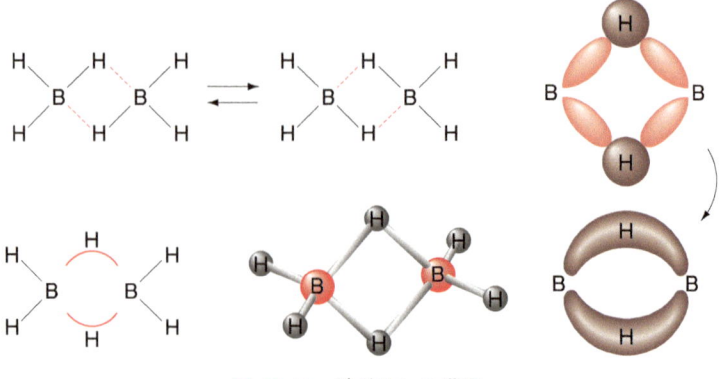

図 15.11　ジボランの構造

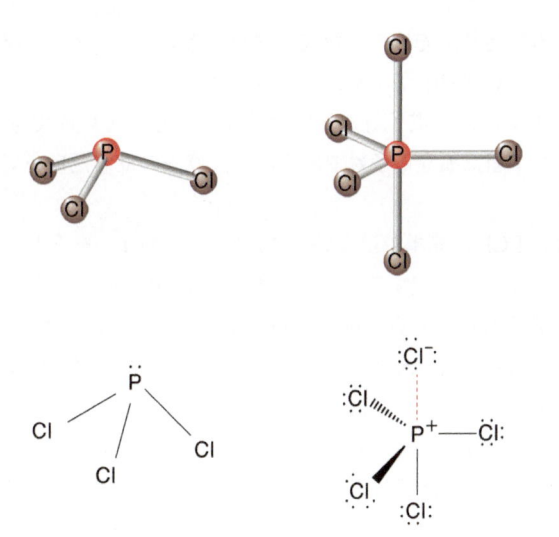

図 15.12　三塩化リン（左）と五塩化リン（右）

る．しかし，価電子数は 12 個しかないので，4 個の電子が不足している．つまり，すべての結合が 2 個の電子で構成されたと仮定すると，電子が不足している．このような分子を**電子欠損分子**（electron deficiency molecule）と呼ぶ．電子が不足しているように見える理由は，**多中心結合**（multi-center bond）で説明できる．つまり，BHB の三つの原子を 2 個の電子で結合させる三中心二電子結合ができており，これが H の架橋構造となっているためである．

これに着目して，1 本の線を 2 個の電子からなる電子対として書けば，図 15.11 の左下のように，BHB を 1 本の線で結んで表示できる．このように，分子の構造を示す線には単に構造を示している場合と，二電子結合を示す場合があるので，ときと場合によって使いわける必要がある．三中心二電子結合は，B の二つの sp³ 混成軌道と H の 1s 軌道が結合して分子軌道を形成していると見なせる．

このような三中心二電子結合は，ボラン類で一般に見られる結合であり，そのほかにも塩化アルミニウム $AlCl_3$ などでも見られる．$AlCl_3$ の融点は 171℃ で，160℃ 程度で昇華を始めるが，気体中の塩化アルミニウムは二量体の Al_2Cl_6 で存在し，高温でないと $AlCl_3$ の単体にはならない．これは Al_2Cl_6 でも Cl が二つの Al を結びつける架橋構造をしているからである．

15.6　超原子価分子

塩化リンには三塩化リン PCl_3 と五塩化リン PCl_5 があり，それぞれの構造は図 15.12 のような三角錐型と三角両錐の構造をしている．まず PCl_3 を考えてみよう．P は 5 個の価電子をもっており，ルイス式で書くと P の周りには 8 個の電子があって，8 電子則を満たしている．結合電子対は 3 組で孤立

多中心結合
通常は電子対をつくることによって二つの原子が結合を生成すると考えるが，一つの結合で三つ以上の原子を結びつけているものを指す．

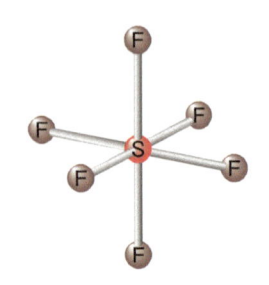

図 15.13　六フッ化硫黄

電子対は1組であり，先に述べた混成軌道の考え方では sp³ 混成軌道で説明できる．また，VSEPR（13.5節）を使えば，4組の電子対があってこれが互いに反発するために電子対が正四面体構造になると説明できる．PCl₃の電子対のうち1組は孤立電子対であるので，原子の位置だけを考えれば三角錐となる．

これに対し PCl₅ は簡単ではない．P には五つの Cl が結合しているため，二中心二電子結合を仮定すると，P の周囲には10個の電子が存在することになり，8電子則からすると電子が過剰である．このため PCl₅ は**超原子価分子**（hypervalent molecule）と呼ばれる．8電子則を満たすように無理やり電荷分離を仮定してルイス式を書くことは可能であるが，実測した結合距離にはこのような偏りが見られない．また，P には5組の電子対があるので，VSEPR から立体構造は三角両錐になることが容易に理解できる．混成軌道の考え方では s と p のほかに d を使うことによって，sp³d 混成をして五つの等価な混成軌道で結合していると説明される．ところが，同じ13族元素のN 原子の場合には，最外殻が2p軌道であるため d 軌道と混成することができず，このような超原子価分子をつくることはできない．このようにして超原子価分子であっても，混成軌道によって立体構造を説明できる．

しかし，PCl₅ の分子軌道を考えると，エネルギーの高い d 軌道が関与するのは難しい．これについては，P が三角両錐構造の水平面にある三つの Cl と sp² 混成軌道で結合し，さらに鉛直方向の二つの Cl と三中心四電子結合していることで説明できる．

六フッ化硫黄 SF₆（図15.13）も同様に超原子価分子であり，S の周りには12個の電子がある．SF₆ は特殊な化合物ではなく非常に安定であるため，放電防止用の気体として工業的に広く用いられている．また，その安定性のために大気中で分解しにくく，**温室効果ガス**（greenhouse effect gas）にも指定されている．

以上のように，ルイス式や8電子則を当てはめるとうまく説明できるように見える化合物であっても，化合物の結合の本質を見ていない場合が多い．化合物の構造や結合を説明するためには量子力学的な理解が必要であるが，いつでも原理に立ち返って考える必要はなく単純なモデルで説明するほうが便利である．しかし，モデルを使う場合にはその理論の限界を理解したうえで使うべきである．

温室効果ガス
紫外線を透過し，赤外線を吸収する安定なガス．大気中にこのガスが放出されると，地表からの輻射熱が地球外にでていかなくなるため，地球温暖化を引き起こされると考えられている．ガス自体が分解しやすい場合には，あまり問題にならない．二酸化炭素やメタンが代表的なものである．

● 章末問題 ●

15.1　炭酸イオン CO₃⁻ の構造を示せ．

15.2　AsF₅ のルイス式を書き，構造を説明せよ．

15.3　CO₂ の二重結合の非局在化を説明せよ．

15.4　SF₆ について8電子則を満たすようにルイス式で示せ．

章末問題の略解

1章

1.1 2012年に114番のフレロビウム（Fl）と116番のリバモリウム（Lv）が命名された．

1.2 （1）nx^{n-1}，（2）$a\cos ax$，（3）$-a\sin ax$，（4）ae^{ax}，（5）$\dfrac{1}{x}$．

1.3 （1）$\dfrac{x^{n+1}}{n+1}+C$，（2）$\ln x + C$．

1.4 （1）m：質量，a：加速度，r：距離，t：時間，F：力．（2）G：万有引力定数，mとM：質量，r：物体間の距離．（3）と（4）q_1, q_2：電荷，r：電荷間の距離，ε_0：真空の誘電率（k：クーロン定数）．（5）q：電荷，E：電場，v：電荷の速度，B：磁場．（6）A：振幅，t：時間，T：周期，x：位置，λ：波長．（7）d：面間隔，θ：回折角，λ：X線などの波長（n：正の整数）．

1.5 1.2節を参照．電場と磁場の寄与を合わせること．

2章

2.1 Ar-K, Co-Ni, Te-I, Th-Pa.

2.2 表2.1の同位体比を使って計算する．たとえば水分子 ^{1}H-^{16}O-^{1}H の組成比は $0.999885 \times 0.99757 \times 0.999885 = 0.99734$ となる．^{1}H-^{16}O-^{1}H を 1-16-1 などと表してすべての組合せを考えると，左下のようになる．ただし 1-16-2 と 2-16-1 は区別がつかないので，これらを合わせたものが組成になる．

水分子	組成	
1-16-1	9.973×10^{-1}	
1-16-2	1.147×10^{-4}	2.294×10^{-4}
2-16-1	1.147×10^{-4}	
2-16-2	1.319×10^{-8}	
1-17-1	3.799×10^{-4}	
1-17-2	4.369×10^{-8}	8.738×10^{-8}
2-17-1	4.369×10^{-8}	
2-17-2	5.026×10^{-12}	
1-18-1	2.049×10^{-3}	
1-18-2	2.357×10^{-7}	4.714×10^{-7}
2-18-1	2.357×10^{-7}	
2-18-2	2.711×10^{-11}	

2.3 人間の体重の約 0.2% がカリウムである．^{40}K の半減期は 1.277×10^9 年で同位体存在度は 0.0117% であり，^{40}K の壊変定数 λ は次のようになる．

$$\lambda = \frac{\ln 2}{T_{\frac{1}{2}}} = \frac{0.692}{1.277 \times 10^9 \times 365 \times 24 \times 60 \times 60}$$
$$= 1.72 \times 10^{-17}\ \mathrm{s}^{-1}$$

また体重を 70 kg とすると，含まれる ^{40}K の原子数 N は次のようになる．

$$N = 70 \times 10^3 \times 0.002 \times 0.000117 \times 6.02 \times 10^{23} \div 40 = 2.47 \times 10^{20}\ 個$$

したがって1秒あたりの壊変数は

$$\lambda \times N = 4200\ \mathrm{Bq}$$

となる．

2.4 ^{16}O を含む水のほうが ^{18}O を含む水に比べてわずかに蒸発しやすい．海から水が蒸発するときには ^{16}O を多く含むことになるが，気温が低いほどこの差が大きくなる．このため，気温が低いときに降った雪ほど ^{16}O の比が大きくなる．このようにして太古の気温を推定することが可能になる．

3章

3.1 3.2.3項を参照．

3.2 $a = \omega^2 r$

3.3 $T = \dfrac{2\pi}{\omega}$

3.4 光子のエネルギー E[J] は振動数 ν[s^{-1}] に比例する．そのときの比例定数 h[J·s] がプランク定数である．

3.5 原子核の周りを回転する電子が，連続的にエネルギーを失いながら徐々に周回半径を小さくなって，ついには原子核にめりこむ．

4章

4.1 x について，

$$-a\left(\frac{2\pi}{\lambda}\right)^2 \sin\left(\frac{2\pi}{\lambda}\right)\exp(-2\pi i\nu t)$$

$$\therefore \frac{\partial\left\{a\left(\frac{2\pi}{\lambda}\right)\cos\left(\frac{2\pi}{\lambda}\right)\exp(-2\pi i\nu t)\right\}}{\partial x}.$$

t について，

$$-4a\pi^2\nu^2 \sin\left(\frac{2\pi x}{\lambda}\right)\exp(-2\pi i\nu t)$$

$$\therefore \frac{\partial\left\{(-2a\pi i\nu)\sin\left(\frac{2\pi x}{\lambda}\right)\exp(-2\pi i\nu t)\right\}}{\partial t}.$$

4.2 数学的な形式上，複素数で表すと好都合であり，物理的に特別な意味はない．

4.3 波長 λ の n 個分の波が光路差に入れば，X 線が強め合う（弱め合う）条件を満たす．

4.4 $h \to 0$ とすると，古典力学に対応する（ボーアの対応原理）．

4.5 運動量 [kg·m·s^{-1}], 位置 [m]. エネルギー E [J] = [kg·m^2·s^{-2}], 時間 [s]. プランク定数 [J·s] = [kg·m^2·s^{-1}].

5章

5.1 式 (5.4)～式 (5.9) の数式の変形を参照．

5.2 [r についての項] はラゲール陪多項式の式 (5.34), [θ, ϕ についての項] は球面調和関数の式 (5.25) で表される．

5.3 [θ についての項] はルジャンドル陪多項式の式 (5.19), [ϕ についての項] は式 (5.22) で表される．

5.4 式 (5.26) を 5.5 節において示した方法で変形させて，その結果を式 (5.31) の形と比較すればよい．

5.5 波動関数 $\Psi_{n,l,m}(r,\theta,\phi) = R_{n,l}(r)Y_{l,m}(\theta,\phi)$ に整数 $n=1\sim3$, $l=0\sim2$, $m=-2\sim2$ を代入して求める．たとえば1s軌道の $n=1$, $l=0$, $m=0$ を代入してみると以下の波動関数の形となる．

$$\Psi_{1s} = \Psi_{1,0,0} = \frac{1}{\sqrt{\pi}}\left(\frac{1}{a_B}\right)^{\frac{3}{2}}\exp\left(\frac{-r}{a_B}\right)$$

6章

6.1 半径 a_B の球形．

6.2 $A = \sqrt{\dfrac{2}{a_B}}$

6.3 $\dfrac{-me^4}{8\varepsilon_0^2 h^2}, \dfrac{-me^4}{32\varepsilon_0^2 h^2}, \dfrac{-me^4}{72\varepsilon_0^2 h^2}, \dfrac{-me^4}{128\varepsilon_0^2 h^2}, \dfrac{-me^4}{200\varepsilon_0^2 h^2}$

と小さくなる．

6.4 $\dfrac{-\varepsilon_0 h^2}{\pi me^2}, \dfrac{-4\varepsilon_0 h^2}{\pi me^2}, \dfrac{-9\varepsilon_0 h^2}{\pi me^2}, \dfrac{-16\varepsilon_0 h^2}{\pi me^2}, \dfrac{-25\varepsilon_0 h^2}{\pi me^2}$

と大きくなる．

6.5 $16(2a_B)^{-3} r^2\left(1-\dfrac{r}{2a_B}\right)^2 e^{-\frac{r}{a_B}}$, $4(a_B)^{-3} r^2 e^{-\frac{2r}{a_s}}$.

7章

7.1 （1）$2p_x$, $2p_y$, $2p_z$ の区別が可能など，結合形成（方向）とも関連する．（2）L 殻の 8 電子にも，2s, 2p の各軌道，各軌道中の ±1/2 電子スピンの区別が可能となる．（3）M 殻の 18 電子にも，3s, 3p, 3d（5 軌道がさらに配位子場分裂や d-d 遷移を示す）の区別やエネルギー差の議論が可能となる．（4）電子がエネルギーを失う前の軌道（2p の 3 軌道）により，微細な区別や命名が可能となる．（5）各元素は，原子番号順に電子配置の各軌道ごとの対応づけが可能となる．

8章

8.1 多電子原子の縮重した軌道には，電子はできるだけ異なる軌道に，できるだけスピンの向きをそろえて入る．酸素原子では，$2p_x^2 2p_y^1 2p_z^1$ の $2p_x^2$ に ±1/2 の電子スピンが 1 個ずつ入る（+1/2 や −1/2 が 2 個にならない）．一つ前の窒素原子でも $2p_x^1 2p_y^1 2p_z^1$ となり，

$2p_x^2 2p_y^1 2p_z^0$ とはならない．詳しくは，8.3 節を参照．

8.2 3d と 4s．たとえば，$_{24}$Cr は $1s^2 2s^2 2p^6 3s^2 3p^6 \underline{3d^5 4s^1}$ となるなどの影響が見られる．

8.3 フントの規則とパウリの排他原理．

8.4 元素を特徴づけたり，周期表の配列を決めたりするのは，原子量でなく原子番号である明確な理由を与えた．

8.5 電子は電気素量の負電荷をもち，原子核のうち陽子は同じ電荷の正電荷をもっている．クーロン力は異電荷の場合には引力が働き，同電荷の場合には斥力が働く．そしてその力の大きさは電荷の積に比例し，電荷間の距離の2乗に反比例することが前提となっている．

9章

9.1 立方最密充填は面心立方格子と同じである．面心立方格子のつくる立方体の面内の対角線上で球は接しているので，立方体の辺の長さを a，球の半径を r とすると次の関係が成り立つ．

$$\sqrt{2} \times a = 4 \times r$$

また，単位格子に含まれる球の数は4個であるので空間充填率は

$$\frac{(4/3)\pi r^3 \times 4}{a^3} = \frac{4 \times 4 \times \pi}{3} \times \left(\frac{r}{a}\right)^3$$
$$= \frac{4 \times 4 \times \pi}{3} \times \left(\frac{\sqrt{2}}{4}\right)^3 = 74\%$$

となる．

9.2 塩化セシウムは体心立方格子の形をしているため8配位である．体心立方格子のつくる立方体の一辺の長さを a とし，陽イオンと陰イオンの半径をそれぞれ r^+ と r^- とする．立方体の対角線上でこれらのイオンが接していることと，辺上で陰イオンどうしが接することから次の式が成立する．

$$\sqrt{3} \times a = 2 \times (r^+ + r^-)$$
$$a = 2 \times r^-$$

したがって，

$$\frac{r^-}{r^+} = \frac{1}{\sqrt{3}-1} = 1.37$$

である．

9.3 I$^-$ と Cs$^+$ のイオン半径はそれぞれ 2.20 Å と 1.67 Å である．イオン半径比は 1.32 と計算され，表 9.2 では配位数8が最も近い．実際にヨウ化セシウムは塩化セシウムと同じである．

9.4 半径は最も外側の電子が受けている有効核電荷で決まり，有効核電荷が大きくなるほど半径は小さくなる．H$^+$ はそもそも電子のない状態であるが，化合物中では電子を引きつけやすくなっていると考えられ，半径は最も小さい．また，H$^-$ は電子が2個ある状態であり，有効核電荷は小さくなるため半径が大きい．半径は H$^+$ < H < H$^-$ の順に大きくなる．

9.5 計算によって求めたのは電子が1個の場合であるので，He$^+$ のイオン化エネルギーに等しい．つまり，He の第2イオン化エネルギーに相当し，実測値は 5251 kJ·mol^{-1} であり計算値に近い．

10章

10.1 水素の 1s 軌道の場合と同様である．

10.2 中性の水素分子 H$_2$ にさらに1個の電子を加えると，反結合性軌道に電子が1個増えることになる．結合は水素分子に比べて弱くなり，結合長も長くなる．結合次数は 0.5 である．

10.3 原子価結合法では，原子軌道はそのままにして，水素原子がそれぞれもっている1個の価電子を交換することによって結合をつくると考える．一方，分子軌道法では，まず水素原子二つが構成する分子軌道をつくって，あとから2個の電子を充填する考え方である．水素分子の分子軌道には安定な結合性軌道と不安定な反結合性軌道があるが，2個の電子はともに結合性軌道に入って安定となる．はじめから電子を入れて考えるのが原子価結合法で，あとから電子を入れるのが分子軌道法である．

10.4 原子核と電子のあいだの力のほかに，電子どうしのあいだにも力が働くため三体問題となってしまい，解析的に解くことはできない．

11章

11.1 結合次数は，（結合性軌道にある電子数 − 反結合性軌道にある電子数）÷2 で求めることができる．酸素 O_2 は 2 次，過酸化物イオン O_2^{2-} は 1 次，超酸化物イオン O_2^{-} は 1.5 次である．

11.2 B の電子配置は $1s^2 2s^2 2p^1$ である．N_2 と同様な分子軌道に下から 10 個電子を入れていくと，2p のつくる π 結合に電子が 2 個あり，結合次数は 1 であることがわかる．常磁性である．

11.3 分子軌道の下から順に $\sigma, \sigma^*, \pi, \sigma, \pi^*, \sigma^*$ である．それぞれの分子軌道の概形は図 11.4 で示した酸素と同様である．ただし，一部で 2p がつくる π と σ の位置が入れ替わっていることに注意すること．

11.4 H の 1s 軌道が Be の 1s と 2s の中間に位置することに注意する．答えは 13 章の図 13.3 の通り．

11.5 通常の酸素では二つの π^* 軌道に二つの電子が電子スピンをそろえて別べつの軌道に入るが，励起状態では 2 個の電子が電子スピンを逆方向にして一つの π^* 軌道に入る．同じ空間に 2 個の電子が入ることになるので，電子どうしの静電反発によって不安定になる．このときに分子全体ではスピンをもたないことになるため反磁性である．

12章

12.1 水素と酸素の電気陰性度はそれぞれ 2.2 と 3.5 である．式 12.6 を使ってイオン結合性の割合 α を計算すると，α = 0.34 となる．水の OH 結合長 l は 0.0967 nm であることから，OH 間の双極子モーメントは，$\alpha \times e \times l = 5.3 \times 10^{-30}$ C·m である．H-O-H の角度が 104.5° であることから $5.3 \times 10^{-30} \times \cos(104.5°/2) \times 2 = 6.5 \times 10^{-30}$ C·m と求めることができる．実測値は 6.1×10^{-30} C·m である．

12.2 ヨウ素イオンが最もサイズが大きいので，ファヤンスの規則からヨウ化水素が最も共有結合性が強い．

12.3 式 (12.1) に代入すると δ = 0.45 となり，45% がイオン結合である．

12.4 1 cal = 4.184 J，1 eV = 1.602×10^{-19} J である．したがって 1 kcal·mol^{-1} は

$$\frac{4.184 \times 10^3}{6.02 \times 10^{23} \times 1.602 \times 10^{-19}} = 0.0434 \text{ eV}$$

に相当する．ポーリングの定義ではエネルギーの平方根を取っているため，係数は 0.0434 の平方根である 0.208 となる．

12.5 水分子どうしが強く水素結合していると，かさ高くなって密度は低くなる．したがって密度が最も高い温度は高温側に移動する．

13章

13.1 Br は 7 個の価電子をもっており，さらに F 原子 1 個あたり 1 個の電子が加わるので，Br の周囲には合計 12 個の電子がある．これは 12 ÷ 2 = 6 対の電子対が存在することになり，孤立電子対を含めて正八面体型構造となる．原子の骨格だけを考えると四角錐（ピラミッド型）になる．

13.2 N は sp^2 混成をして孤立電子対を含めると平面三角形型となる．原子位置だけを考えると NO_2^- は折れ曲がり構造となる．N の 2p 軌道のうちの一つは混成に使われていないが，これは一つの O 原子との π 結合に使われている．

13.3 P の電子配置は $[Ne]3s^2 3p^3$ である．P の周りの電子数は PCl_3 では合計 8 個で，電子対は 4 対となるため正四面体型構造となるが，孤立電子対を含めず原子の数だけを考えると三角錐型である．一方，PCl_5 では P の周りの電子数は 10 個で電子対は 5 対である．このため三角両錐となる．

13.4 sp^3 混成軌道となり三つの Cl 原子と結合し，孤立電子対を一つもつ．このためアンモニアと同様の三角錐型となる．

13.5 P が混成軌道を使って 5 個の等価な軌道をつくるためには 3s と 3p だけでは不可能である．P は空の 3d 軌道をもつため，sp^3d 混成軌道をつくることができる．

10.5 水素原子間の距離が短くなると，電子どうしの反発や原子核どうしの反発が強くなるため不安定となる．原子間には適切な距離がある．

Nの場合には2s2p軌道の外側にはd軌道はないため，このようなsp³d混成軌道をつくることができない．

13.6 ダイヤモンドはsp³混成軌道でグラファイトはsp²混成軌道である．グラファイトで混成に使われなかった一つのp軌道は，非局在化するため電気伝導性をもつ．

14章

14.1 （1）正しい．配位子との反発大の後二者e_g軌道のエネルギー準位が高く不安定化されるため．（2）正しい．分光化学系列でCN^-やCOは大きいため．（3）正しい．en＝エチレンジアミン，$NH_2CH_2CH_2NH_2$が二座キレートとして働くため．（4）正しい．中心金属は0価またはカチオンとなるため．（5）誤り．配位子場の強い配位子は，配位子場分裂やd-d遷移エネルギーが大きく，d-d吸収帯は高波数・短波長側にシフトするため．

15章

15.1 共鳴構造では次のように書けるが，実際には三つの結合は等価である．

$$\begin{array}{c}O\\\|\\{}^-O-C-O^-\end{array} \leftrightarrow \begin{array}{c}O^-\\|\\{}^-O-C\!=\!O\end{array} \leftrightarrow \begin{array}{c}O^-\\|\\O\!=\!C-O^-\end{array}$$

15.2

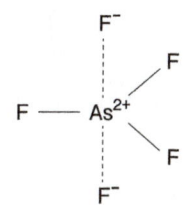

$$\begin{array}{c}F^-\\|\\F-As^{2+}\!\!\!-F\\|\\F^-\end{array}\ \ F$$

8電子則を満たすように書くと図のようになるが，実際には五つのFは区別できない．sp³d混成をして三角両錐形となる．

15.3 図15.1で示したようにπ結合の向きを直交させて局在化させて書くことは可能であるが，これらのπ結合は区別することができず，実際には向きは非局在化しており，二つのπ結合の向きを確定することはできない．

15.4

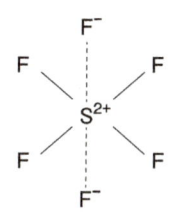

$$\begin{array}{c}F^-\\|\\F\diagdown\ \diagup F\\S^{2+}\\F\diagup\ \diagdown F\\|\\F^-\end{array}$$

索引

【人名】

Allred, Albert Louis	118
Balmer, Johann Jakob	22
Bohr, Niels Henrik David	28
Broglie, Louis-Victor	35
Chadwick, Sir James	12
Einstein, Albert	14
Fajans, Kazimierz	120
Heisenberg, Werner Karl	37
Heitler, Walter Heinrich	96
Hückel, Erich Armand Joseph	147
Hund, Friedrich Hermann	78
Lewis, Gilbert Newton	95
London, Fritz Wolfgang	96
Mendeleev, Dmitrij Ivanovich	13
Millikan, Robert Andrews	7
Moseley, Henry Gwyn Jeffreys	79
Mulliken, Robert Sanderson	117
Pauli, Wolfgang Ernst	77
Pauling, Linus Carl	96, 118
Planck, Max Karl Ernst Ludwig	31
Ritz, Walther	25
Rochow, Eugene George	118
Rutherford, Ernest	10
Rydberg, Johannes Robert	22
Schrödinger, Erwin	39
Slater, John Clark	81
Sommerfeld, Arnold Johannes	29
Thomson, George Paget	35
Thomson, Sir Joseph John	2
長岡半太郎	9
湯川秀樹	11

【あ】

アクチニウム系列	18
アクチノイド系列	76
アコ錯体	133
アセチレン（C_2H_2）	144
アデニン	122
アニオン	133
アボガドロ数	13, 88
アミノ酸	122
アミノ酸残基	139
アルカリ金属	86
アルゴン（Ar）	85
α-Fe	88
α 壊変	16
α 線	12, 16
α 粒子散乱の実験	9
安定核種	12
安定同位体	12
アンモニア（NH_3）	128, 132
硫黄（S）の電子配置	129
イオン化エネルギー	91, 117
イオン化エンタルピー	92
イオン化ポテンシャル	92
イオン結合	119
イオン結晶	2, 89
イオン半径	86
最適な――と配位数の比	91
異核二原子分子	111
EC	16
e_g 軌道	135
位相	102, 105
位置エネルギー	4
一次元配列	122
一変数関数	40
一酸化炭素（CO）	113
陰極線	6
――の実験	2
宇宙線	20
ウラン（U）	15, 18
ウラン系列	18
運動エネルギー	27
運動方程式	3
運動量	56
HOMO	117
永年方程式	100
sp 混成軌道	124
sp^3 混成軌道	128
sp^2 混成軌道	126
s ブロック	76
エチレン（C_2H_4）	143
エチレンジアミン（en）	134
X 線	17
――回折	80, 81
N 殻	77
エネルギー	56
――準位	64, 103, 108
f ブロック	76
M 殻	77
L 殻	77
LUMO	117
エレクトロンボルト	15
円運動	26
塩化アルミニウム（$AlCl_3$）	151
塩化水素（HCl）	119
塩化セシウム（CsCl）	90
塩化ナトリウム（NaCl）	2, 115, 119
塩化リン	151
演算子	39, 55
炎色反応	2
延性	88
塩素（Cl）	86
――とナトリウム（Na）の結合距離	116
――の電気陰性度	119
エンタルピー	92
オイラーの公式	39
Oh 対称	135
オキソニウムイオン（H_3O^+）	131
オクテット則	123
オゾン（O_3）	145
親核種	19
オールレッド-ロコウの電気陰性度	118
オングストローム	85
温室効果ガス	152

【か】

外殻軌道	80
外軌道錯体	139
カイザー	24
回折	31
壊変	16
壊変定数	17
化学結合	85

架橋構造	150	キレート配位子	134	**【さ】**	
角運動量	64	禁制遷移	80	最高被占軌道（HOMO）	117
核子	15	金属結晶	88	最低空軌道（LUMO）	117
核種	11	金属光沢	88	最密充填構造	88
核図表	11	金属錯体	133	錯体	
核電荷	83	金属タンパク質	139	アコ——	133
角度成分	59	グアニン	122	外軌道——	139
核反応	14	空間座標	77	金属——	133
——の式	20	空間充填率	88	内軌道——	139
核分裂	15	空気抵抗	8	ニッケル——	139
核融合	15	屈折率	115	四配位四面体型——	137
確率波	57	グラファイト	147	四配位平面型——	137
確率密度	50	クーロン積分	148	六配位八面体型——	134
確率密度分布曲線	58	クーロン定数	4	三塩化ホウ素（BCl_3）	91, 126, 132
重なり積分	97, 147	クーロンの法則	4	三塩化リン（PCl_3）	151
可視光線	23	クーロン力	1	酸化還元反応	2
可視部	22	群軌道	112	三角関数	39
加速度	3	形式価数	119	三角錐型	129
カチオン	133	軽水素（^1H）	12	酸化鉄（FeO）	89
活性化エネルギー	16	K殻	77	三座配位子	134
価電子	76	ケクレ式	146	三重結合	143
——帯	89	結合エネルギー	15	三重水素（^3H）	12
荷電粒子	6	結合次数	109, 144	三水素化ホウ素（BH_3）	150
カリウム（K）	86	結合性軌道	88, 101, 106	酸素	13
岩塩	86	結晶	35	酸素原子	71
——型構造	89	結晶場理論	135	三体問題	98
干渉	31, 33	原子	11	三中心二電子結合	151
γ-Fe	88	原子価殻電子対反発	129	紫外可視吸収スペクトル	137
γ線	16	原子核	1, 9, 11	紫外線	23
規格化	59, 100, 147	——の構造	11	磁気天秤	137
希ガス	19, 85	原子価結合法	96	磁気モーメント	137
キセノン（Xe）	85, 130	原子質量単位	13	磁気量子数	63
基底状態	24	原子スペクトル	25	σ結合	107, 143
——の電子配置	76	原子半径	85	シクロヘキセン	146
軌道電子捕獲	17	原子番号	12	仕事	4
希土類	86	——と電子配置の周期性	79	——関数	93
級数解	51	原子模型		指数関数	39, 49
球面調和関数	50	トムソンの——	9	磁性	110
強磁性体	88	長岡の——	9	質点	31
共鳴エネルギー	150	ラザフォードの——	10	質量	
共鳴混成体	96	原子量	13	——欠損	14
共鳴積分	100, 148	元素	11	——数	12
共役二重結合	146	格子点	35	——偏差	16
共有結合	2, 95, 119	高スピン	138	——保存の法則	14
——半径	85, 119	構成原理	75	電子の——	7, 9
共有結晶	89	光電効果	31	シトシン	122
供与体	131	五塩化リン（PCl_5）	151	磁場	5, 109
供与体-受容体結合	131	氷の構造	121	シーベルト	20
極限構造	146	黒体輻射	31	ジボラン	150
極限状態	96	固有関数	55	四面体隙間	91
極座標	43, 53	固有方程式	55	遮蔽効果	81
極性	115	混成軌道	123		

索引

遮蔽定数	83	――金属	107	鉄（Fe）	15
周期	24	――金属錯体	129	デバイ	115
周期性		――元素	76	Δ_0	135
原子番号と電子配置の――	79	光の――	24	δ 結合	107
周期表	11, 76, 79	線形結合	98, 105	電荷	
重水素（^{2}H）	12	線スペクトル	21	――素量	116
臭素（Br）	86	双極子モーメント	115	――密度	120
自由電子	93	二酸化炭素の――	116	電気陰性度	94, 117
自由落下	8	水の――	116	塩素の――	119
重力加速度	3	速度	3	オールレッド-ロコウの――	118
縮重	64, 108	ゾンマーフェルトの楕円軌道	29	ナトリウムの――	119
受容体	131			ポーリングの――	118
主量子数	63	【た】		マリケンの――	117
シュレーディンガーの波動方程式		第1イオン化エネルギー	93	電気素量	7
	43	対陰極	79	電気伝導	2
常磁性	110, 137	体心立方格子	88	電気分解	2
――体	88	第2イオン化エネルギー	93	典型元素	76
情報の伝達	122	ダイヤモンド構造	121	電子	1
シンクロトロン放射光	81	多座配位子	134	――の質量	7
振動数	24	多重結合	143, 145	――の存在確率	57
――条件	29	多中心結合	151	――の比電荷	2
振幅	23	多電子原子の電子配置	75	電子雲	64
水酸化物イオン（OH$^-$）	2, 131	多変数関数	40	電子殻	64
水素（H）	1, 57, 92, 95	タングステン（W）	79	電子欠損分子	150
――の線スペクトル	21	単座配位子	134	電子親和力	94, 117
――の模型	27	単純立方格子	88	電子スピン	65
水素イオン（H$^+$）	2, 131	炭素（C）	78	電子遷移	2
水素化ベリリウム（BeH$_2$）	123, 129	――の電子配置	126	電子線回折	36
――の分子軌道	125	タンパク質	122	電子対結合	95, 109
水素化ホウ素	150	窒素（N）	20, 111, 145	電磁波	17, 23
水素化リチウム（LiH）	111, 119	チミン	122	電子配置	68, 108, 111
――の分子軌道	111	中間子	11	硫黄の――	129
水素結合	121, 122	中性原子	76	基底状態の――	76
水素付加反応の生成熱	146	中性子	1, 11	多電子原子の――	75
水素分子（H$_2$）	119	中性子線	16	炭素の――	126
スカラー量	2	中性ヘリウム原子（$_2$He）	81	ホウ素の――	126
スピン座標	77	超原子価分子	152	電子付着エンタルピー	94
スピン量子数	64	超新星爆発	16	電子ボルト	15
スレーター行列式	77, 84	直交座標	53	転写	122
正四面体型	129	対イオン	2	展性	88
正四面体構造	130	DNA	122	電池	2
静電引力	8	d 軌道	71	伝導性	88
静電気	2	Dq	135	伝導帯	89
正八面体型	129	定常状態	28	電場	5
赤外線	23	定常波	32, 53	銅（Cu）	80
積分	4	低スピン	138	同位体	12
セシウム（Cs）	86	t_{2g} 軌道	135	――効果	12
節	33, 102	d-d 吸収帯	136	――組成	13
ゼーマン分裂	64	d-d 遷移	136	等核二原子分子	108, 85
閃亜鉛鉱（ZnS）	89	d ブロック	76	動径部分	59
遷移	25	低分子金属錯体	139	動径分布関数	59
――エネルギー	25	テクネチウム（Tc）	12	導線	2

【な】

等電子構造	112
特殊相対性理論	14
特性X線	79
ド・ブロイの式	35
トムソンの原子模型	9
トリウム系列	18

【な】

内殻軌道	80
内殻電子	76
内軌道錯体	139
内部遷移元素	76
長岡の原子模型	9
ナトリウム（Na）	86
ナドリウムD線	65
鉛（Pb）	18
波	31
二座配位子	134
二酸化炭素	144
——の双極子モーメント	116
二重結合	143
二重性	35
二重らせん	122
ニッケル（Ni）	15, 31
——錯体	139
二変数関数	41
ニュートリノ	17
ネオン（Ne）	78
ネプツニウム系列	19
年代測定	20

【は】

配位化合物	132
配位結合	131
配位子	133
——交換反応	134
環状平面四座——	140
キレート——	134
三座——	134
多座——	134
単座——	134
二座——	134
配位子場分裂	135, 136
配位数	121, 133
π共役	148
π結合	107, 143
媒質	32
パウリの排他原理	76
白色X線	79
波数	24
8電子則	95, 123, 145
八面体隙間	91

波長	23
パッシェン系列	23
波動	31
波動関数	39, 43, 53
波動性	35, 53
波動方程式	39
ハミルトニアン	39
腹	33
バリウム（Ba）	86
バルマー系列	22
ハロゲン	86
反結合性軌道	88, 101, 106
半減期	12, 18
反磁性	110, 137
半整数	35
バンドモデル	88
万有引力	3
B.M.	137
ビオ-サバールの法則	2
光	
——の吸収	24
——の遷移	24
——の速度	14
——の放出	24
光量子	31
p軌道	70, 105
非局在化	146
非結合性軌道	112
ビスマス（Bi）	18
左手の法則	5
必須元素	20
比電荷	
——の実験	6
電子の——	2
ヒドラジン	145
pブロック	76
微分	4
微分方程式	53
ヒュッケル法	147
標準水素電極	9
ファヤンスの規則	120
ファンデルワールス半径	85
ファンデルワールス力	85
VSEPR	129
フェルミ粒子	77
不確定性原理	37
複素関数	38
複素共役	50
複素平面	39
1,3-ブタジエン	146, 148
フッ化水素（HF）	121
フッ化ナトリウム（NaF）	120

フッ化リチウム（LiF）	89
物質波	35
フッ素（F）	86
ブラケット系列	23
ブラッグの式	35
プランク定数	25, 56
プリズム	21
フレミングの左手の法則	5
分極	116
分極率	120
分光化学系列	137
分子軌道	108
分子軌道法	98, 105
分子状酸素	140
フント系列	23
フントの規則	78, 109
閉殻構造	95
平面三角形型	126, 129
ベクトル量	2
ベクレル	20
β壊変	16
β線	16
ヘム	140
ヘモグロビン	140
ヘリウム（He）	15
ヘリウム原子	92
ヘリウム陽イオン（$_2He^+$）	82
ベリリウム（Be）の原子軌道	124
変数分離	45, 54
ベンゼン	146
偏微分	40
変分法	98
ボーア半径	52, 58
ボーア模型	28, 57
ボーア粒子	137
補因子	139
方位量子数	63, 64
放射壊変	16
放射壊変系列	18
放射性医薬品	17
放射性核種	18
放射性同位体	16
放射性物質	16
放射線	16
包接	122
放電管	6
ボーズ粒子	77
ホタル石（CaF_2）	89
ポテンシャルエネルギー	4
ボラン	150
ポリペプチド	139
ポーリングの電気陰性度	118

ポルフィリン	140	誘電率	4, 115	ランタン（La）	86
ホルムアルデヒド（CH₂O）	126, 129	油滴の実験	7	リチウム（Li）	86
ボルン-オッペンハイマー近似	98	ヨウ化セシウム（CsI）	89	立体構造と電子対の数の関係	130
		ヨウ化リチウム（LiI）	120	立方最密充填	88
		陽極線	9	立方晶系	89

【ま】

マクローリン展開	39, 42	陽子	1, 11	硫化水素（H₂S）	129
マリケンの電気陰性度	117	――の質量	9	粒子性	35, 53
ミオグロビン	140	陽電子	17	リュードベリ定数	22
水		四座配位子	140	量子条件	28
――の密度変化	121	四配位		量子数	28, 63
水分子（H₂O）	72, 121, 130, 131	――四面体型錯体	137	ルイス式	123
――の解離	2	――平面型錯体	137	ルジャンドル陪多項式	47
――の双極子モーメント	116	四フッ化キセノン（XeF₄）	130	ルテチウム（Lu）	86

――の直線型構造	114			励起準位	17
メタン（CH₄）	122, 127			励起状態	24

【ら】

メタンハイドレート	122	ライマン系列	23	連続X線	79
メチレン基	143	ラゲール陪多項式	51	連続スペクトル	26
面心立方格子	88	ラザフォードの原子模型	10, 25	六配位八面体型錯体	134
メンデレーエフ	13	ラジウム（Ra）	19	六フッ化硫黄（SF₆）	129, 152
モーズリーの法則	79	ラドン（Rn）	19	六方最密充填	88
モリブデン（Mo）	80	ラプラシアン	44	ロドリーグの公式	47
		ランタノイド	86	ローブ	70, 105

【や】

		――系列	76	ローレンツ力	1, 5
有効核電荷	81, 85, 92, 119	――収縮	86		

著者略歴

山田　康洋（やまだ　やすひろ）

1958年　千葉県生まれ
1987年　東京大学大学院理学系研究科
　　　　博士課程修了
2020年　逝去
現　在　元東京理科大学教授
専　門　無機物理化学
理学博士

秋津　貴城（あきつ　たかしろ）

1971年　静岡県生まれ
2000年　大阪大学大学院理学研究科博士課程修了
現　在　東京理科大学理学部第二部化学科教授
専　門　無機化学，錯体化学
博士（理学）

基礎無機化学──構造と結合を理論から学ぶ

2013年4月20日　第1版　第1刷　発行	著　者	山田康洋
2025年2月10日　　　　　　第11刷　発行		秋津貴城
	発行者	曽根良介

検印廃止

JCOPY〈出版者著作権管理機構委託出版物〉

本書の無断複写は著作権法上での例外を除き禁じられています．複写される場合は，そのつど事前に，出版者著作権管理機構（電話 03-5244-5088, FAX 03-5244-5089, e-mail: info@jcopy.or.jp）の許諾を得てください．

本書のコピー，スキャン，デジタル化などの無断複製は著作権法上での例外を除き禁じられています．本書を代行業者などの第三者に依頼してスキャンやデジタル化することは，たとえ個人や家庭内の利用でも著作権法違反です．

乱丁・落丁本は送料小社負担にてお取りかえいたします．

発行所　（株）化学同人
〒600-8074　京都市下京区仏光寺通柳馬場西入ル
編集部　TEL 075-352-3711　FAX 075-352-0371
企画販売部　TEL 075-352-3373　FAX 075-351-8301
振替　01010-7-5702
e-mail　webmaster@kagakudojin.co.jp
URL　https://www.kagakudojin.co.jp

印刷・製本　（株）ウイル・コーポレーション

Printed in Japan　©Y. Yamada, T. Akitsu 2013　無断転載・複製を禁ず　ISBN978-4-7598-1530-6